目次

教科書ぴったりトレーニング
数研出版版 数学2年

学習内容

自分にあった学習法を
見つけよう!

成績アップのための学習メソッド

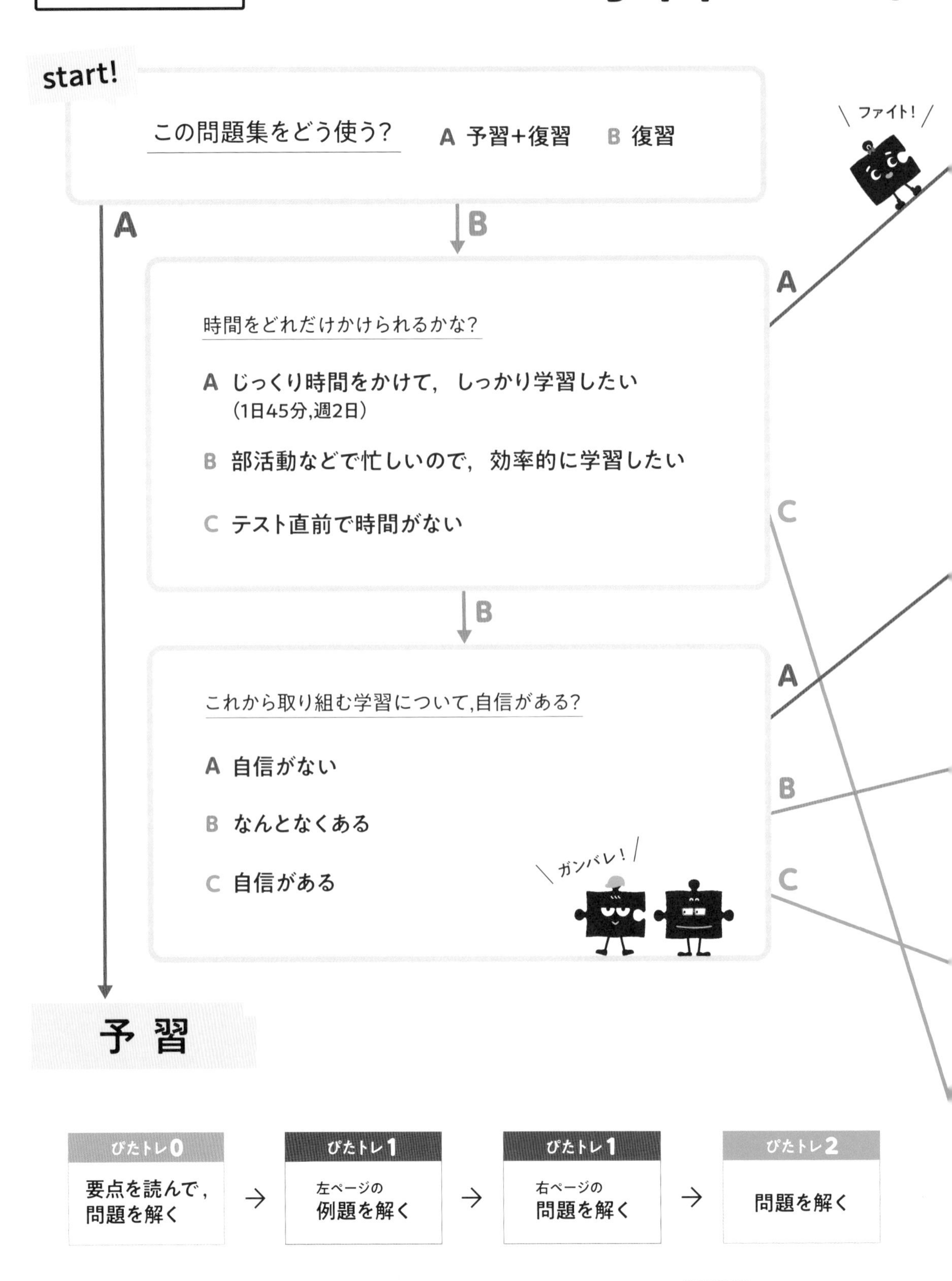

復習

目安の時間には,丸付けや見直しの時間も含まれているよ。

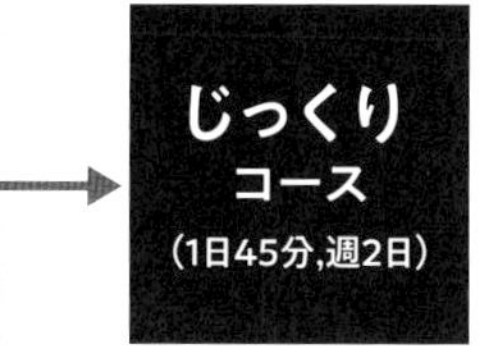

要点を読んで,
問題を解く

→

左ページの例題を解く
└→解けないときは
考え方 を見直す

右ページの問題を解く
└→解けないときは
●キーポイント を読む

↓

ぴたトレ2 45分
問題を解く
└→解けないときは
ヒント を見る
ぴたトレ1 に戻る

←

ぴたトレ3 45分
テストを解く
└→解けないときは
ぴたトレ1 ぴたトレ2
に戻る

←

教科書のまとめ
まとめを読んで,
学習した内容を
確認する

定期テスト予想問題や
別冊mini bookなども
活用しましょう。

ぴたトレ1 45分
問題を解く

→

だけ解く

→

ぴたトレ3
時間があれば
取り組もう!

ぴたトレ1 20分
右ページの
よく出る 絶対理解 だけ解く

→

ぴたトレ2 45分
問題を解く

→

ぴたトレ3 45分
テストを解く

時短 C
コース

ぴたトレ1
省略

→

ぴたトレ2 45分
問題を解く

→

ぴたトレ3 45分
テストを解く

日常学習

\めざせ,点数アップ!/

テスト直前
コース

5日前

右ページの

だけ解く

→

3日前

ぴたトレ2

だけ解く

→

1日前

定期テスト
予想問題
テストを
解く

→

当日

別冊mini book
赤シートを使って
最終確認する

コースがきまったら,4~5ページを見てみよう ➡

成績アップのための **学習メソッド**

《 ぴたトレの構成と使い方 》

教科書ぴったりトレーニングは,おもに,「ぴたトレ1」,「ぴたトレ2」,「ぴたトレ3」で構成されています。それぞれの使い方を理解し,効率的に学習に取り組みましょう。

なお,「ぴたトレ3」「定期テスト予想問題」では学校での成績アップに直接結びつくよう,通知表における観点別の評価に対応した問題を取り上げています。

学校の通知表は以下の観点別の評価がもとになっています。

知識 技能	思考力 判断力 表現力	主体的に 学習に 取り組む態度

ぴたトレ0

スタートアップ

各章の学習に入る前の準備として,これまでに学習したことを確認します。

学習メソッド

この問題が難しいときは,以前の学習に戻ろう。あわてなくても大丈夫。苦手なところが見つかってよかったと思おう。

ぴたトレ1

要点チェック

基本的な問題を解くことで,基礎学力が定着します。

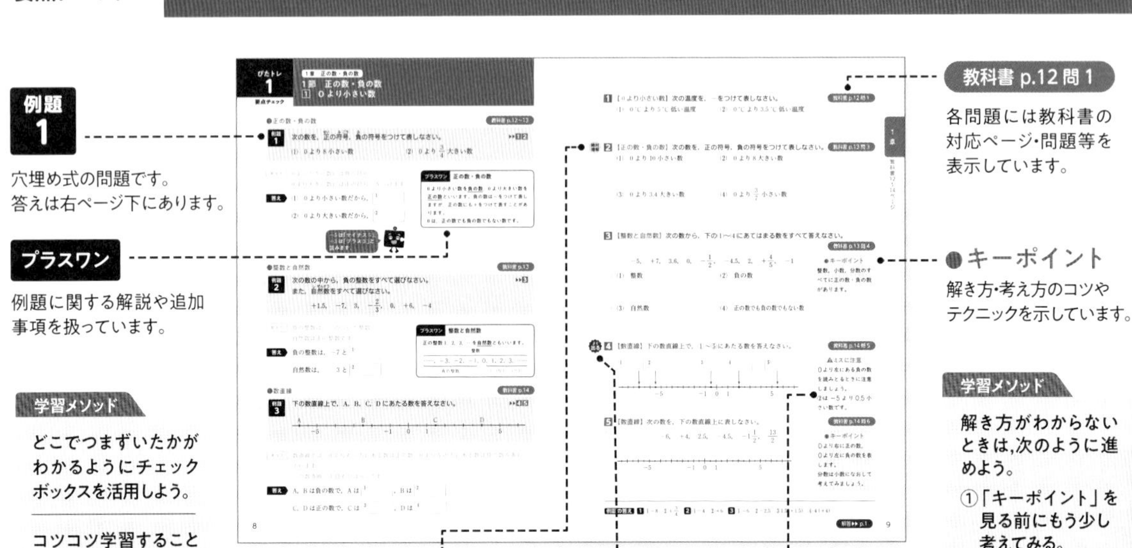

例題 1

穴埋め式の問題です。
答えは右ページ下にあります。

プラスワン

例題に関する解説や追加事項を扱っています。

学習メソッド

どこでつまずいたかがわかるようにチェックボックスを活用しよう。

コツコツ学習することが大切だよ。「週○日は数学」,「1日○分」など目標を立てて学習するといいよ。

絶対理解

理解しておくべき重要な問題です。

よく出る

定期テストによく出る問題です。

⚠ミスに注意

ミスしやすいことやかんちがいしやすいことを確認できます。

教科書 p.12 問 1

各問題には教科書の対応ページ・問題等を表示しています。

● キーポイント

解き方・考え方のコツやテクニックを示しています。

学習メソッド

解き方がわからないときは,次のように進めよう。

①「キーポイント」を見る前にもう少し考えてみる。

②「キーポイント」を見て考える。

③左の例題に戻る。

ぴたトレ2
練習

理解力・応用力をつける問題です。
解答集の「理解のコツ」では実力アップに欠かせない内容を示しています。

解き方がわからないときは,下の「ヒント」を見るか,「ぴたトレ1」に戻ろう。
間違えた問題があったら,別の日に解きなおしてみよう。

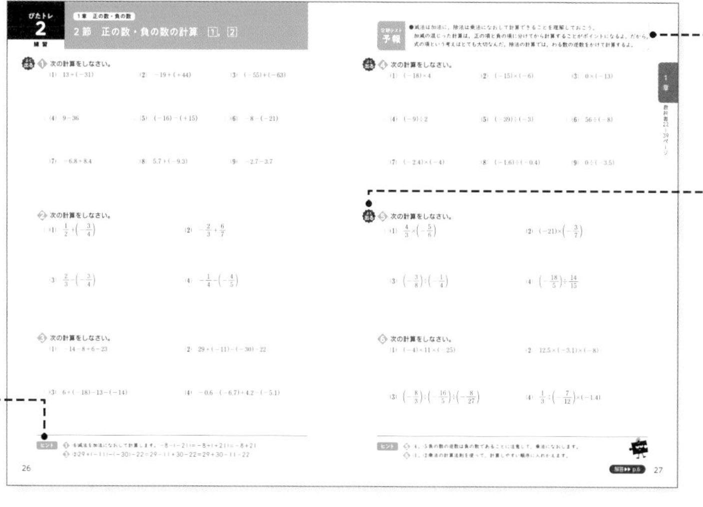

ヒント
問題を解く手がかりです。

定期テスト予報
テストに出そうな内容を重点的に示しています。

定期テストによく出る問題です。

学習メソッド
同じような問題に繰り返し取り組むことで,本当の力が身につくよ。

ぴたトレ3
確認テスト

どの程度学力がついたかを自己診断するテストです。

成績評価の観点
知 考
問題ごとに「知識・技能」「思考力・判断力・表現力」の評価の観点が示してあります。

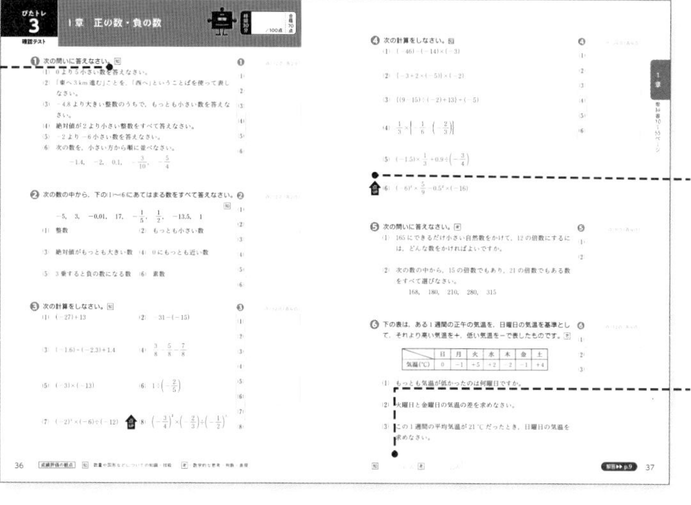

学習メソッド
テスト本番のつもりで何も見ずに解こう。

- 解けたけど答えを間違えた→ぴたトレ2の問題を解いてみよう。
- 解き方がわからなかった→ぴたトレ1に戻ろう。

学習メソッド
答え合わせが終わったら,苦手な問題がないか確認しよう。

テストで問われることが多い,やや難しい問題です。

各観点の配点欄です。自分がどの観点に弱いかを知ることができます。

教科書のまとめ

各章の最後に,重要事項をまとめて掲載しています。

学習メソッド
重要事項をしっかり見直したいときは「教科書のまとめ」,短時間で確認したいときは「別冊minibook」を使うといいよ。

定期テスト予想問題

定期テストに出そうな問題を取り上げています。
解答集に「出題傾向」を掲載しています。

学習メソッド
ぴたトレ3と同じように,テスト本番のつもりで解こう。
テスト前に,学習内容をしっかり確認しよう。

ぴたトレ 0 スタートアップ

1章　式の計算

□文字の式を簡単にすること　◀中学1年

$ax+bx=(a+b)x$　　$ax-bx=(a-b)x$

□かっこをはずして計算すること　◀中学1年

$a+(b+c)=a+b+c$　　$a-(b+c)=a-b-c$

□文字の式と数の乗法，除法　◀中学1年

$a(b+c)=ab+ac$　　$(a+b)\div c=\frac{a}{c}+\frac{b}{c}$

1 次の数量を表す式を書きなさい。　◀中学1年〈文字式〉

(1) 1本100円のジュースをx本買って，1000円出したときのおつり

(2) 1個a円のりんご5個と1個b円のみかん3個を買ったときの代金

(3) x mの道のりを，分速120 mで進んだときにかかった時間

ヒント
(3)道のりと速さと時間の関係を考えると……

2 次の計算をしなさい。　◀中学1年〈1次式の加法，減法〉

(1) $6a+3-3a$　　(2) $\frac{1}{4}x+\frac{1}{3}x-x$

ヒント
(2)xの係数を通分すると……

(3) $8a+1-5a+7$　　(4) $2x-8-7x+4$

(5) $2x-6+(5x-2)$　　(6) $(-3x-2)-(-x-8)$

ヒント
(5)，(6)かっこのはずし方に注意すると……

3 次の計算をしなさい。

◀ 中学１年〈１次式と数の乗法，除法〉

(1) $(-6a)\times(-8)$　　(2) $4x\div\left(-\dfrac{2}{3}\right)$

ヒント
(2)，(6)分数でわるときは，逆数にしてかけるから……

(3) $2(4x+7)$　　(4) $-12\left(\dfrac{3}{4}y-5\right)$

(5) $(9a-6)\div3$　　(6) $(-16x+4)\div\left(-\dfrac{4}{5}\right)$

(7) $\dfrac{3x+5}{4}\times8$　　(8) $-10\times\dfrac{2x-6}{5}$

ヒント
(7)，(8)分母と約分した数を分子のすべての項（こう）にかけると……

4 次の計算をしなさい。

◀ 中学１年〈いろいろな１次式の計算〉

(1) $2(2x+7)+3(x-4)$　　(2) $5(3y-6)-3(4y-1)$

ヒント
まずかっこをはずし，さらに式を簡単にすると……

(3) $\dfrac{1}{2}(4x-6)+5(x-2)$　　(4) $-\dfrac{1}{3}(6y+3)-\dfrac{1}{4}(8y+12)$

5 $x=-2$，$y=3$ のとき，次の式の値（あたい）を求めなさい。

◀ 中学１年〈式の値〉

(1) $12-x$　　(2) $-\dfrac{4}{x}$

(3) $-5x^2$　　(4) $5x-3y$

ヒント
(3)指数のある式に代入するときには符号（ふごう）に注意して……

解答▶▶ p.1

1章　式の計算

1 式の計算
1 単項式と多項式

●単項式と多項式

教科書 p.16

□ **例題 1** 次の㋐〜㋓の式から，単項式(たんこうしき)をすべて選びなさい。 ▶▶1

㋐ $-2a$　　㋑ $-x+1$　　㋒ $a+3b-c$　　㋓ y

考え方　数や文字をかけ合わせてできる式を単項式といいます。
㋐，㋓は数と文字の乗法だけの式で書けます。

答え　数や文字の乗法だけからできているから，単項式は □

●多項式と項

教科書 p.16〜17

□ **例題 2** 次の多項式(たこうしき)の項を答えなさい。 ▶▶2

(1) $2a-5b-c+3$　　(2) $-6x^2+4y-7$

考え方　単項式の和の形で表される式を多項式といい，その1つ1つの単項式を，多項式の項といいます。

答え (1) $2a-5b-c+3=2a+(-5b)+(-c)+3$
と書けるから，項は　$2a$，①□，②□，3

(2) $-6x^2+4y-7=-6x^2+4y+(-7)$
と書けるから，項は　③□，$4y$，④□

多項式で，数だけの項を定数項(ていすうこう)といいます。

●単項式の次数

教科書 p.17

□ **例題 3** 次の単項式の次数(じすう)を答えなさい。 ▶▶3

(1) $4a$　　(2) $-x^3$

考え方　かけ合わされている文字の個数を，その単項式の次数といいます。

答え (1) $4a=4\times a$　　次数は ①□ である。

(2) $-x^3=-1\times x\times x\times x$　　次数は ②□ である。

●多項式の次数

教科書 p.18

□ **例題 4** 次の式は何次式か答えなさい。 ▶▶4

(1) $-3x^2+5$　　(2) $5a^2+8ab^2$

考え方　各項の次数のうち，もっとも大きいものを，その多項式の次数といいます。

答え (1) もっとも次数の大きい項は $-3x^2$ であるから ①□ 次式である。

(2) もっとも次数の大きい項は $8ab^2$ であるから ②□ 次式である。

絶対理解 **1** 【単項式と多項式】次の式は単項式か，多項式かを答えなさい。 教科書 p.16 Q

□(1) $5x$　　□(2) $a+b$

□(3) $3ab$　　□(4) x^2+2x-5

●キーポイント
単項式は，数や文字の乗法だけの式です。
x^2，$2x$，a，-2 など
多項式は，単項式の和の形で表される式です。
x^2+4x など

2 【多項式と項】次の多項式の項を答えなさい。 教科書 p.16 例 1, p.17 問 1

□(1) $8x-y-3$　　□(2) $-a+4b-9c-4$

□(3) $3a-6b^2+7$　　□(4) $\dfrac{1}{2}x^2+xy-\dfrac{3}{5}y$

絶対理解 **3** 【単項式の次数】次の単項式の次数を答えなさい。 教科書 p.17 例 2

□(1) $7ab^2$　　□(2) $-\dfrac{1}{5}xyz^3$

よく出る **4** 【単項式，多項式の次数】次の式は何次式か答えなさい。 教科書 p.17 問 2, p.18 問 3

□(1) xy　　□(2) $-8a^3b$

□(3) $2m-n+8$　　□(4) $-3x^3-6y^2+z-5$

□(5) $\dfrac{2}{3}a^2b-4c^2+\dfrac{2}{5}$　　□(6) $x^3+\dfrac{1}{6}xy-\dfrac{3}{4}y^2-\dfrac{1}{4}$

⚠ミスに注意
多項式の次数を，各項の次数の和としないように注意しましょう。

1章　教科書16～18ページ

例題の答え **1** ㋐，㋓　**2** ①$-5b$　②$-c$　（①，②は順不同）　③$-6x^2$　④-7　（③，④は順不同）　**3** ①1　②3
4 ①2　②3

解答▶▶ p.1

1 式の計算
2 多項式の計算─(1)

●同類項

教科書 p.19

□ **例題 1** 次の式の同類項（どうるいこう）をまとめて簡単にしなさい。 ▶▶1

(1) $7a+2b-a-5b$ (2) $x^2+3x+2-4x^2-7x-1$

考え方 同類項を見つけて，係数どうしを計算します。

文字の部分が同じである項を同類項といいます。

答え (1) $7a+2b-a-5b$

$=7a-a+2b-5b$

$=(7-1)a+(2-5)b$

$=$ ①

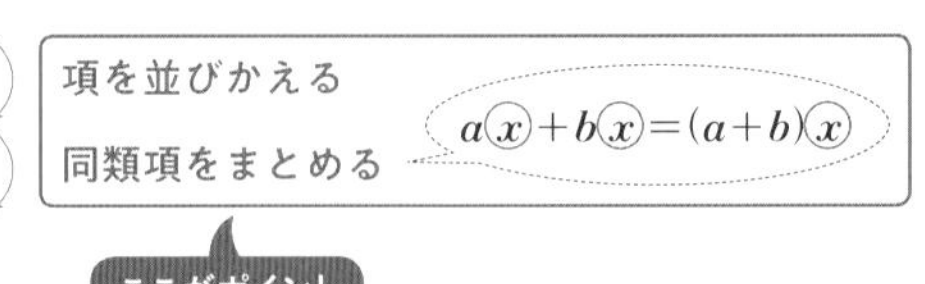

ここがポイント

(2) $x^2+3x+2-4x^2-7x-1$

$=x^2-4x^2+3x-7x+2-1=(1-4)x^2+(3-7)x+(2-1)$

$=$ ②

●多項式の加法と減法

教科書 p.20

□ **例題 2** 次の計算をしなさい。 ▶▶2〜4

(1) $(3a-2b)+(4a+b)$ (2) $(6x+5y)-(3x-y)$

(3)
$$\begin{array}{rr} & 4x+5y \\ +) & 2x+3y \\ \hline \end{array}$$

(4)
$$\begin{array}{rr} & 7x-2y+6 \\ -) & 4x+5y-3 \\ \hline \end{array}$$

考え方 (1)，(2) かっこをはずして，同類項をまとめます。
(3)，(4) 縦に並んだ同類項をそれぞれ計算します。

答え (1) $(3a-2b)+(4a+b)=3a-2b+4a+b$

$=3a+4a-2b+b=$ ①

(2) $(6x+5y)-(3x-y)=6x+5y-3x+y$

$=6x-3x+5y+y=$ ②

(3)
$$\begin{array}{rr} & 4x+5y \\ +) & 2x+3y \\ \hline \end{array}$$
③

(4)
$$\begin{array}{rr} & 7x-2y+6 \\ -) & 4x+5y-3 \\ \hline \end{array}$$
④

絶対理解

1 【多項式の同類項をまとめる】次の式の同類項をまとめて簡単にしなさい。

教科書 p.19 例 1

□(1) $2m-3n+4m+2n$　　□(2) $-6a^2+2a+a^2-9a$

□(3) $-5ab+3b-10b+7ab$　　□(4) $4x^2-x+2-9x^2-3x$

⚠ミスに注意
文字が同じでも次数がちがえば同類項ではありません。
たとえば，$-6a^2$ と $2a$ は同類項ではありません。

2 【多項式の加法と減法】次の 2 つの式をたしなさい。
また，左の式から右の式をひきなさい。

教科書 p.20 例 2, 例 3

□(1) $5a-2b$　　$2a+3b$　　□(2) $3a-b+8$　　$5a-6b-3$

3 【多項式の加法】次の計算をしなさい。

教科書 p.20 問 2

□(1) $(3x-2y)+(-4x+2y)$　　□(2) $(-4a+5b)+(8a-7b)$

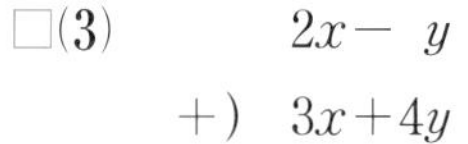

□(3)
$$\begin{array}{rr} & 2x-\ y \\ +) & 3x+4y \\ \hline \end{array}$$

□(4)
$$\begin{array}{rr} & 3a-4b+5 \\ +) & a+6b-9 \\ \hline \end{array}$$

4 【多項式の減法】次の計算をしなさい。

教科書 p.20 問 2

□(1) $(2x-3y)-(x+2y)$　　□(2) $(3a-2b)-(5a-4b)$

⚠ミスに注意
かっこをはずすときは，符号に注意します。

□(3)
$$\begin{array}{rr} & 2a-b \\ -) & a-b \\ \hline \end{array}$$

□(4)
$$\begin{array}{rr} & -x+7y-4 \\ -) & 5x-4y+2 \\ \hline \end{array}$$

例題の答え **1** ①$6a-3b$　②$-3x^2-4x+1$　**2** ①$7a-b$　②$3x+6y$　③$6x+8y$　④$3x-7y+9$

解答▶▶ p.2

1 式の計算
2 多項式の計算―(2)

●多項式と数の乗法

教科書 p.21

□ **例題 1** 次の計算をしなさい。 ▶▶1

$3(4x-5y+2)$

考え方 分配法則を使ってかっこをはずします。

答え $3(4x-5y+2)=3\times4x+3\times(-5y)+3\times2$

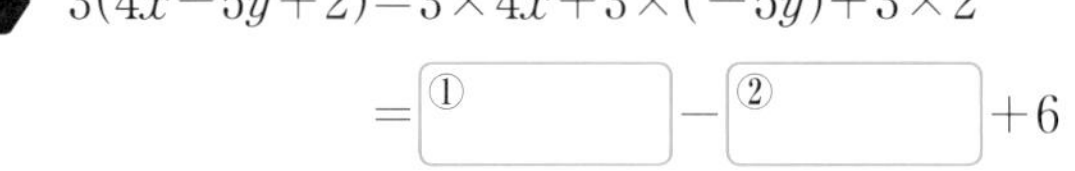

$=$ ① $-$ ② $+6$

●多項式と数の除法

教科書 p.22

□ **例題 2** 次の計算をしなさい。 ▶▶2

$(10a-25b)\div5$

考え方 除法は，わる数の逆数をかける乗法になおして計算します。

答え $(10a-25b)\div5=(10a-25b)\times\dfrac{1}{5}=10a\times\dfrac{1}{5}+(-25b)\times\dfrac{1}{5}$

$=$ ①

●かっこをふくむ式の計算

教科書 p.22

□ **例題 3** 次の計算をしなさい。 ▶▶3

$3(3a-5b-4)-2(2a-3b-1)$

考え方 分配法則を使ってかっこをはずします。

答え $3(3a-5b-4)-2(2a-3b-1)=9a-15b-12-4a+6b+2$

$=$ ① $-$ ② -10

●分数をふくむ式の計算

教科書 p.23

□ **例題 4** 次の計算をしなさい。 ▶▶4

$\dfrac{2x-y}{3}-\dfrac{3x-2y}{2}$

考え方 通分するか，(分数)×(多項式)の形にします。

答え

●通分する

$\dfrac{2x-y}{3}-\dfrac{3x-2y}{2}$

（通分する）

$=\dfrac{2(2x-y)}{6}-\dfrac{3(3x-2y)}{6}$

（1つの分数にまとめる）

$=\dfrac{2(2x-y)-3(3x-2y)}{6}$

（かっこをはずす）

$=\dfrac{4x-2y-9x+6y}{6}$

（同類項をまとめる）

$=\dfrac{①}{6}$

●(分数)×(多項式)の形にする

$\dfrac{2x-y}{3}-\dfrac{3x-2y}{2}$

（(分数)×(多項式)の形にする）

$=\dfrac{1}{3}(2x-y)-\dfrac{1}{2}(3x-2y)$

（かっこをはずす）

$=\dfrac{2}{3}x-\dfrac{1}{3}y-\dfrac{3}{2}x+y$

（項を並べかえて通分する）

$=\dfrac{4}{6}x-\dfrac{9}{6}x-\dfrac{1}{3}y+\dfrac{3}{3}y$

（同類項をまとめる）

$=$ ②

絶対理解 **1** 【多項式と数の乗法】次の計算をしなさい。 教科書 p.21 例4

□(1) $-2(3x-2y)$　　□(2) $5(9a-4b-7)$

□(3) $14\left(\dfrac{1}{2}a-\dfrac{1}{7}b\right)$　　□(4) $(-8x+4y+16)\times\dfrac{3}{4}$

●キーポイント
多項式と数の乗法では，数をかっこの中のすべての項にかけます。

絶対理解 **2** 【多項式と数の除法】次の計算をしなさい。 教科書 p.22 例5

□(1) $(6x+9y)\div3$　　□(2) $(4a-8b)\div(-4)$

□(3) $(-24x^2-16x-8)\div(-8)$　　□(4) $(12x-18y-6)\div\dfrac{2}{3}$

3 【かっこをふくむ式の計算】次の計算をしなさい。 教科書 p.22 例6

□(1) $2(4x+6y)+3(2x-3y)$　　□(2) $-2(3x+4y)+5(2x-y)$

□(3) $3(4a-2b)-4(a+5b)$　　□(4) $-2(5x^2-2x+1)-4(-2x-3)$

4 【分数をふくむ式の計算】次の計算をしなさい。 教科書 p.23 例7

□(1) $\dfrac{y}{2}+\dfrac{3x-5y}{8}$　　□(2) $\dfrac{3a-2b}{3}-\dfrac{2a-3b}{5}$

□(3) $-\dfrac{4x+3y}{4}-\dfrac{5x+2y}{3}$　　□(4) $\dfrac{5x-7y}{6}-(x-2y)$

 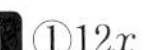 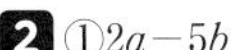  

例題の答え **1** ① $12x$　② $15y$　**2** ① $2a-5b$　**3** ① $5a$　② $9b$　**4** ① $-5x+4y$　② $-\dfrac{5}{6}x+\dfrac{2}{3}y$

解答▶▶ p.2

ぴたトレ 1
要点チェック

1章　式の計算
1 式の計算
3 単項式の乗法，除法／4 式の値

●単項式どうしの乗法

教科書 p.24〜25

次の計算をしなさい。 ▶▶1 3

(1)　$4x\times(-7y)$　　(2)　$(-3a)^2$

考え方　(1)　単項式どうしの乗法では，それぞれの単項式の係数の積に，文字の積をかけます。
(2)　同じ文字をふくむ単項式どうしの乗法は，指数を使って書きます。

答え　(1)　$4x\times(-7y)$
$=4\times(-7)\times x\times y$
$=$ ①

(2)　$(-3a)^2$
$=(-3a)\times(-3a)$
$=(-3)\times(-3)\times a\times a$
$=$ ②

●単項式どうしの除法

教科書 p.25〜26

例題 2

次の計算をしなさい。 ▶▶2 3

(1)　$6xy\div(-3x)$　　(2)　$\dfrac{12}{5}a^3b^2\div\dfrac{4}{15}ab$

考え方　(1)　分数の形にするか，乗法になおします。
(2)　乗法になおします。

答え　(1)　●分数の形にする
$6xy\div(-3x)$
$=-\dfrac{6xy}{3x}$
$=$ ①

$\dfrac{\overset{2}{\cancel{6}}\times\overset{1}{\cancel{x}}\times y}{\underset{1}{\cancel{3}}\times\underset{1}{\cancel{x}}}$

●乗法になおす
$6xy\div(-3x)$
$=6xy\times\left(-\dfrac{1}{3x}\right)$
$=$ ②

$\dfrac{\overset{2}{\cancel{6}}\times\overset{1}{\cancel{x}}\times y}{\underset{1}{\cancel{3}}\times\underset{1}{\cancel{x}}}$

(2)　$\dfrac{12}{5}a^3b^2\div\dfrac{4}{15}ab=\dfrac{12}{5}a^3b^2\div\dfrac{4ab}{15}=\dfrac{12}{5}a^3b^2\times\dfrac{15}{4ab}$
$=$ ③

$\dfrac{\overset{3}{\cancel{12}}\times\overset{1}{\cancel{a}}\times a\times a\times\overset{1}{\cancel{b}}\times b\times\overset{3}{\cancel{15}}}{\underset{1}{\cancel{5}}\times\underset{1}{\cancel{4}}\times\underset{1}{\cancel{a}}\times\underset{1}{\cancel{b}}}$

●式の値

教科書 p.28

例題 3

$x=3$，$y=-2$ のとき，$2(-2x+3y)-3(2x-3y)$ の値（あたい）を求めなさい。 ▶▶4

考え方　式を簡単にしてから，数を代入します。

答え　$2(-2x+3y)-3(2x-3y)=-4x+6y-6x+9y$
$=$ ①

$x=3$，$y=-2$ を代入すると，$-10\times3+15\times(-2)=$ ②

1 【単項式どうしの乗法】次の計算をしなさい。

教科書 p.24〜25 例 1,2

□(1) $3a\times(-8b)$　□(2) $\frac{1}{3}x\times6y$

□(3) $2x\times7x$　□(4) $(-5ab)^2$

⚠ミスに注意

$(-a^2)=-a^2$

$(-a)^2=(-a)\times(-a)$

$=a^2$

2 【単項式どうしの除法】次の計算をしなさい。

教科書 p.25〜26 例 3,4,5

□(1) $(-15ab)\div(-3a)$　□(2) $(-6y^3)\div3y$

□(3) $8xy\div\left(-\frac{2}{3}x\right)$　□(4) $\frac{6}{5}a^2b\div\frac{1}{10}b$

⚠ミスに注意

文字を分子にのせてから逆数をかける計算になおします。

$6x\div\frac{2}{5}x$

$=6xy\times\frac{5}{2}x$ (×)

正しくは $\frac{5}{2x}$

3 【乗法と除法の混じった計算】次の計算をしなさい。

教科書 p.27 例 6

□(1) $8a^2b\div(-3ab^2)\times6b$　□(2) $(-4x^2)\div(-2x)\div x$

□(3) $6xy\times5y\div(-2x)$　□(4) $4ab^2\div\frac{3}{8}a\div\frac{2}{9}b$

●キーポイント

除法を乗法になおして計算します。先に係数の符号(ふごう)を決めるとよいでしょう。

$(+)\div(+)\times(+)\rightarrow(+)$

$(+)\div(+)\times(-)\rightarrow(-)$

4 【式の値】$x=-2$, $y=-3$ のとき，次の式の値を求めなさい。

教科書 p.28 問 1,2

□(1) $3(2x-3y)-2(4x-5y)$　□(2) $-4xy^2\div(-3y^2)$

●キーポイント

式を簡単にしてから，数を代入すると，計算がしやすいです。

例題の答え　**1** ①$-28xy$　②$9a^2$　**2** ①$-2y$　②$-2y$　③$9a^2b$　**3** ①$-10x+15y$　②-60

解答▶▶ p.3

ぴたトレ 2 練習

1　式の計算　1～4

1 次の㋐から㋓の式について，下の問いに答えなさい。

㋐ $5x$　㋑ $a+b$　㋒ $3ab$　㋓ x^2+2x-5

□(1) 単項式を選びなさい。

□(2) 1次式を選びなさい。

□(3) ㋐から㋓の式にふくまれる項で，同類項を選びなさい。

2 次の多項式の項を答えなさい。また，何次式かを答えなさい。

□(1) $3x+7y+5$　□(2) $4a^2-3a-2$　□(3) $\frac{1}{2}a+ab-\frac{2}{3}b$

3 次の2つの式をたしなさい。また，左の式から右の式をひきなさい。

□(1) $-4a+3b$　$9a-5b$　□(2) $7x-5y-3$　$-3x+6y-9$

4 次の計算をしなさい。

□(1) $-ab-2b+b-ab$　□(2) $x^2-4x+3+2x-7x^2-8$

□(3) $4x-3y-12-x+3y-20$　□(4) $(3b-5a-2)+(3a-4b+9)$

□(5) $(ab-5a^2-1)-(7a^2-8ab+3)$　□(6) $(6x^2-2y-5)-(4+2y-3x^2)$

□(7)
$$\begin{array}{r} 9a-5b \\ +)\ -2a-6b \\ \hline \end{array}$$

□(8)
$$\begin{array}{r} 5x-6y \\ -)\ 7x-2y-3 \\ \hline \end{array}$$

ヒント

2 各項の次数のうち，もっとも大きいものを，その多項式の次数という。

4 多項式の減法は，ひく式の各項の符号(ふごう)を変えて，すべての項を加えるとよい。

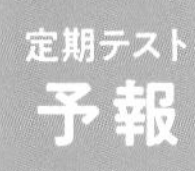

●単項式と多項式のいろいろな計算のしかたを，しっかり理解しよう。
ひく式のかっこをはずすときは，かっこの中の各項の符号が変わることに注意しよう。
また，式の値（あたい）を求めるときは，もとの式を簡単にしてから数を代入するといいよ。

5 次の計算をしなさい。

□(1) $4(x-2y)+5(4x-y)$

□(2) $3(6a+5b)-2(3b-4a)$

□(3) $-3(3x^2-2x)+2(4x^2-5x)$

□(4) $\left(\frac{1}{2}x-3\right)-\left(\frac{1}{3}x-2\right)$

□(5) $\frac{1}{2}(2a+b)+\frac{1}{4}(a-4b)$

□(6) $\frac{a+b}{3}+\frac{a-b}{5}$

6 次の計算をしなさい。

□(1) $(-8x)\times\frac{3}{4}y$

□(2) $\left(-\frac{2}{3}a\right)\times\left(-\frac{3}{8}b\right)$

□(3) $\frac{4}{5}a^2\div 20a$

□(4) $\frac{4}{9}xy\div\left(-\frac{2}{3}y\right)$

□(5) $(-2x)^2\times 9y\div 12xy$

□(6) $(ab)^2\div\left(-\frac{1}{3}b\right)^2\div(-6a)$

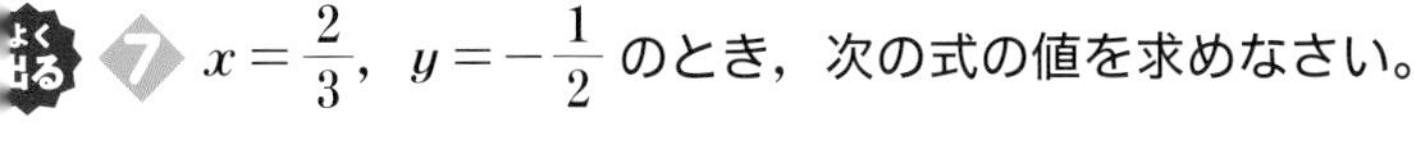

7 $x=\frac{2}{3}$，$y=-\frac{1}{2}$ のとき，次の式の値を求めなさい。

□(1) $8(2x-3y)-5(3x-5y)$

□(2) $(-2x)^3\div\frac{1}{2}y\div(-4x)^2$

ヒント

5 係数が分数のときは，通分してから計算する。分母をはらわないように注意する。

7 負の数を代入するときは，かっこをつけて代入する。

解答▶▶ p.4

2 文字式の利用
1 文字式の利用／2 等式の変形

●数に関するいろいろな性質　教科書 p.30〜34

例題 1　2つの奇数の和は偶数になる。このことを，文字を使って説明しなさい。　▶▶1 2

考え方　2つの奇数を文字式で表すときは，2つの文字を使って表します。
2つの奇数を文字を使って表し，それらの和が2×(整数)の形で表されることを示します。

答え　m，n を整数として，2つの奇数を

$$2m+1,\quad ① \square +1$$

と表す。
このとき，これらの和は

$$(2m+1)+(2n+1)= ② \square\, m + ③ \square\, n+2$$
$$=2(④ \square)$$

④ □ は整数であるから，2(④ □)は偶数である。
よって，2つの奇数の和は，偶数である。

●等式の変形　教科書 p.35〜36

例題 2　次の等式を a について解きなさい。　▶▶3 4

(1)　$4a+b=6$　　(2)　$S=\frac{1}{2}ah$

考え方　「$a=$……」の形に変形します。

答え　(1)　$4a+b=6$
$4a=6-b$　　b を移項する
$a=\frac{①\square}{4}$　　両辺を4でわる

(2)　$S=\frac{1}{2}ah$
$\frac{1}{2}ah=S$　　両辺を入れかえる
$ah=2S$　　両辺に2をかける
$a=\frac{②\square}{h}$　　両辺を h でわる

プラスワン　a について解く
はじめの等式を変形して，a の値を求める等式を導くことを，等式を a について解くといいます。

1 【数に関するいろいろな性質】連続する5つの整数の和は，5の倍数になります。次の問いに答えなさい。 教科書 p.31 問2

□(1) 中央の整数を n とすると，連続する5つの整数はどのように表すことができますか。

□(2) 連続する5つの整数の和は5の倍数になります。このことを，文字を使って説明しなさい。

2 【図形に関するいろいろな性質】a，b をそれぞれ直径とする2つの半円の弧（こ）の長さの和は，$a+b$ を直径とする半円の弧の長さと等しくなります。このことを，文字を使って説明しなさい。 教科書 p.33 例3, p.34 TRY1

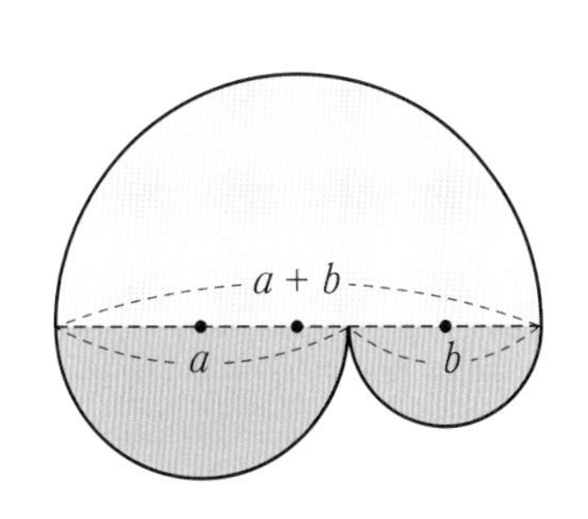

3 【等式の変形】次の等式を〔　〕内の文字について解きなさい。 教科書 p.36 例1, 問2

□(1) $x+8y=13$ 〔y〕　□(2) $2x-y=7$ 〔x〕

□(3) $y=5x-1$ 〔x〕　□(4) $5a-3b-8=0$ 〔b〕

4 【図形の関係式を変形する】次の等式を〔　〕内の文字について解きなさい。 教科書 p.36 例2, 問3

□(1) $V=abc$ 〔c〕
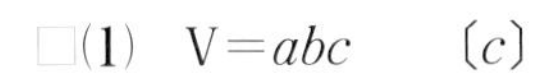

□(2) $S=\dfrac{\pi r^2 a}{360}$ 〔a〕

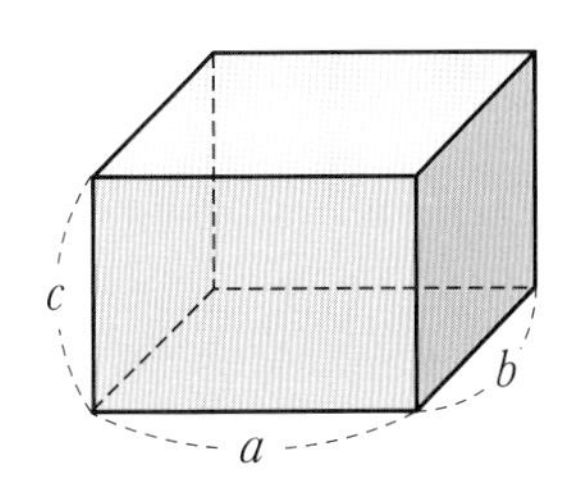

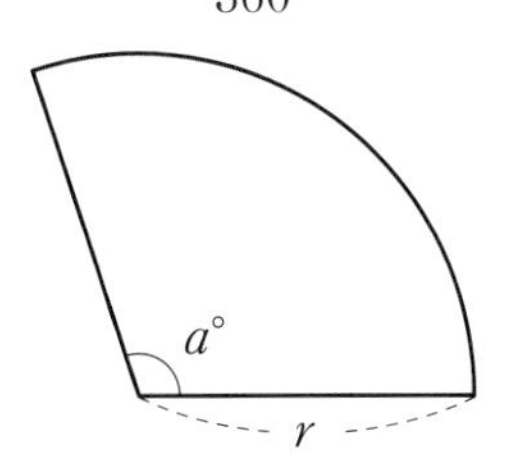

例題の答え **1** ①$2n$ ②2 ③2 ④$m+n+1$ **2** ①$6-b$ ②$2S$

2　文字式の利用　1, 2

よく出る

1 5，7 のように連続する 2 つの奇数(きすう)の和は，4 の倍数になります。このことを，文字を使って説明しなさい。

2 3 けたの自然数と，その数の百の位の数と一の位の数を入れかえた自然数の差は，99 の倍数になります。このことを，文字を使って説明しなさい。

3 2 けたの自然数から，その自然数の十の位の数と一の位の数の和をひくと，9 の倍数になります。このことを，文字を使って説明しなさい。

4 各位の数の和が 9 の倍数である 3 けたの自然数は 9 の倍数になります。このことを，文字を使って説明しなさい。

5 3 けたの自然数で，各位の数の間に　(百の位の数)−(十の位の数)+(一の位の数)=11 の関係が成り立つとき，この 3 けたの自然数は 11 の倍数になります。このことを，文字を使って説明しなさい。

ヒント
1 この 2 つの奇数の間にある偶数(ぐうすう)を $2n$ で表すと，2 つの奇数は，$2n-1$，$2n+1$ と表される。
2 3 けたの自然数の百の位の数を a，十の位の数を b，一の位の数を c とする。

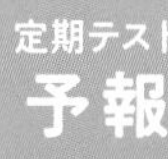

定期テスト予報

●文字を使って説明するしかたや，等式の変形のしかたを，しっかりと理解しておこう。
偶数，奇数，倍数，3けたの整数などの基本的な整数について，文字式での表し方を覚えておこう。また，等式の変形は，指定された文字についての方程式と考えるといいんだよ。

6 次の等式を〔　〕内の文字について解きなさい。

□(1) $\ell=2\pi(r+1)$　〔r〕

□(2) $x+y-3z=0$　〔z〕

□(3) $S=\dfrac{1}{2}\ell r$　〔ℓ〕

□(4) $c=\dfrac{5a+3b}{4}$　〔a〕

7 右の図のような2つの半円と長方形を組み合わせたトラックがあります。その周の長さが400 mであるとき，次の問いに答えなさい。

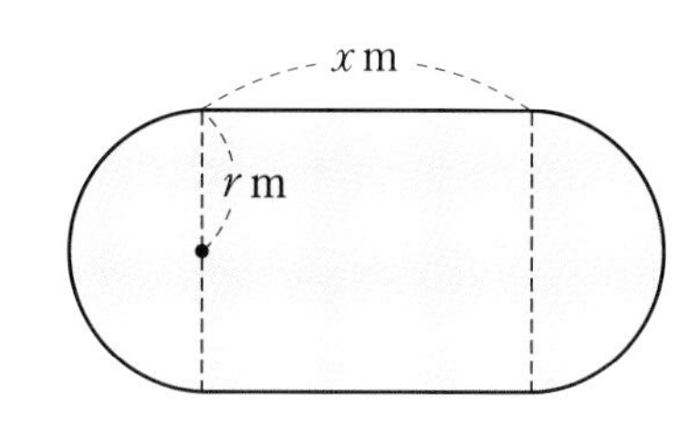

□(1) 数量の関係を，x，r を使って等式で表しなさい。

□(2) $x=80$ とするとき，r の値を求めなさい。

□(3) トラックの1 m外側にトラックにそって線をひきます。この線の長さは，トラックの周の長さより何m長くなりますか。

8 次の問いに答えなさい。

□(1) 直方体の縦，横，高さをそれぞれ2倍の長さにすると，体積はもとの直方体の何倍になるか答えなさい。

□(2) 右の図のような直角三角形ABCがあります。ACを軸（じく）にして1回転してできる立体の体積は，BCを軸にして1回転してできる立体の体積の何倍になるか答えなさい。

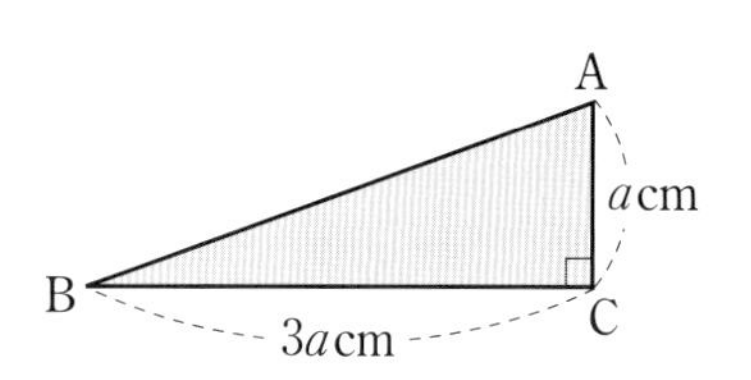

ヒント

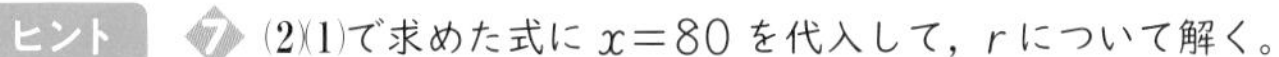

7 (2)(1)で求めた式に $x=80$ を代入して，r について解く。

8 (2)底面積 S cm^2，高さ h cm の円錐（えんすい）の体積を V cm^3 とすると　$V=\dfrac{1}{3}Sh$

解答▶▶ p.5

ぴたトレ
3
確認テスト

1章　式の計算

❶ 次の㋐から㋕の式について，下の問いに答えなさい。知

㋐　$8x-3y$	㋑　$-2x^2$	㋒　$-x+9$
㋓　x^2-2x+1	㋔　$7xy-4x$	㋕　$3x$

(1)　単項式をすべて選びなさい。

(2)　1次式をすべて選びなさい。

❷ 次の計算をしなさい。知

(1)　$2a+3b+a-9b$

(2)　$(-2y^2+3y-1)-(4y-5y^2-7)$

(3)
$$\begin{array}{rr} & 8x-7y-4 \\ +) & 2x+4y-5 \\ \hline \end{array}$$

(4)
$$\begin{array}{rr} & 3a+2b \\ -) & 9a-5b-8 \\ \hline \end{array}$$

❸ 次の計算をしなさい。知

(1)　$-5(2a+b-3)$　　(2)　$(8x-20y)\div4$

(3)　$3(-2x+6y)+4(x-5y)$　　(4)　$\dfrac{2x+y}{2}-\dfrac{x-4y}{3}$

❹ 次の計算をしなさい。知

(1)　$(-5a)^3$　　(2)　$(-32xy)\div(-8x)$

(3)　$4xy\times(-9xy)\div(-18y^2)$　　(4)　$\left(-\dfrac{a^2b}{6}\right)\div\dfrac{b}{3}\div4a$

❶	点/6点(各3点)
(1)	
(2)	

❷	点/16点(各4点)
(1)	
(2)	
(3)	
(4)	

❸	点/16点(各4点)
(1)	
(2)	
(3)	
(4)	

❹	点/16点(各4点)
(1)	
(2)	
(3)	
(4)	

成績評価の観点　知…数量や図形などについての知識・技能　考…数学的な思考・判断・表現

5 $x=3$，$y=-2$ のとき，次の式の値(あたい)を求めなさい。知

(1) $7(4x-5y)-5(6x-8y)$　　(2) $3x^2y\div(-6x)$

5 点/8点（各4点）

(1)	
(2)	

6 各位の数の和が 3 の倍数である 3 けたの自然数は，3 の倍数になります。このことを，文字を使って説明しなさい。考

6 点/10点

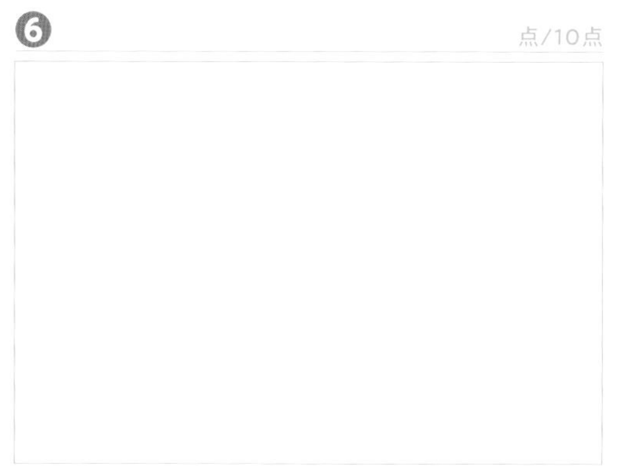

7 次の等式を〔　〕内の文字について解きなさい。知

(1) $4x-2y-6=0$　〔y〕　　(2) $m=\dfrac{1}{2}(a-b+c)$　〔b〕

7 点/8点（各4点）

(1)	
(2)	

8 自転車で，a km 離(はな)れた A 町と B 町の間を往復しました。行きは時速 12 km で走り，帰りは時速 8 km で走りました。次の問いに答えなさい。考

(1) 往復するのにかかった時間を a を使って表しなさい。

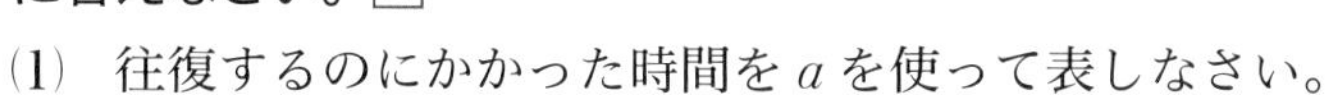

(2) 全体の平均の速さを求めなさい。

8 点/10点（各5点）

(1)	
(2)	

点UP **9** 下の図のような，2 つの円 A と円 B があります。この 2 つの円の半径を同時に，1 つは x cm 大きくし，もう 1 つは x cm 小さくしたとき，2 つの円の周の和は，もとの 2 つの円の周の和に比べて，どのように変わるか答えなさい。考

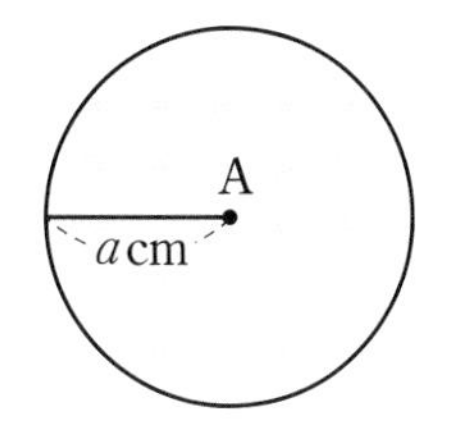

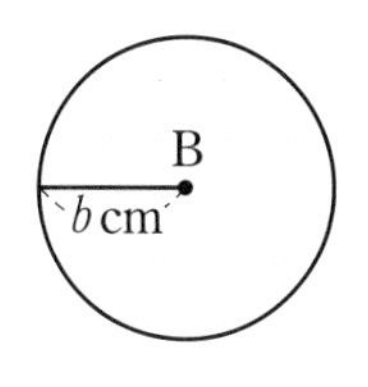

9 点/10点

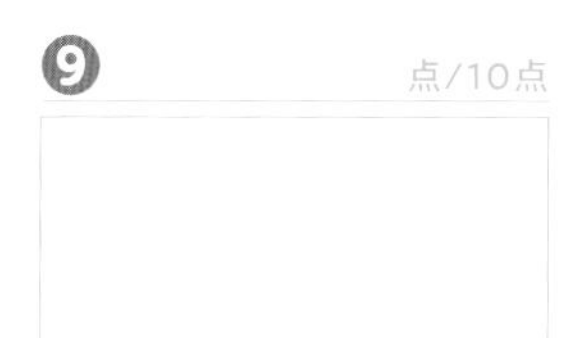

1章
教科書15～39ページ

知 /70点	考 /30点

解答▶▶ p.7

教科書のまとめ〈1章　式の計算〉

●単項式と多項式

・数や文字をかけ合わせてできる式を**単項式**という。

・a のような1つだけの文字，-3 のような1つだけの数も単項式である。

・単項式の和の形で表される式を**多項式**という。

・多項式で，数だけの項(こう)を定数項という。

(例)　$2x-3y+2=\underline{2x}+\underline{(-3y)}+\underline{2}$
　　　$2x$，$(-3y)$ → 項　　2 → 定数項

●次数

・単項式の**次数**は，単項式でかけ合わされている文字の個数のことをいう。

・多項式の**次数**は，次数のもっとも大きい項の次数のことをいう。

・次数が1の式を1次式，次数が2の式を2次式という。

●同類項

・文字の部分が同じである項を**同類項**という。

・同類項は，分配法則 $ax+bx=(a+b)x$ を使って1つの項にまとめることができる。

[注意]　x^2 と $2x$ は，文字が同じでも次数がちがうので，同類項ではない。

(例)　$ax+by-cx+dy$
　　$=(a-c)x+(b+d)y$

●多項式の加法と減法

・多項式の加法では，すべての項を加えて，同類項をまとめる。

・多項式の減法では，ひく式の各項の符号(ふごう)を変えて，すべての項を加える。

・2つの式をたしたりひいたりするときは，それぞれの式にかっこと，記号＋，－をつけて計算する。

(例)　$(2x+y)-(4x-3y)$
　　$=2x+y-4x+3y$
　　$=-2x+4y$

●多項式と数の乗法

・多項式と数の乗法では，分配法則 $a(b+c)=ab+ac$ を使って計算することができる。

●多項式と数の除法

・多項式を数でわる除法では，乗法になおして計算する。

●かっこがある式の計算

①かっこをはずす→②項を並べかえる
→③同類項をまとめる

●分数をふくむ式の計算

方法1

①通分する→②1つの分数にまとめる
→③かっこをはずす→④同類項をまとめる

方法2

①(分数)×(多項式)の形にする
→②かっこをはずす
→③項を並べかえて通分する
→④同類項をまとめる

●単項式の乗法，除法

・単項式どうしの乗法では，係数の積に文字の積をかける。

・同じ文字の積では，指数を使って表す。

・単項式どうしの除法では，乗法になおして，文字の部分も約分する。

(例)　$2x\times4y=(2\times4)\times(x\times y)=8xy$
　　　$-x\times2x=-2x^2$
　　　$6xy\div3x=6xy\times\frac{1}{3x}=2y$

●等式の変形

2つ以上の文字をふくむ等式で，その中の1つの文字 (x) を他の文字 (y) で表すことを，**その文字 (x) について解く**という。

(例)　$x+2y=6$
　　　　$x=-2y+6$

2章　連立方程式

□ 1次方程式を解く手順　◀ 中学1年

①必要であれば，かっこをはずしたり分母をはらったりする。　$4(x-4)=x-1$　$4x-16=x-1$

②文字の項(こう)を一方の辺に，数の項を他方の辺に移項して集める。　$4x-x=-1+16$

③$ax=b$ の形にする。　$3x=15$

④両辺を x の係数 a でわる。　$x=5$

1 次の方程式を解きなさい。　◀ 中学1年〈1次方程式〉

(1) $-\frac{2}{3}x=10$　(2) $7x-6=4+5x$

(3) $5(2x-4)=8(x+1)$　(4) $0.7x-2.6=-0.4x+1.8$

(5) $\frac{3}{4}x+1=\frac{1}{4}x-\frac{3}{2}$　(6) $\frac{x+3}{5}=\frac{3x-2}{4}$

ヒント
(3)かっこをはずしてから，移項すると……

ヒント
(5)，(6)両辺に分母の公倍数をかけて分母をはらうと……

2 何人かの生徒に色紙を配るのに，1人に4枚ずつ配ると15枚余り，6枚ずつ配ると3枚たりません。
生徒の人数を求めなさい。　◀ 中学1年〈1次方程式の利用〉

ヒント
色紙の枚数を，2通りの配り方で，それぞれ式に表すと……

3 100円の箱に，120円のプリンと150円のシュークリームを，あわせて12個つめて買うと，1660円でした。
プリンとシュークリームを，それぞれ何個つめたのでしょうか。　◀ 中学1年〈1次方程式の利用〉

ヒント
プリンの個数を x 個として，シュークリームの個数を表すと……

解答▶▶ p.8

1 連立方程式
1 2元1次方程式と連立方程式／2 連立方程式の解き方—(1)

● 2元1次方程式と連立方程式の解　教科書 p.42〜45

□ **例題 1** 連立方程式 $\begin{cases} 3x+y=6 & \cdots\cdots㋐ \\ 2x-y=4 & \cdots\cdots㋑ \end{cases}$ を解きなさい。 ▶▶1 2

考え方　2つの2元1次方程式㋐，㋑を成り立たせる x，y の値の組を表にまとめて，㋐，㋑を同時に成り立たせる x，y の値の組を求めます。

答え　㋐を成り立たせる x，y の値の組を表にまとめる。

x	0	1	2	3	4
y	6	3	①	−3	②

㋑を成り立たせる x，y の値の組を表にまとめる。

x	0	1	2	3	4
y	−4	③	0	④	4

上の2つの表から，2つの式を同時に成り立たせる x，y の値の組は

$x=$ ⑤□，$y=$ ⑥□

よって，連立方程式 $\begin{cases} 3x+y=6 \\ 2x-y=4 \end{cases}$ の解は

$x=$ ⑤□，$y=$ ⑥□

● 加減法①　教科書 p.46〜49

□ **例題 2** 連立方程式 $\begin{cases} 2x+y=7 & \cdots\cdots㋐ \\ 3x-y=8 & \cdots\cdots㋑ \end{cases}$ を解きなさい。 ▶▶3

考え方　㋐，㋑の左辺どうし，右辺どうしをたして，y を消去します。

答え

$$\begin{array}{rl} 2x+y &= 7 \\ +)\ 3x-y &= 8 \\ \hline 5x \quad &= ① \\ x &= ② \end{array}$$

y を消去

$x=3$ を㋐に代入すると，

$2\times3+y=7$

$y=$ ③□

答　$x=$ ②□，$y=$ ③□

プラスワン　連立方程式，加減法

連立方程式…$\begin{cases} x+y=2 \\ 2x+3y=5 \end{cases}$ のように，方程式を組にしたもの。

加減法…連立方程式の2つの式の左辺どうし，右辺どうしをたしたりひいたりして，1つの文字を消去して解く方法。

1 【連立方程式の解】連立方程式 $\begin{cases} 2x-y=5 & \cdots\cdots ① \\ 2x+3y=1 & \cdots\cdots ② \end{cases}$ について，次の問いに答えなさい。

教科書 p.45 問 4

□(1) 2 元 1 次方程式①，②をそれぞれ成り立たせる x，y の値を，表をつくって調べます。下の表を完成させなさい。

①

x	-2	-1	0	1	2
y					

②

x	-2	-1	0	1	2
y					

□(2) 連立方程式 $\begin{cases} 2x-y=5 \\ 2x+3y=1 \end{cases}$ の解を求めなさい。

絶対理解 **2** 【連立方程式の解】次の中から，連立方程式 $\begin{cases} x+y=6 \\ x+2y=8 \end{cases}$ の解を選びなさい。

□

教科書 p.45 問 3

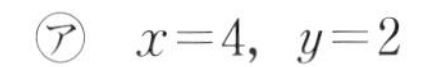

㋐ $x=4$，$y=2$　　㋑ $x=4$，$y=-2$

㋒ $x=-4$，$y=2$　　㋓ $x=-4$，$y=-2$

●キーポイント
x，y の値を方程式の左辺に代入し，方程式が両方とも成り立つかどうかを調べます。

よく出る **3** 【加減法①】次の連立方程式を解きなさい。

教科書 p.49 例 1

□(1) $\begin{cases} 4x+y=6 \\ 2x+y=4 \end{cases}$　　□(2) $\begin{cases} x-2y=8 \\ x+2y=-6 \end{cases}$

□(3) $\begin{cases} -x+5y=-7 \\ x-4y=6 \end{cases}$　　□(4) $\begin{cases} x+y=5 \\ x-y=11 \end{cases}$

●キーポイント
連立方程式の左辺どうし，右辺どうしをたしたりひいたりして，1つの文字を消去しましょう。

例題の答え **1** ①0　②-6　③-2　④2　⑤2　⑥0　**2** ①15　②3　③1

解答▶▶ p.8

2章 連立方程式

1 連立方程式
2 連立方程式の解き方―(2)

●加減法②

教科書 p.50~51

例題 1 連立方程式 $\begin{cases} 8x+3y=1 & \cdots\cdots ㋐ \\ 5x+2y=1 & \cdots\cdots ㋑ \end{cases}$ を解きなさい。 ▶▶1 2

考え方 1つの文字を消去するために，消去する文字の係数の絶対値をそろえます。y の係数の絶対値を等しくするために，㋐の両辺を2倍，㋑の両辺を3倍します。

答え

㋐×2　$16x+6y=2$　← $(8x+3y)\times2=1\times2$

㋑×3　$-)\ 15x+6y=3$　← $(5x+2y)\times3=1\times3$

$x\ = $ ①

文字の係数の絶対値が等しくないときは，方程式を何倍かして，係数の絶対値をそろえる

ここがポイント

$x=-1$ を㋑に代入すると，

$5\times(-1)+2y=1$

$2y=$ ②

$y=$ ③

答　$x=$ ①，$y=$ ③

●代入法

教科書 p.52~53

例題 2 連立方程式 $\begin{cases} y=x-4 & \cdots\cdots ㋐ \\ 3x-2y=5 & \cdots\cdots ㋑ \end{cases}$ を解きなさい。 ▶▶3

考え方 ㋐を㋑に代入して，y を消去します。

答え ㋑の y に，㋐の $x-4$ を代入すると，

$3x-2(x-4)=5$

$3x-2x+8=5$

$x=$ ①

$3x-2(y)=5$　←　$y=x-4$

$3x-2(x-4)=5$

y が $x-4$ に等しいから，y を $x-4$ におきかえる。

$x=-3$ を㋐に代入すると，

$y=$ ① -4

$y=$ ②

答　$x=$ ①，$y=$ ②

プラスワン　代入法

代入法（だいにゅうほう）…代入によって，1つの文字を消去して連立方程式を解く方法。

数の場合と同じように，文字を式におきかえることも「代入する」といいます。

1 【加減法】次の連立方程式を加減法で解きなさい。

教科書 p.50 例 2

□(1) $\begin{cases} 4x+y=5 \\ 2x-3y=-1 \end{cases}$　　□(2) $\begin{cases} 2x+3y=8 \\ x+y=2 \end{cases}$

●キーポイント
x，y のどちらかの係数の絶対値をそろえるために，一方の式の両辺を何倍かします。

□(3) $\begin{cases} 2x+6y=36 \\ 4x+9y=48 \end{cases}$　　□(4) $\begin{cases} 2x-y=4 \\ 5x+4y=-3 \end{cases}$

絶対理解 **2** 【加減法】次の連立方程式を加減法で解きなさい。

教科書 p.51 例 3

□(1) $\begin{cases} -2x+3y=4 \\ 3x-2y=9 \end{cases}$　　□(2) $\begin{cases} 3x+4y=10 \\ 5x-3y=7 \end{cases}$

●キーポイント
x，y のどちらかの係数の絶対値をそろえるために，それぞれの式の両辺を何倍かします。

□(3) $\begin{cases} 3x+2y=1 \\ 4x+5y=-15 \end{cases}$　　□(4) $\begin{cases} 2a-6b=8 \\ 3a+4b=-1 \end{cases}$

よく出る **3** 【代入法】次の連立方程式を代入法で解きなさい。

教科書 p.53 例 4, 例 5

□(1) $\begin{cases} x-y=1 \\ x=2y \end{cases}$　　□(2) $\begin{cases} x=3y-5 \\ x=-y+3 \end{cases}$

⚠ミスに注意
式を代入するときは，かっこをつけて代入します。

□(3) $\begin{cases} 4x-3y=10 \\ x=3y+7 \end{cases}$　　□(4) $\begin{cases} y=3x-7 \\ 3x-2y=11 \end{cases}$

例題の答え **1** ①−1　②6　③3　**2** ①−3　②−7

解答▶▶ p.9

ぴたトレ 1 要点チェック

2章　連立方程式

1 連立方程式
3 いろいろな連立方程式の解き方

●いろいろな連立方程式の解き方

教科書 p.54～55

次の連立方程式を解きなさい。 ▶▶1 2

(1) $\begin{cases} x+4y=11 & \cdots\cdots ㋐ \\ 3(x-1)-4y=-2 & \cdots\cdots ㋑ \end{cases}$

(2) $\begin{cases} 4x-3y=11 & \cdots\cdots ㋐ \\ \dfrac{1}{3}x+\dfrac{y}{2}=\dfrac{1}{6} & \cdots\cdots ㋑ \end{cases}$

考え方　(1) 分配法則を利用し，㋑のかっこをはずして，整理してから解きます。
(2) ㋑の両辺に，係数の分母の最小公倍数をかけて，係数を整数にしてから解きます。

答え

(1) ㋑のかっこをはずすと，

$3x-3-4y=-2$

$3x-4y=$ ① ______ ……㋒

㋐　$x+4y=11$

㋒　$+)\ 3x-4y=1$

$4x\quad=12$ ←y を消去

$x=$ ② ______

$x=3$ を㋐に代入すると

$3+4y=11$

$y=$ ③ ______

答　$x=3$，$y=$ ③ ______

(2) ㋑の両辺に 6 をかけると，

$\left(\dfrac{1}{3}x+\dfrac{y}{2}\right)\times 6=\dfrac{1}{6}\times$ ④ ______

$2x+3y=1$ ……㋒

㋐　$4x-3y=11$

㋒　$+)\ 2x+3y=1$

$6x\quad=12$ ←y を消去

$x=$ ⑤ ______

$x=2$ を㋒に代入すると

$2\times2+3y=1$

$y=$ ⑥ ______

答　$x=$ ⑤ ______，$y=-1$

● $A=B=C$ の形をした方程式

教科書 p.56

方程式 $2x-3y=10x+y=8$ を解きなさい。 ▶▶3

考え方　$A=B=C$ の形の方程式を，$\begin{cases} A=C \\ B=C \end{cases}$ の連立方程式にして解きます。

答え

$\begin{cases} 2x-3y=8 & \cdots\cdots ㋐ \\ 10x+y=8 & \cdots\cdots ㋑ \end{cases}$

㋐　$2x-3y=8$

㋑×3　$+)\ 30x+3y=24$

$32x\quad=32$ ←y を消去

$x=$ ① ______

$x=1$ を㋑に代入すると，

$10\times1+y=8$

$y=$ ② ______

答　$x=$ ① ______，$y=$ ② ______

1 【かっこのある連立方程式】次の連立方程式を解きなさい。 教科書 p.54 例1

□(1) $\begin{cases} 2x+y=10 \\ 2(x-y)-y=2 \end{cases}$

□(2) $\begin{cases} 5x+3(x-2y)=-6 \\ y=4x-7 \end{cases}$

2 【係数に分数や小数をふくむ連立方程式】次の連立方程式を解きなさい。 教科書 p.55 例2, 問3

□(1) $\begin{cases} \dfrac{x}{2}+\dfrac{y}{3}=3 \\ 3x-y=9 \end{cases}$

□(2) $\begin{cases} x-2y=2 \\ -\dfrac{x}{4}+\dfrac{y}{5}=1 \end{cases}$

●キーポイント
係数に小数があるときは，両辺に10や100をかけて，係数をすべて整数にしてから解きます。

□(3) $\begin{cases} 3x+y=9 \\ 0.5x-0.2y=0.4 \end{cases}$

□(4) $\begin{cases} 4x+3y=2 \\ -0.1x+0.6y=1.3 \end{cases}$

3 【$A=B=C$ の形をした方程式】方程式 $2x+3y=4x+11y=2y+7$ を解きなさい。 教科書 p.56 例3

□

●キーポイント
$A=B=C$ の方程式は，
$\begin{cases} A=B \\ B=C \end{cases}$，$\begin{cases} A=B \\ A=C \end{cases}$，$\begin{cases} A=C \\ B=C \end{cases}$ のどの連立方程式を使って解いても構いません。

例題の答え **1** ①1 ②3 ③2 ④6 ⑤2 ⑥−1 **2** ①1 ②−2

解答▶▶ p.10

1 連立方程式 1～3

1 次の中から，連立方程式 $\begin{cases} x+y=1 \\ 2x-3y=12 \end{cases}$ の解を選びなさい。

□ ㋐ $x=-2,\ y=3$　　㋑ $x=3,\ y=-2$　　㋒ $x=2,\ y=-1$

よく出る **2** 次の連立方程式を加減法で解きなさい。

□(1) $\begin{cases} x+2y=14 \\ 5x+y=-11 \end{cases}$

□(2) $\begin{cases} -3x+2y=5 \\ 4x-3y=-6 \end{cases}$

□(3) $\begin{cases} 3x-4y=-11 \\ 5x+6y=45 \end{cases}$

□(4) $\begin{cases} 4x+5y=8 \\ 3x+7y=19 \end{cases}$

□(5) $\begin{cases} 3x+2y=1 \\ 11x+7y=1 \end{cases}$

□(6) $\begin{cases} 7x-5y=41 \\ -3x+4y=-25 \end{cases}$

3 次の連立方程式を代入法で解きなさい。

□(1) $\begin{cases} x=4y \\ x+2y=6 \end{cases}$

□(2) $\begin{cases} y=4x+13 \\ 2x+y=1 \end{cases}$

□(3) $\begin{cases} -2x-y=4 \\ x=7-2y \end{cases}$

□(4) $\begin{cases} 2x-3y=16 \\ y=2-3x \end{cases}$

□(5) $\begin{cases} x-2y=7 \\ 2y=4x+2 \end{cases}$

□(6) $\begin{cases} y=x-3 \\ y=-2x-6 \end{cases}$

ヒント **1** x，y の値（あたい）を方程式の左辺に代入して，2つの方程式がどちらも成り立つかどうか調べる。
2 x，y のそれぞれの係数を見て，どちらの方が消去しやすいかを考える。

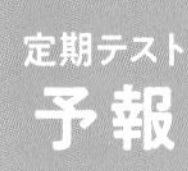

●連立方程式の解き方を，しっかりと理解しておこう。
係数が分数や小数の連立方程式は，両辺に同じ数をかけて，係数を整数になおそう。また，解がわかっているときは，その解を代入すると，他の文字についての方程式ができるよ。

4 次の連立方程式を解きなさい。

□(1) $\begin{cases} 3x-5y=-8 \\ 2(x-1)-4y=20 \end{cases}$

□(2) $\begin{cases} y=2(x+1)-7 \\ 3(x+1)+2(y-1)=5 \end{cases}$

□(3) $\begin{cases} 0.09x+0.2y=0.58 \\ 0.3x-0.5y=-0.4 \end{cases}$

□(4) $\begin{cases} 4.8x+1.4y=13 \\ 6x+2.1y=15.9 \end{cases}$

□(5) $\begin{cases} \dfrac{1}{2}x+\dfrac{1}{3}y=4 \\ \dfrac{3}{4}x-\dfrac{1}{2}y=0 \end{cases}$

□(6) $\begin{cases} \dfrac{x+y}{2}=\dfrac{x}{5} \\ \dfrac{x-y}{4}=x+3 \end{cases}$

5 次の方程式を解きなさい。

□(1) $2x+3y=7x+6y=-9$

□(2) $7x+y=8-y=5x+1$

6 次の問いに答えなさい。

□(1) 連立方程式 $\begin{cases} 2x+my=1 \\ x-3my=-10 \end{cases}$ において，$y=1$ であるとき，x の値を求めなさい。

□(2) 連立方程式 $\begin{cases} 3x+4y=9 \\ ax+5y=10 \end{cases}$ の解が $x=-5$，$y=b$ であるとき，a，b の値を求めなさい。

5 (1)-9 を2つの式の右辺にする。(2)$7x+y$ を2つの式の左辺にする。
6 (1)$y=1$ を代入すると，x，m の連立方程式ができ，その解を求める。

2章 教科書42～57ページ

解答▶▶ p.10

2 連立方程式の利用
1 連立方程式の利用

●連立方程式の利用

教科書 p.58〜59

例題 1 1個150円のりんごと1個120円のオレンジを合わせて10個買うと，代金の合計が1380円になりました。りんごとオレンジを，それぞれ何個買いましたか。▶▶1 2

考え方 (りんごの個数)+(オレンジの個数)=10(個)
(りんごの代金)+(オレンジの代金)=1380(円)
上の2つの数量の関係を使って，連立方程式をつくります。

答え 買ったりんごの個数を x 個，オレンジの個数を y 個とすると，

$$\begin{cases} x+y=\boxed{①} & \cdots\cdots ㋐ \\ 150x+120y=1380 & \cdots\cdots ㋑ \end{cases}$$

㋐ 個数の関係　㋑ 代金の関係

$$\begin{array}{lrl} ㋐\times150 & 150x+150y & =1500 \\ ㋑ & -)\ 150x+120y & =1380 \\ \hline & 30y & =120 \\ & y & =\boxed{②} \end{array}$$

$y=4$ を㋐に代入すると，

$$x+4=10$$

$$x=\boxed{③}$$

りんごが6個，オレンジが4個は問題に適している。

答　りんご ③ 個，オレンジ ② 個

1 求める数量を文字で表す。求めたいもの以外の数量を文字で表すこともある。

2 等しい数量を見つけて，2つの方程式に表す。

3 連立方程式を解く。

4 解が実際の問題に適しているかを確かめる。

●割合と連立方程式

教科書 p.63〜64

例題 2 ある中学校の生徒数は，昨年は男女合わせて580人でした。今年は男子が4%減り，女子が5%増え，全体の生徒数は582人になりました。
昨年の男子の生徒数を x 人，女子の生徒数を y 人として，等しい関係にある数量を見つけて，連立方程式をつくりなさい。▶▶3

答え 数量の関係を表に整理します。

	男子	女子	合計
昨年の生徒数(人)	x	y	580
今年の生徒数(人)	$x\times\frac{①}{100}$	$y\times\frac{②}{100}$	582

連立方程式は，
$$\begin{cases} x+y=580 & \leftarrow \text{昨年の生徒数の関係} \\ \frac{96}{100}x+\frac{105}{100}y=582 & \leftarrow \text{今年の生徒数の関係} \end{cases}$$

1 【料金と連立方程式】ある動物園の入園料は，大人(おとな)3人と中学生4人では1000円，大人2人と中学生3人では700円である。大人1人，中学生1人それぞれの入園料を求めなさい。

教科書 p.59 例1，問2

●キーポイント
2通りの入園料の合計に着目して，連立方程式をつくります。

絶対理解

2 【連立方程式の利用】A市から80 km離(はな)れたB市まで自動車で行くのに，はじめは高速道路を時速80 kmで，途中(とちゅう)からふつうの道路を時速30 kmで走ったら，全体で1時間20分かかりました。次の問いに答えなさい。

教科書 p.60~62 TRY1，問3

(1) 高速道路を走った道のりを x km，ふつうの道路を走った道のりを y kmとして，数量の関係をまとめます。下の表の空欄(くうらん)をうめなさい。

	高速道路	ふつうの道路	合計
道のり(km)	x	y	80
速さ(km/h)	80	30	
時間(時間)			$\frac{4}{3}$

(2) 連立方程式をつくって，高速道路，ふつうの道路を走った道のりを，それぞれ求めなさい。

●キーポイント
(1) 1時間20分は，
$1\frac{20}{60}=1\frac{1}{3}$
$=\frac{4}{3}$(時間)
です。
(2) 道のりの関係と，時間の関係から，連立方程式をつくります。

3 【割合と連立方程式】家からある町まで，電車とバスに乗って行きます。3年前は電車代とバス代を合わせると550円でした。今年は，同じコースを行ったら，電車代が20％，バス代が40％上がっていたので，全部で700円でした。今年の電車代とバス代をそれぞれ求めなさい。

教科書 p.63 例2

●キーポイント
3年前の電車代を x 円，バス代を y 円として連立方程式をつくります。

2　連立方程式の利用 1

1 1個60円のみかんと1個90円のりんごを合わせて20個買うと，代金の合計は1410円になりました。みかんとりんごを，それぞれ何個買いましたか。

2 お菓子を何人かの子どもに分けるのに，1人に8個ずつ配ると6個あまり，1人に9個ずつ配ると2個足りなくなります。子どもの人数とお菓子の数を，それぞれ求めなさい。

3 ある人が194 kmの道のりを自動車で走りました。その途中で高速道路を通りました。高速道路では時速90 km，ふつうの道では時速48 kmで走ったところ，全部で2時間42分かかりました。高速道路を走った道のりとふつうの道を走った道のりをそれぞれ求めなさい。

4 周囲2 kmの池のまわりを，A，Bの2人がそれぞれ一定の速さで歩きます。同時に同じ場所を出発して，反対の方向に回ると10分後にはじめて出会い，同じ方向に回ると50分後にAがBをちょうど1周追い抜きます。A，Bの歩く速さは，それぞれ分速何mか求めなさい。

5 2種類の商品A，Bがあります。A 4個とB 2個の重さは合わせて700 g，A 2個とB 3個の重さは合わせて850 gです。A 1個，B 1個の重さをそれぞれ求めなさい。

ヒント　4 反対向きに回るとき　(Aの歩いた道のり)＋(Bの歩いた道のり)＝(道の全長)
同じ向きに回るとき　(Aの歩いた道のり)－(Bの歩いた道のり)＝(道の全長)　(1周遅れ)

定期テスト予報　●連立方程式を利用して問題を解く手順を，しっかりと理解しておこう。
問題文の中の数量の何を x，y で表せばよいかよく考えて，連立方程式をつくろう。また，連立方程式の解を求めたら，それが問題に適しているかどうか調べることを忘れないように。

6 ある学校の昨年度の生徒数は，男子と女子を合わせて 450 人でした。今年度は昨年度に比べると，男子が 10 % 増加し，女子は 5 % 減少したので，全体としては 12 人増加しました。今年度の男子と女子の人数をそれぞれ求めなさい。

7 ある動物園の入園料は，中学生 3 人と大人（おとな）2 人で 3100 円でした。また，中学生 35 人と大人 1 人では，中学生だけが団体として 2 割引となったため，大人 1 人分と合わせて，14800 円でした。この動物園の中学生 1 人，大人 1 人の入園料をそれぞれ求めなさい。

8 2 けたの自然数があります。その数の一の位の数は十の位の数の 2 倍と等しく，一の位の数と十の位の数を入れかえてできる数は，もとの数より 27 大きくなります。もとの自然数を求めなさい。

9 右の図 1 のカーソルは 4 つのキー[→]，[←]，[↑]，[↓]をそれぞれ 1 回押すと[→]は右に 1，[←]は左に 1，[↑]は上に 3，[↓]は下に 2 動くように設定されています。
全部でキーを 20 回押したところ，カーソルは図 2 の□の位置から[あ]の位置へ移動しました。そのときキー[→]はキー[↑]の 2 倍より 3 回少なく押しました。キー[→]を x 回，キー[↑]を y 回押したとして，次の問いに答えなさい。

(1) カーソルが[あ]の位置にきたとき，キー[←]を押した回数は $x-5$ で表されます。キー[↓]を押した回数を y で表しなさい。

(2) カーソルが[あ]の位置にきたとき，x と y の値を求めなさい。

図 1

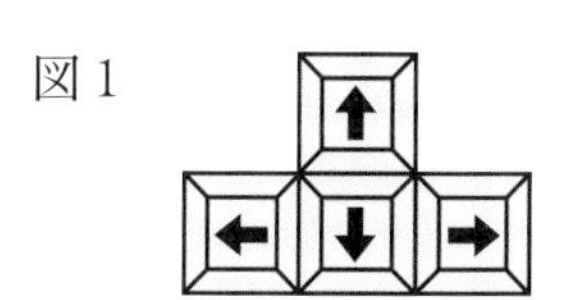

図 2

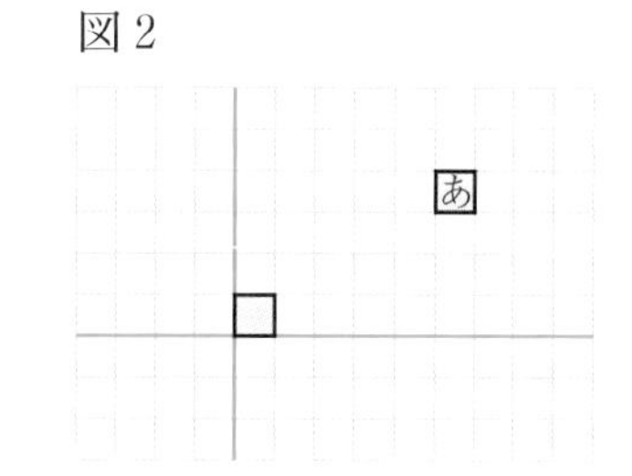

ヒント
8 もとの自然数の十の位の数を x，一の位の数を y として連立方程式をつくる。
9 (1)([↑]を押した回数)×3−([↓]を押した回数)×2＝3 を，文字を使って表す。

解答▶▶ p.12

ぴたトレ
3
確認テスト

2章　連立方程式

時間30分　／100点　合格70点

❶ 次の中から，$x=4$，$y=-2$ が解である連立方程式を選びなさい。知

㋐ $\begin{cases} x+y=2 \\ 2x-3y=2 \end{cases}$　㋑ $\begin{cases} -x+y=-6 \\ 3x-y=14 \end{cases}$　㋒ $\begin{cases} 2x+y=4 \\ -3x+2y=6 \end{cases}$

❷ 次の連立方程式を解きなさい。知

(1) $\begin{cases} 2x+y=7 \\ x=y+8 \end{cases}$

(2) $\begin{cases} x-y=-11 \\ x+y=3 \end{cases}$

(3) $\begin{cases} 5x-3y=2 \\ 3x+2y=5 \end{cases}$

(4) $\begin{cases} 2x+3y-1=0 \\ -3x-2y+9=0 \end{cases}$

❸ 次の連立方程式，方程式を解きなさい。知

(1) $\begin{cases} 5(x+y)=2x \\ 4(x+3y)=x-y \end{cases}$

(2) $\begin{cases} 4x+9y=3 \\ 0.1x+0.8y=-0.5 \end{cases}$

(3) $\begin{cases} 6x-y=-2 \\ \dfrac{1}{2}x-\dfrac{4}{5}y=7 \end{cases}$

(4) $\begin{cases} 0.3x-0.5y=3.5 \\ \dfrac{1}{5}x-\dfrac{3}{4}y=4 \end{cases}$

(5) $\begin{cases} 0.3x+0.7y=0.2x \\ 0.02x+0.16y=0.04 \end{cases}$

(6) $4x+3y=-2x-6y=6$

❶　点/4点

❷　点/20点(各5点)
(1)
(2)
(3)
(4)

❸　点/36点(各6点)
(1)
(2)
(3)
(4)
(5)
(6)

成績評価の観点　知…数量や図形などについての知識・技能　考…数学的な思考・判断・表現

4 次の問いに答えなさい。知

(1) 連立方程式 $\begin{cases} ax+by=5 \\ bx+ay=12 \end{cases}$ の解が $x=2$, $y=-12$ であるとき, a, b の値を求めなさい。

(2) 2つの連立方程式 $\begin{cases} 2x+3y=5 \\ -\dfrac{a}{4}x+\dfrac{b}{2}y=5 \end{cases}$ $\begin{cases} x+2y=4 \\ -\dfrac{a}{5}x+\dfrac{b}{4}y=1 \end{cases}$ の解が同じであるとき, a, b の値を求めなさい。

5 ノート3冊とボールペン2本を買うと, 650円になりました。このときのノート2冊の代金とボールペン3本の代金は同じでした。ノート1冊とボールペン1本の値段をそれぞれ求めなさい。考

6 2けたの自然数があります。この自然数は, その一の位の数の5倍より2大きく, 一の位の数と十の位の数を入れかえてできる数は, もとの数より36大きくなります。もとの自然数を求めなさい。

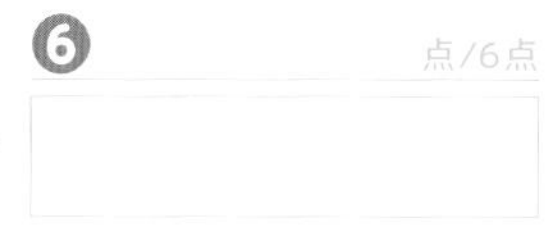

7 A地点から36 km離(はな)れたB地点までの間を往復しました。行きはA地点から2時間歩き, そのあと42分間自動車に乗ってB地点に着きました。帰りはB地点から1時間歩き, そのあと48分間自動車に乗ってA地点に着きました。ただし, 歩いた速さ, 自動車の速さはそれぞれ一定であるとします。次の問いに答えなさい。考

(1) 自動車の速さを時速 y km として, 42分間, 48分間に進んだ道のりを y を使った式で表しなさい。

(2) このときの歩いた速さと自動車の速さは, それぞれ時速何kmですか。

2章 教科書41~67ページ

知 /72点	考 /28点

解答▶▶ p.13

教科書のまとめ〈2章　連立方程式〉

●連立方程式とその解

・2つの文字をふくむ1次方程式を**2元1次方程式**といい，2元1次方程式を成り立たせる2つの文字の値(あたい)の組を，その2元1次方程式の**解**という。

・方程式をいくつか組にしたものを**連立方程式**という。

・それらのどの方程式も成り立たせる文字の値の組を，その連立方程式の**解**といい，その解を求めることを，その連立方程式を**解く**という。

●連立方程式の解き方

文字 x，y をふくむ連立方程式から，y をふくまない方程式をつくることを，y を**消去**するという。

●加減法

・連立方程式の左辺どうし，右辺どうしをそれぞれたしたりひいたりして，1つの文字を消去して解く方法を**加減法**という。

・2つの式をそのまま加えてもひいても，文字を消去することができないときは，どちらかの文字を消去するために，一方の方程式の両辺，もしくは両方の方程式の両辺を整数倍して，消去したい文字の係数の絶対値をそろえて解く。

(例) $\begin{cases} 2x+3y=1 & \cdots\cdots① \\ 3x+4y=2 & \cdots\cdots② \end{cases}$

$$\begin{array}{lrl} ①\times3 & & 6x+9y=3 \\ ①\times2 & -) & 6x+8y=4 \\ \hline & & \quad\;\; y=-1 \end{array}$$

$y=-1$ を①に代入して整理すると，
$x=2$

答　$x=2$，$y=-1$

●代入法

一方の式を他方の式に代入することによって，1つの文字を消去して解く方法を**代入法**という。

(例) $\begin{cases} y=3x & \cdots\cdots① \\ 5x-2y=1 & \cdots\cdots② \end{cases}$

①を②に代入すると，

$5x-2\times3x=1$

$x=-1$

$x=-1$ を①に代入すると，$y=-3$

答　$x=-1$，$y=-3$

●いろいろな連立方程式の解き方

・かっこのある連立方程式は，分配法則を利用して，簡単にしてから解く。

・係数が分数をふくむときは，両辺に分母の最小公倍数をかけて，係数を整数にする。

●$A=B=C$ の形の方程式

次のいずれかの連立方程式をつくって解く。

$\begin{cases} A=B \\ B=C \end{cases}$　$\begin{cases} A=B \\ A=C \end{cases}$　$\begin{cases} A=C \\ B=C \end{cases}$

●連立方程式の活用

1 求める数量を文字で表す。求めたいもの以外の数量を文字で表すこともある。

2 等しい数量を見つけて，2つの方程式に表す。

3 連立方程式を解く。

4 解が実際の問題に適しているかを確かめる。

※割合の問題では，割合を分数で表すときに，約分せずに表し，方程式の両辺を100倍するとよい。

3章　1次関数

次の学習に入る前に取り組もう。

□比例のグラフ

◀ 中学1年

比例の関係 $y=ax$ のグラフは，原点を通る直線で，比例定数 a の値によって次のように右上がりか，右下がりになる。

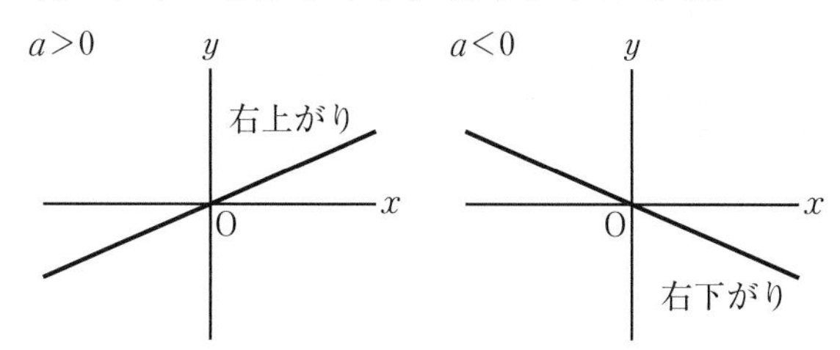

1 次の x と y の関係を式に表しなさい。このうち，y が x に比例するものはどれですか。また，反比例するものはどれですか。

◀ 中学1年〈比例と反比例〉

(1)　1辺の長さが x cm の正方形の周の長さ y cm

(2)　120ページの本を，x ページ読んだときの残りのページ数 y ページ

(3)　面積 30 cm^2 の長方形の縦の長さ x cm と横の長さ y cm

比例定数を a とすると，比例の関係は $y=ax$，反比例の関係は $y=\dfrac{a}{x}$ だから……

2 次の(1)〜(3)のグラフをかきなさい。

◀ 中学1年〈比例のグラフ〉

(1)　$y=x$　　(2)　$y=-\dfrac{1}{3}x$　　(3)　$y=\dfrac{5}{2}x$

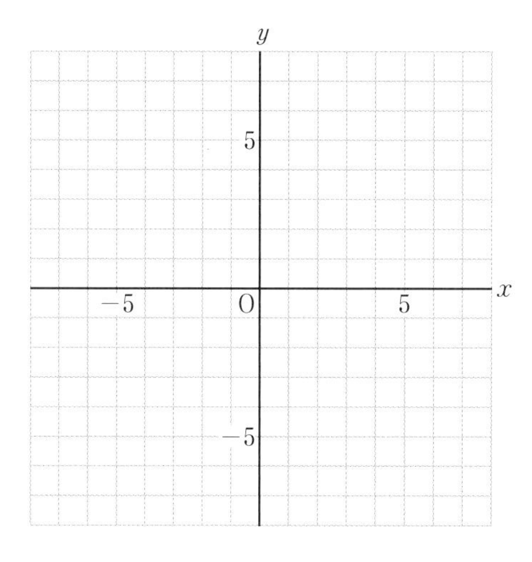

比例のグラフは，原点ともう1つの点をとると……

解答▶▶ p.14

3章 1次関数

1 1次関数
1 1次関数／2 1次関数の値の変化

1次関数

教科書 p.70〜72

例題 1 深さ 30 cm の水そうに，6 cm の高さまで水が入っています。この水そうに，毎分 4 cm の割合で水面が高くなるように水を入れるとき，水を入れ始めてから x 分後の水面の高さを y cm として，次の問いに答えなさい。 ▶▶1 2

(1) y を x の式で表しなさい。

(2) y は x の 1 次関数であるといえますか。

考え方 y が x の関数で，y が x の 1 次式で表されるとき，y は x の 1 次関数であるといいます。一般（いっぱん）に，1 次関数は $y=ax+b$（a，b は定数）のように表されます。
x と y の関係を表にまとめて考えます。

答え (1) x と y の関係は次の表のようになる。

x(分)	0	1	2	3	4
y(cm)	6	10	①	②	③

y を x の式で表すと　$y=$ ④

(2) y が x の 1 次式で表されるから，y は x の 1 次関数と ⑤ 。

1次関数の値の変化

教科書 p.73〜74

例題 2 1 次関数 $y=3x-1$ について，x の値（あたい）が 2 から 5 まで増加するときの変化の割合を求めなさい。 ▶▶3 4

考え方 x の増加量に対する y の増加量の割合を変化の割合といいます。

$$(\text{変化の割合})=\frac{(y\text{ の増加量})}{(x\text{ の増加量})}$$

答え $x=2$ のとき　$y=3\times2-1=$ ①

$x=5$ のとき　$y=3\times5-1=$ ②

よって，変化の割合は

$$\frac{② - ①}{5-2}= ③$$

1 次関数 $y=ax+b$ の変化の割合は，x の増加量にかかわらず一定です。

絶対理解 **1** 【1次関数】長さ 12 cm のろうそくに火をつけたところ，火をつけてから x 分後のろうそくの長さ y cm は，次の表のようになりました。下の問いに答えなさい。

教科書 p.72 例1

x(分)	0	2	4	6	8
y(cm)	12	9	6	3	0

□(1) ろうそくは，1分間に何 cm ずつ短くなりますか。

□(2) y を x の式で表しなさい。

□(3) y は x の1次関数であるといえますか。

●キーポイント
y が x の1次式で表されるとき，y は x の1次関数であるといいます。
$y=ax+b$
比例は1次関数の特別な場合といえます。

2 【1次関数】次の x と y の関係について，y を x の式で表し，y が x の1次関数であるものを選びなさい。

教科書 p.72 問5

㋐ 20 km の道のりを，時速 x km で走ったときにかかる時間は y 時間である。

㋑ 1辺が x cm の正方形の面積は y cm^2 である。

㋒ 底辺が 6 cm，高さが x cm の三角形の面積は y cm^2 である。

絶対理解 **3** 【1次関数の変化の割合】次の1次関数について，x の値が -3 から 2 まで増加するときの y の増加量と変化の割合を求めなさい。

教科書 p.74 問1

□(1) $y=-x-2$

□(2) $y=\frac{3}{4}x+3$

●キーポイント
1次関数 $y=ax+b$ では，
(変化の割合)
$=\frac{(y\text{の増加量})}{(x\text{の増加量})}=a$
です。

よくでる **4** 【1次関数の変化の割合】次の1次関数の変化の割合を答えなさい。

教科書 p.74 問2

□(1) $y=-4x+7$

□(2) $y=-\frac{1}{3}x+2$

例題の答え **1** ①14 ②18 ③22 ④$4x+6$ ⑤いえる **2** ①5 ②14 ③3

3章 教科書70～74ページ

1 1次関数
3 1次関数のグラフ—(1)

●比例のグラフと1次関数のグラフ

教科書 p.75～77

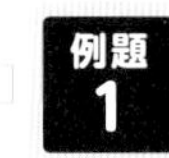

例題 1　1次関数 $y=3x+2$ のグラフは，$y=3x$ のグラフを，y 軸(じく)の正の方向にどれだけ平行移動して得られるか答えなさい。 ▶▶1

考え方　1次関数 $y=ax+b$ のグラフは，$y=ax$ のグラフを y 軸の正の方向に b だけ平行移動した直線です。

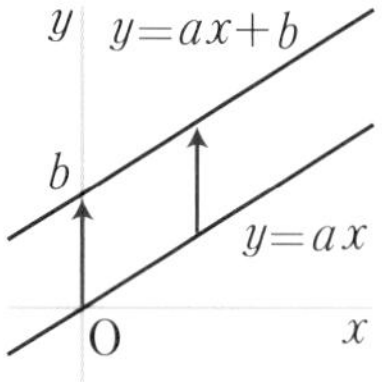

答え　1次関数 $y=3x+2$ のグラフは $y=3x$ のグラフを，y 軸の正の方向に □ だけ平行移動した直線である。

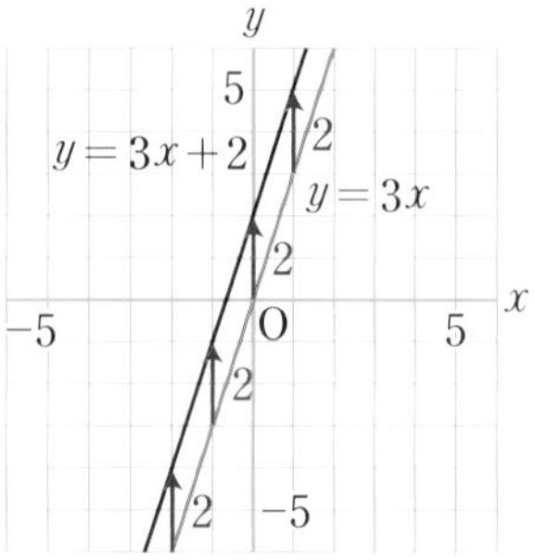

プラスワン　y 軸の正の方向に -3 平行移動すること

y 軸の正の方向に -3 平行移動することは，y 軸の負の方向に 3 だけ平行移動することと同じです。

●直線の切片と傾き

教科書 p.77～79

例題 2　直線 $y=3x-2$ の切片(せっぺん)と傾き(かたむ)を答えなさい。 ▶▶2～4

考え方　直線 $y=ax+b$ で，b を切片，a を傾きといいます。

1次関数 $y=ax+b$ の定数の部分 b は，
・$x=0$ のときの y の値(あたい)
・グラフと y 軸との交点 $(0,\ b)$ の y 座標

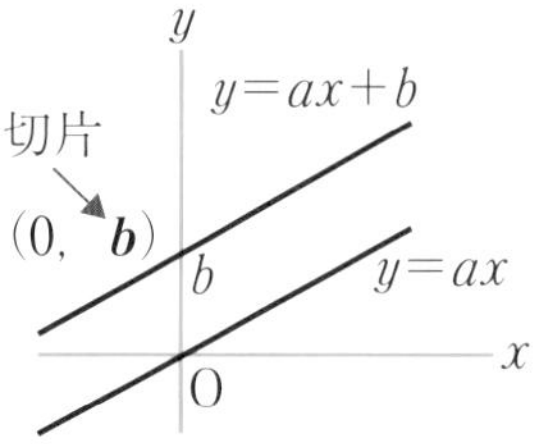

答え　$b=-2$ だから，切片は ①□

$a=3$ だから，傾きは ②□

プラスワン　1次関数の値の増減とグラフ

1次関数 $y=ax+b$ のグラフは，傾きが a，切片が b の直線です。

1 $a>0$ のとき

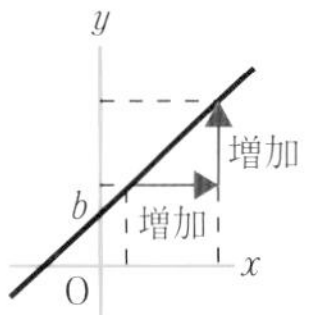

x の値が増加すると，y の値も増加します。

2 $a<0$ のとき

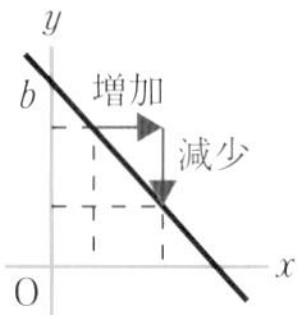

x の値が増加すると，y の値は減少します。

絶対理解 **1** **【比例のグラフと 1 次関数のグラフ】** 右の図の直線は $y=3x$ のグラフです。$y=3x-4$ のグラフは，$y=3x$ のグラフを，y 軸のどの方向にどれだけ平行移動した直線であるか答えなさい。また，そのことを利用して，$y=3x-4$ のグラフをかき入れなさい。 教科書 p.77 問 2, 問 3

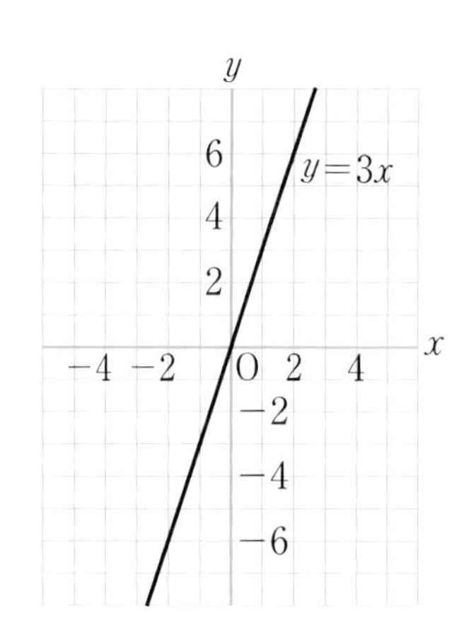

2 **【直線の切片と傾き】** 次の直線の切片を答えなさい。 教科書 p.77 問 4

□(1) $y=2x-3$　　□(2) $y=-3x+1$

●キーポイント
1 次関数 $y=ax+b$ の b をこのグラフの切片といいます。

よく出る **3** **【直線の切片と傾き】** 次の直線の傾きを答えなさい。 教科書 p.79 問 6

□(1) $y=4x-1$　　□(2) $y=-x+5$

4 **【1 次関数のまとめ】** 1 次関数 $y=-3x+4$ について，表と式とグラフの関係をまとめます。
□ 次の［　］にあてはまる数や言葉を書きなさい。 教科書 p.80

表 ｜ 式 ｜ グラフ

$x=$［①　］のときの y の値 4 → 定数項 4 → 切片［③　］

x	…	−1	0	1	…
y	…	7	4	3	…

（x の増加 1, 1 ／ y の増加 −3, −3）

$y=-3x+4$

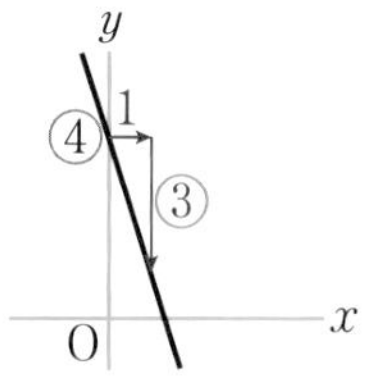

変化の割合 → x の［②　］ −3 → 傾き −3

（グラフ：④ 1, ③, O, x, y）

例題の答え **1** 2 **2** ①−2 ②3

解答▶▶ p.15

1 1次関数
3 1次関数のグラフ―(2)

● 1次関数のグラフのかき方

教科書 p.81〜82

例題 1 1次関数 $y=\frac{1}{3}x+4$ のグラフをかきなさい。 ▶▶1

考え方 1次関数のグラフ上の2点をとって，直線をひきます。

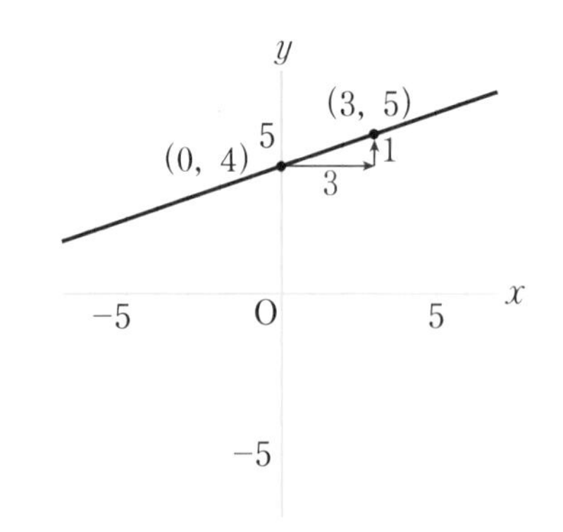

答え 切片が ① [　　] であるから，
y 軸(じく)上の点 (0, 4) を通る。 ── y 軸上の切片から，1点を決める

傾きが $\frac{1}{3}$ であるから，グラフは，
点 (0, 4) から右へ ② [　　]，
上へ1だけ進んだ点 (3, 5) を通る。 ── 傾きから，1点を決める

グラフは右の図のようになる。

y
(3, 5)
5
(0, 4)
1
3
x
−5
O
5
−5

プラスワン 1次関数のグラフ上の2点のとり方

1次関数 $y=\frac{1}{3}x+4$ のグラフは，2点 (0, 4)，(6, 6) や 2点 (−3, 3)，(6, 6) を通る直線をひいてもかくことができます。

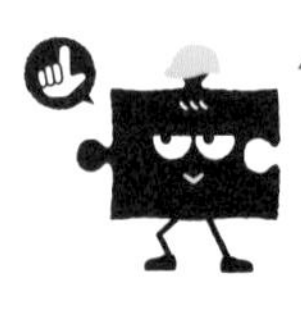

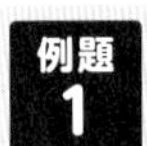

グラフ上の2点は，x 座標と y 座標がともに整数になる点をとるとかきやすくなります。

● 1次関数のグラフと変域

教科書 p.83

例題 2 x の変域が $-4 \leqq x < 4$ のとき，1次関数 $y=x+1$ の y の変域を求めなさい。 ▶▶2

考え方 1次関数 $y=x+1$ のグラフをかいて，y の変域を考えます。

答え $x=-4$ のとき，

$y=-4+1=$ ① [　　]

$x=4$ のとき，

$y=4+1=$ ② [　　]

1次関数 $y=x+1$ では，$-4 \leqq x < 4$ のとき，
y の値(あたい)は右の図の y 軸上の赤い線の部分にある。
したがって，y の変域は，

① [　　] $\leqq y <$ ② [　　]

である。

y
5
x
−5
O
5
−5

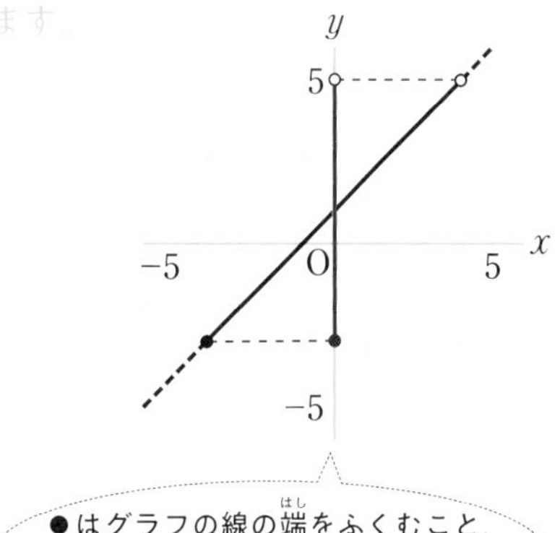

●はグラフの線の端(はし)をふくむこと，○はグラフの線の端をふくまないことを表しています。

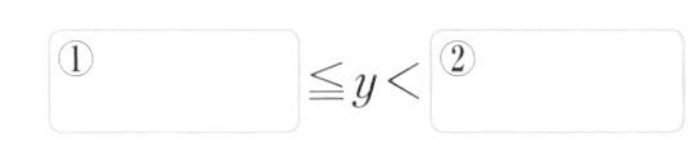

絶対理解

1【1次関数のグラフのかき方】次の1次関数のグラフをかきなさい。

教科書 p.82 例3, 問7, 問8

□(1) $y=3x-3$

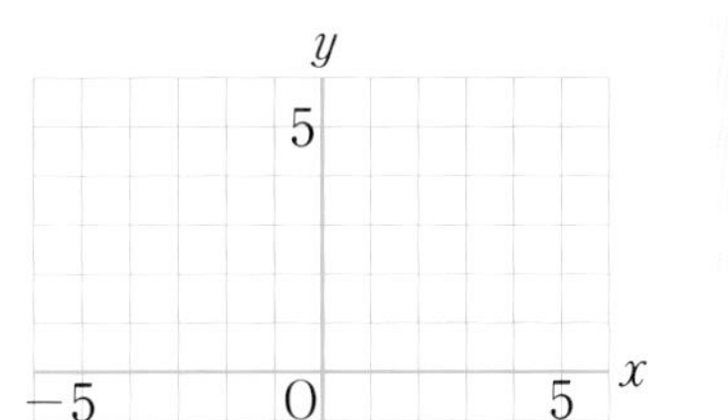

●キーポイント
傾きと切片から2点を決めます。

□(2) $y=-x+4$

□(3) $y=\frac{1}{2}x-1$

□(4) $y=-\frac{3}{4}x+\frac{1}{4}$

2【1次関数のグラフと変域】x の変域が限られた，次の1次関数のグラフをかきなさい。また，y の変域を求めなさい。

教科書 p.83 問9

□(1) $y=2x+4$　ただし，$-3 \leqq x < -1$

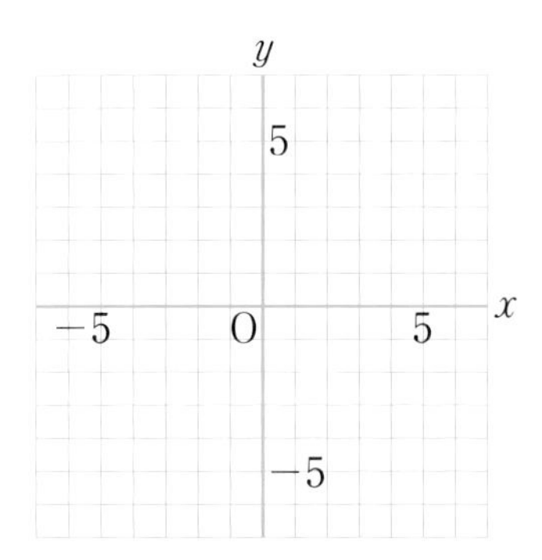

⚠ミスに注意
変域を求めるときは，その点をふくむときとふくまないときのちがいに注意しましょう。
$a \leqq x$, $a \geqq x$ → a をふくむ
$a < x$, $a > x$ → a はふくまない

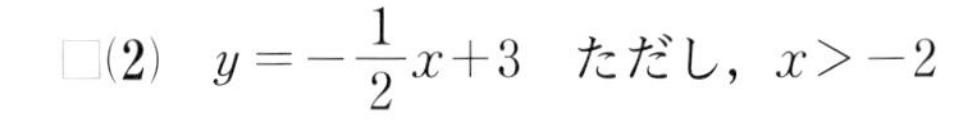

□(2) $y=-\frac{1}{2}x+3$　ただし，$x > -2$

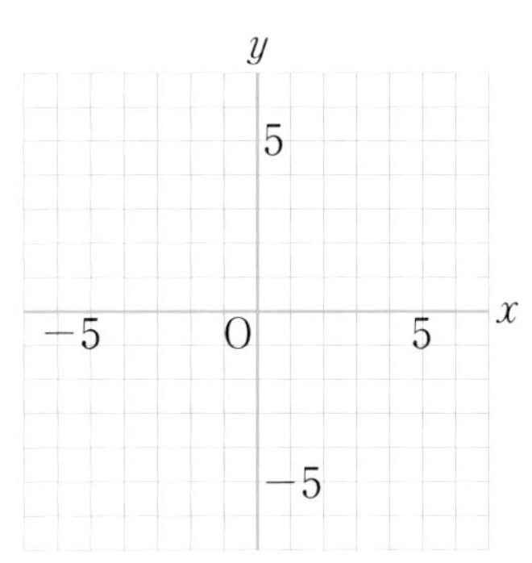

例題の答え **1** ① 4　② 3　**2** ① −3　② 5

解答▶▶ p.15

3章 1次関数

1 1次関数
4 1次関数の式の求め方

●グラフから1次関数の式を求める

教科書 p.84

例題 1 グラフが右の図のような直線になる1次関数の式を求めなさい。 ▶▶1

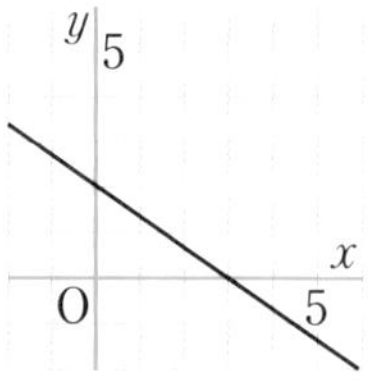

考え方 求める1次関数の式を $y=ax+b$ とおいて，グラフから傾き a と，切片 b の値を求めます。

答え 点 $(0,\ 2)$ を通るから，切片は ①［　　］

また，グラフでは，右へ3進むと，下へ2だけ進むから，傾きは

②［　　］　　よって，求める式は　$y=$ ③［　　］

●変化の割合と1組の x，y の値から式を求める

教科書 p..85

例題 2 傾きが -2 で，点 $(2,\ 3)$ を通る直線の式を求めなさい。 ▶▶2

考え方 求める直線の式を $y=ax+b$ として，a，x，y の値を代入して b の値を求めます。

答え 傾きが -2 であるから　$y=$ ①［　　］$x+b$

$x=2$，$y=3$ を代入すると

$3=$ ①［　　］$\times$ ②［　　］$+b$ から　$b=$ ③［　　］

よって，求める直線の式は　$y=$ ④［　　］

●直線が通る2点の座標から式を求める

教科書 p.86

例題 3 2点 $(1,\ -1)$，$(4,\ 5)$ を通る直線の式を求めなさい。 ▶▶3 4

考え方 2点から傾きを求め，1点の x 座標，y 座標の値を代入し，b の値を求めます。

答え 2点 $(1,\ -1)$，$(4,\ 5)$ を通るから，傾きは，$\dfrac{5-(-1)}{4-1}=$ ①［　　］

よって，求める直線の式は $y=2x+b$ と表すことができる。

点 $(1,\ -1)$ を通るから，この式に $x=1$，$y=-1$ を代入すると，

$-1=2\times1+b$　　$b=$ ②［　　］

したがって，求める直線の式は，

$y=2x-3$

プラスワン 2点を通る直線の式の別の求め方

$y=ax+b$ に2組の x，y の値を代入して，連立方程式をつくり，a，b の値を求めます。

1 【グラフから１次関数の式を求める】グラフが下の図の①～④の直線になる１次関数の式

□ をそれぞれ求めなさい。

教科書 p.84 問 1

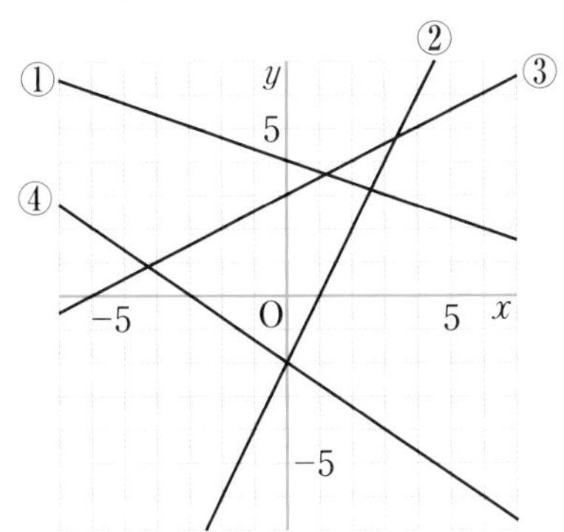

●キーポイント
グラフから，切片と傾きを読みとります。

絶対理解 **2** 【変化の割合と１組の x，y の値から式を求める】次のような一次関数の式を求めなさい。

教科書 p.85 問 2

□(1) 傾きが -3 で，点 $(4,\ -6)$ を通る

□(2) 変化の割合が $\frac{3}{4}$ で，$x=8$ のとき $y=4$

□(3) 直線 $y=-3x-3$ に平行で，点 $(-5,\ 3)$ を通る

●キーポイント
(3) $y=-3x-3$ に平行な直線の傾きは，$y=-3x-3$ の傾きと等しくなります。

よく出る **3** 【直線が通る２点の座標から式を求める】次の２点を通る直線の式を求めなさい。

教科書 p.86 問 3

□(1) $(2,\ 1)$，$(4,\ 5)$　　□(2) $(-1,\ 4)$，$(2,\ -5)$

4 【直線が通る２点の座標から式を求める】下の図の直線の式を求めなさい。

□

教科書 p.86 問 3

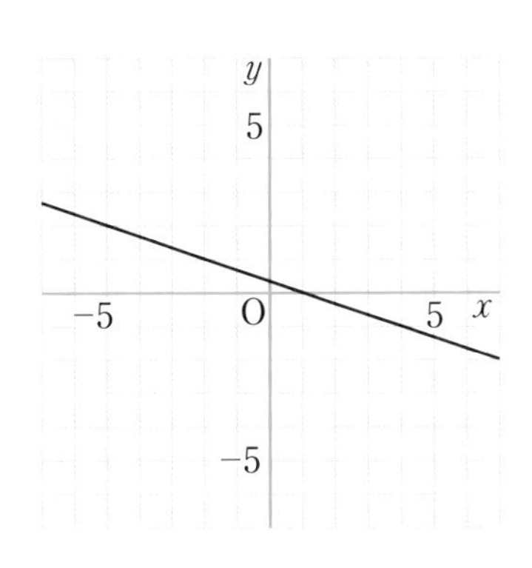

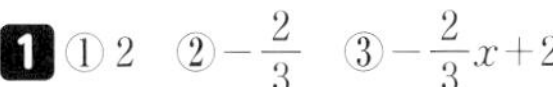

例題の答え **1** ① 2　② $-\frac{2}{3}$　③ $-\frac{2}{3}x+2$　**2** ① -2　② 2　③ 7　④ $-2x+7$　**3** ① 2　② -3

解答▶▶ p.16

1 1次関数 1～4

よく出る 1 ある長さのばねに x g のおもりをつるしたとき，ばね全体の長さ y cm は次の表のようになりました。下の問いに答えなさい。

x(g)	0	5	10	15	20	25	……
y(cm)	6	8.5	11	13.5	16	18.5	……

□(1) おもりをつるさないときのばねの長さは何 cm ですか。

□(2) おもりの重さが 1 g 増すごとに，ばねの長さは何 cm ずつのびますか。

□(3) y を x の式で表しなさい。

□(4) 18 g のおもりをつるしたとき，ばね全体の長さは何 cm になりますか。

□(5) ばね全体の長さが 30 cm になるのは，何 g のおもりをつるしたときですか。

2 1次関数 $y=-\frac{5}{2}x+6$ について，次の問いに答えなさい。

□(1) 変化の割合を答えなさい。

□(2) x の値が 4 増加するとき，y の増加量を求めなさい。

□(3) y の値が 15 減少するとき，x の増加量を求めなさい。

3 x の変域が $-3 \leqq x \leqq 3$ のとき，1次関数 $y=\frac{2}{3}x-4$ のグラフをかきなさい。
□ また，この1次関数の y の変域を求めなさい。

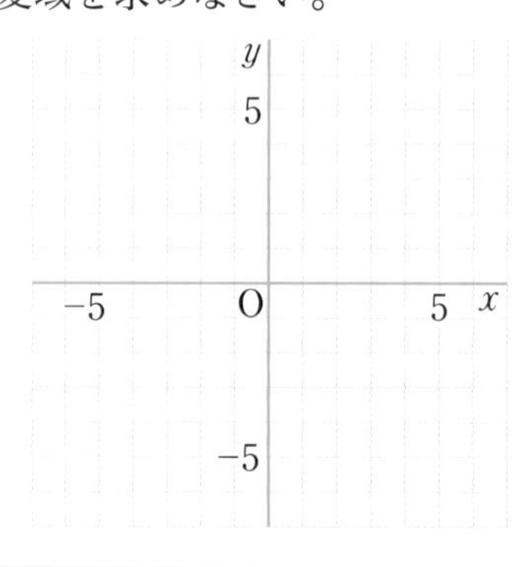

ヒント
1 (4)(5)は，(3)で求めた式の x，y に値を代入して求める。
2 (3)y の値（あたい）が 15 減少したということは，−15 増加したということである。

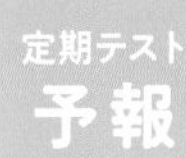

●1次関数について，その意味やグラフのかき方，式の求め方などをしっかりと理解しておこう。傾きが分数である直線をかくときは，x の値を分母の倍数で考えて通る点を求めるといいよ。直線の式は，$y=ax+b$ とおいて，与えられた条件から，a，b の値を求めるんだね。

4 □ x の変域が $-2 \leqq x \leqq 4$ のとき，1次関数 $y=-\dfrac{3}{2}x+2$ のグラフをかきなさい。
また，この1次関数の y の変域を求めなさい。

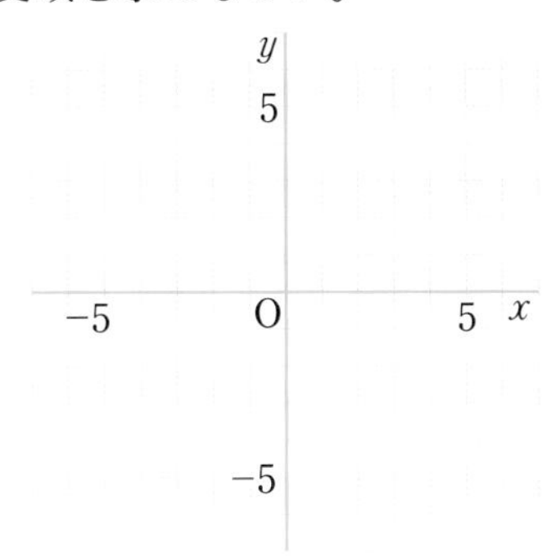

5 □ グラフが下の図の①～④の直線になる1次関数の式をそれぞれ求めなさい。

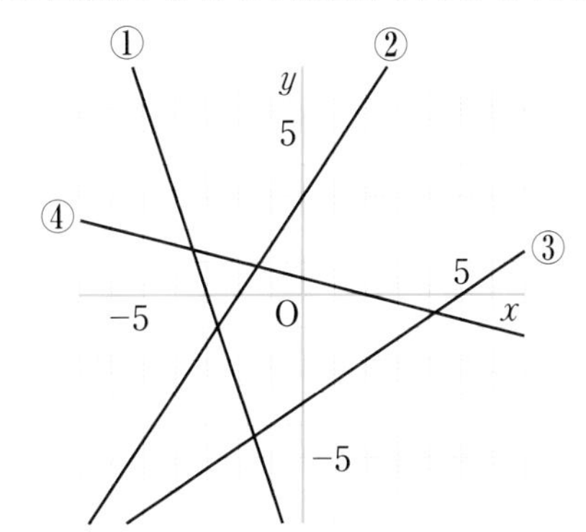

6 次の直線の式を求めなさい。

□(1) 切片が3で，点(3, 1)を通る直線

□(2) x の値が4増加すると y の値が5増加し，点(−4, −7)を通る直線

□(3) 直線 $y=-2x$ に平行で，点(−3, 5)を通る直線

□(4) 2点 $\left(0,\ \dfrac{1}{4}\right)$，$\left(\dfrac{1}{2},\ 0\right)$ を通る直線

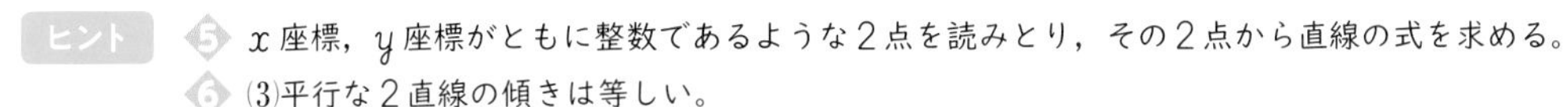
ヒント
5 x 座標，y 座標がともに整数であるような2点を読みとり，その2点から直線の式を求める。
6 (3)平行な2直線の傾きは等しい。

解答▶▶ p.16

2 1次関数と方程式
1 2元1次方程式のグラフ

● 2元1次方程式のグラフ

教科書 p.88〜91

例題 1 次の方程式のグラフを，右の図のA〜Eから選びなさい。 ▶▶1〜3

(1) $3x+y=2$

(2) $3x-4y=4$

(3) $y=-3$

(4) $x=3$

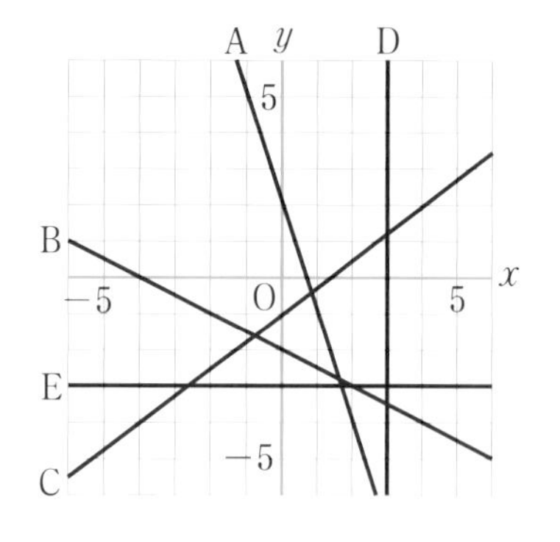

考え方 2元1次方程式 $ax+by=c$ のグラフは直線です。

(1)，(2) 2元1次方程式を y について解いて，傾きと切片を求めます。

(3) 方程式 $y=-3$ のグラフは，点 $(0,\ -3)$ を通り，x 軸に平行な直線です。

(4) 方程式 $x=3$ のグラフは，点 $(3,\ 0)$ を通り，y 軸に平行な直線です。

答え (1) $3x+y=2$ を y について解くと，$y=$ ① $x+2$

グラフは傾きが ①，y 軸上の切片が2だから，② のグラフ。

(2) $3x-4y=4$ を y について解くと，$y=\frac{3}{4}x-$ ③

グラフは傾きが $\frac{3}{4}$，y 軸上の切片が ④ だから，⑤ のグラフ。

(3) $y=-3$ のグラフは，点 $(0,$ ⑥ $)$ を通り，x 軸に平行な直線だから，

⑦ のグラフ。

(4) $x=3$ のグラフは，点 $($ ⑧ $,\ 0)$ を通り，y 軸に平行な直線だから，

⑨ のグラフ。

(3)は，$ax+by=c$ で $a=0$ のとき，(4)は，$ax+by=c$ で $b=0$ のときのグラフです。

プラスワン $ax+by=c$ のグラフのかき方

2元1次方程式のグラフは，y について解いて，傾きと切片を求めたり，適当な2点を決めて，グラフをかくことができます。

例 $2x+3y=6 \rightarrow \begin{cases} x=0 \text{ のとき，} y=2 \\ y=0 \text{ のとき，} x=3 \end{cases}$

→ 2点 $(0,\ 2)$，$(3,\ 0)$ を通る直線

絶対理解 **1** 【2元1次方程式のグラフのかき方】次の方程式のグラフを下の図にかきなさい。

教科書 p.89 問1

□(1) $-2x+y=-3$

□(2) $x+y=6$

□(3) $4x+3y=12$

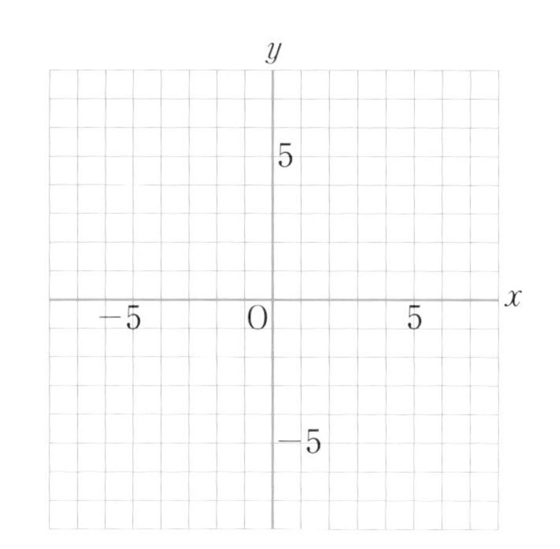

2 【2元1次方程式のグラフのかき方】次の方程式のグラフを，2組の解を見つけてから，下の図にかきなさい。

教科書 p.90 問3

□(1) $x-y=5$

□(2) $3x+4y=12$

□(3) $\dfrac{x}{2}-\dfrac{y}{5}=-1$

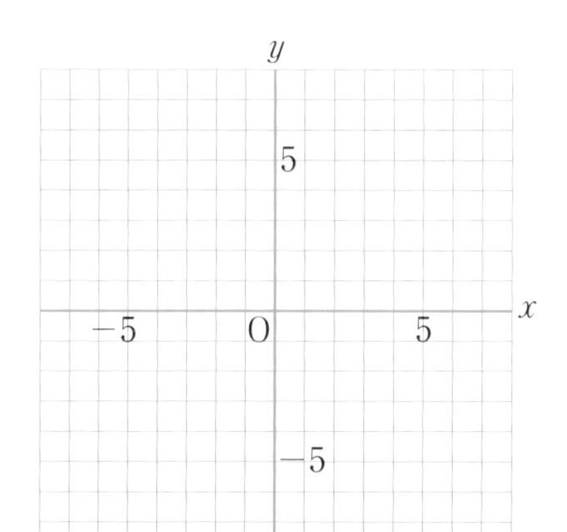

●キーポイント
$x=0$ のときの y の値(あたい)，$y=0$ のときの x の値をそれぞれ求めて，2点を通る直線をかきます。

よく出る **3** 【x 軸，y 軸に平行な直線】次の方程式のグラフを，下の図にかきなさい。

教科書 p.91 問4

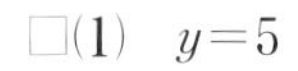

□(1) $y=5$

□(2) $3y+6=0$

□(3) $x=-2$

□(4) $-2x+8=0$

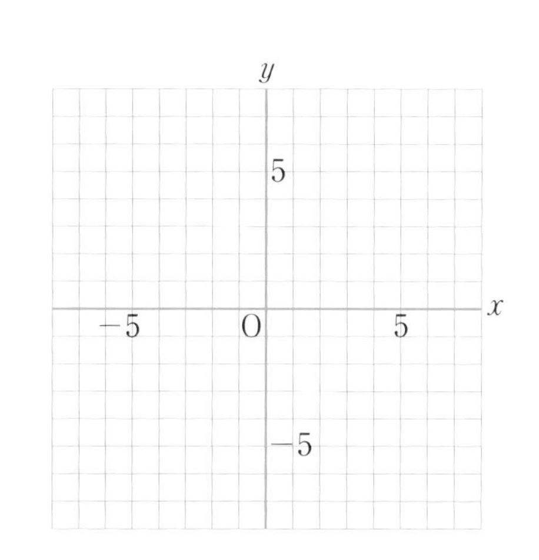

●キーポイント
(2) y について解きます。
(4) x について解きます。

3章

教科書88~91ページ

例題の答え **1** ①-3　②A　③1　④-1　⑤C　⑥-3　⑦E　⑧3　⑨D

解答▶▶ p.17

●連立方程式の解とグラフ

教科書 p.92〜93

例題 1 グラフを利用して，連立方程式 $\begin{cases} 2x-y=1 & \cdots\cdots ㋐ \\ x+2y=8 & \cdots\cdots ㋑ \end{cases}$ の解を求めなさい。 ▸▸1 2

考え方 x，y についての連立方程式の解は，それぞれの方程式のグラフの交点の x 座標，y 座標の組で表されます。

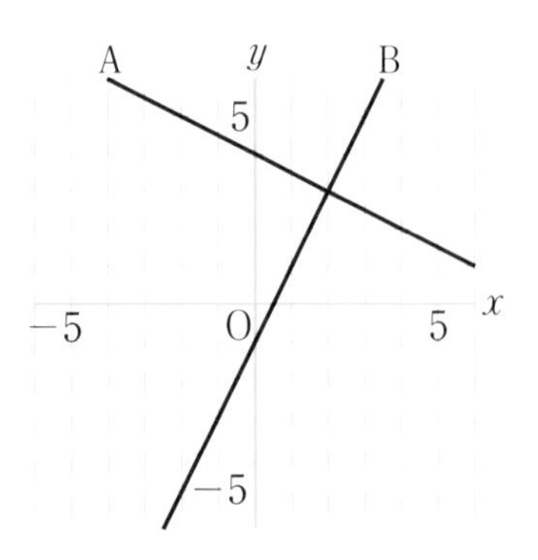

答え ㋐を y について解くと，$y=2x-1$ だから，㋐のグラフは右の図の ① [　　] のグラフ。

㋑を y について解くと，$y=-\frac{1}{2}x+4$ だから，㋑のグラフは右の図の ② [　　] のグラフ。

2つのグラフの交点の座標は，

(③ [　　]，④ [　　]) となる。

よって，連立方程式の解は，$x=$ ③ [　　]，$y=$ ④ [　　]

● 2直線の交点の座標と連立方程式

教科書 p.93

例題 2 右の図において，2直線 ℓ，m の交点 P の座標を次の(1)，(2)の手順で求めなさい。 ▸▸3

(1) 2直線 ℓ，m の式をそれぞれ求めなさい。

(2) (1)で求めた2つの式を組にした連立方程式を解いて，交点 P の座標を求めなさい。

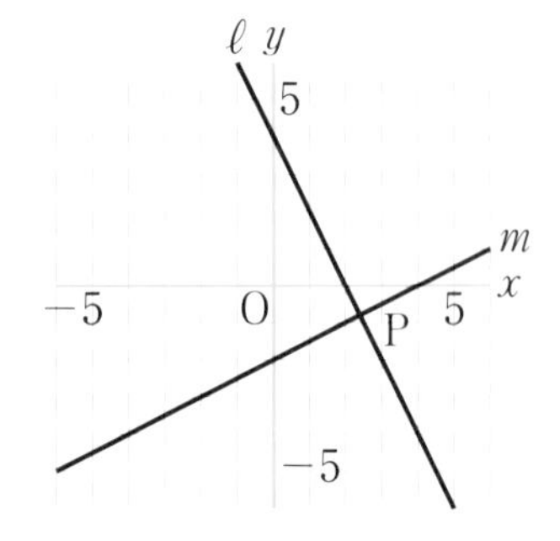

考え方 2直線の交点の座標は，2つの直線の式を組にした連立方程式を解いて求めることができます。

答え (1) 直線 ℓ は切片が4，傾きが ① [　　] だから，$y=$ ① [　　] $x+4$

直線 m は切片が ② [　　]，傾きが $\frac{1}{2}$ だから，$y=\frac{1}{2}x-$ ③ [　　]

(2) (1)から，直線 ℓ，m を組にした連立方程式を解くと，

$x=\frac{12}{5}$，$y=$ ④ [　　]　よって，交点 P の座標は $\left(\frac{12}{5}\right.$，④ [　　] $\left.\right)$

1 【連立方程式の解とグラフ】右の図において，直線 ℓ は $2x+3y=11$，直線 m は $2x-y=-1$，直線 n は $2x-3y=5$ の方程式のグラフです。グラフを利用して，次の連立方程式の解を求めなさい。 教科書 p.92 問 1

□(1) $\begin{cases} 2x+3y=11 \\ 2x-y=-1 \end{cases}$

□(2) $\begin{cases} 2x-y=-1 \\ 2x-3y=5 \end{cases}$

絶対理解 **2** 【連立方程式の解とグラフ】グラフを利用して，次の連立方程式の解を求めなさい。

教科書 p.92 Q

□(1) $\begin{cases} x+y=2 & \cdots\cdots① \\ 2x-3y=9 & \cdots\cdots② \end{cases}$

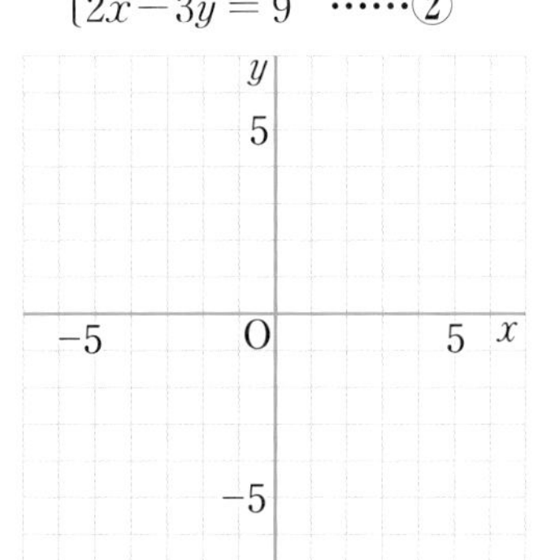

□(2) $\begin{cases} 2x-y=-3 & \cdots\cdots① \\ x+2y=-4 & \cdots\cdots② \end{cases}$

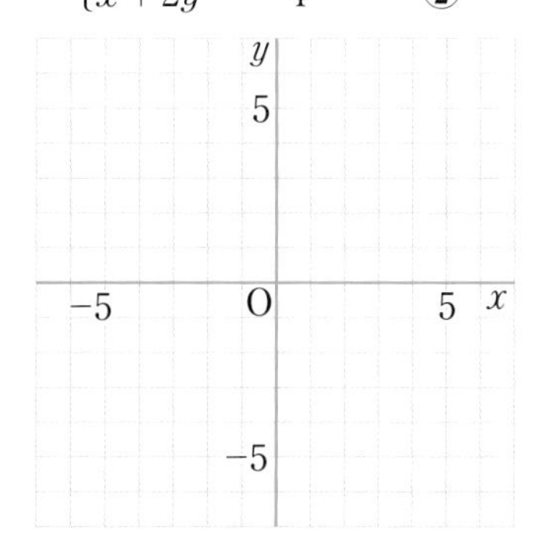

●キーポイント

方程式のグラフをかく

▼

交点の座標を読みとる

よく出る **3** 【2 直線の交点の座標と連立方程式】右の図において，次の問いに答えなさい。 教科書 p.93 例 1, 問 2

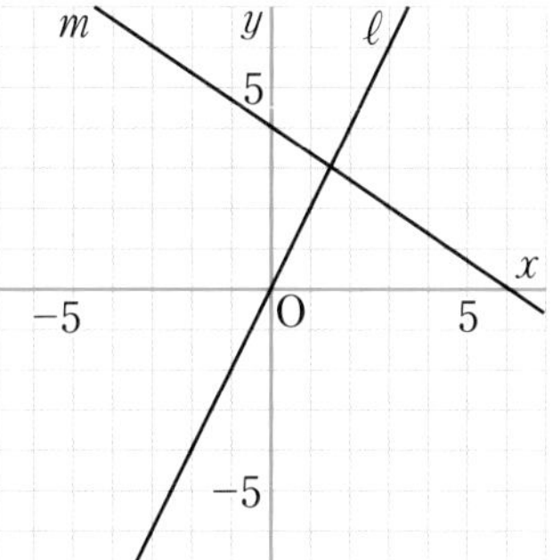

□(1) 直線 ℓ の式を求めなさい。

□(2) 直線 m の式を求めなさい。

□(3) 2 直線 ℓ，m の交点の座標を求めなさい。

●キーポイント

2 直線の交点の座標がグラフから読みとれない

⇩

2 つの直線の式を読みとる

▼

2 つの直線の式を連立させて解く

3 章

教科書 92～93 ページ

例題の答え **1** ①B ②A ③2 ④3 **2** ①-2 ②-2 ③2 ④$-\frac{4}{5}$

解答▶▶ p.18

3章 1次関数

3 1次関数の利用
1 1次関数の利用

● 1次関数の利用

教科書 p.95~97

例題1 ビーカーに入れた水をガスバーナーを使って熱したところ，熱し始めてから x 分後の水温 y ℃は，次の表のようになりました。 ▶▶1

x(分)	0	2	4	6	8	10	12
y(℃)	20	25	30	35	40	45	50

(1) x と y の関係をグラフに表しなさい。

(2) (1)のグラフが2点 (0, 20), (8, 40) を通ると考えて，直線の式を求めなさい。

(3) このまま水を熱し続けたとき，水温が 100 ℃になるのは，熱し始めてから何分後と考えられますか。

考え方 表の対応する x, y の値の組を座標とする点などは，ほぼ1つの直線上に並び，y は x の1次関数であると考えられます。

答え (1) グラフは右の図。

(2) y を x の式で表すと　$y=$ ①

(3) (2)の式に $y=100$ を代入して　$x=$ ②

答 ② 分後

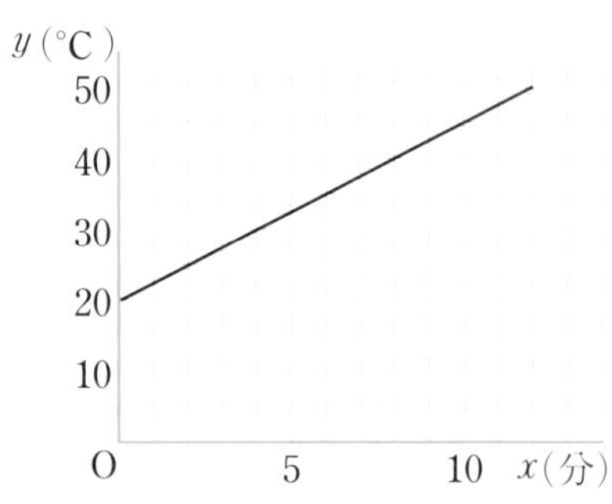

●長方形の辺上を動く点がつくる三角形の面積

教科書 p.98

例題2 右の図の長方形 ABCD において，点 P は点 A を出発して，辺上を点 B, C を通って点 D まで秒速 1 cm で動く。点 P が動き始めてから x 秒後の △APD の面積を y cm² とします。P が辺 AB 上を動くとき，このときの x の変域を求めなさい。また，y を x の式で表しなさい。 ▶▶2

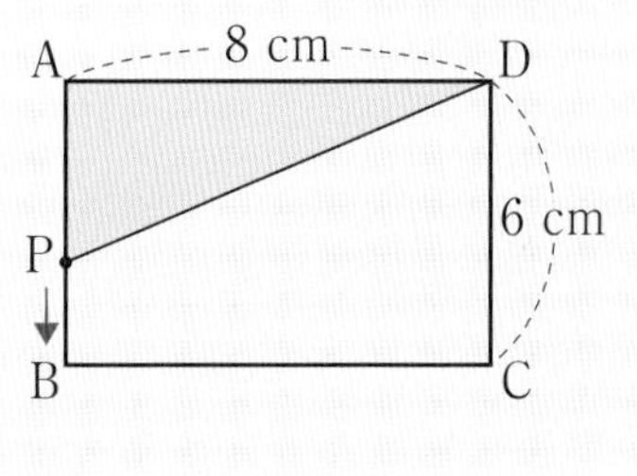

考え方 点 P が点 B に着くのが何秒後か考えます。
△APD の辺 AD を底辺とすると，高さは辺 AP となります。

答え P が点 B に着くのは，動き始めてから6秒後であるから，

x の変域は　$0 \leqq x \leqq$ ①　　AB＝6 cm

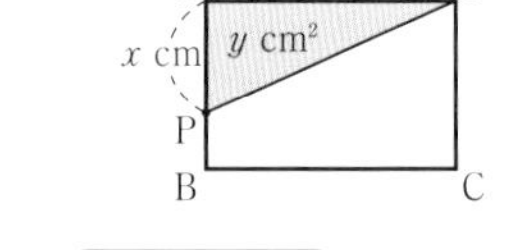

△APD の面積は　$y=\frac{1}{2}\times$ ② $\times x$ cm²　　よって　$y=$ ③ x

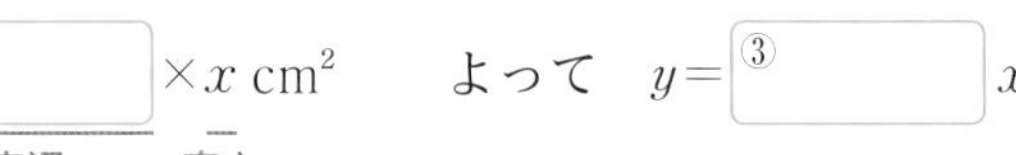

絶対理解 **1** 【1次関数の利用】たくやさんは，家から1500 m 離れた駅へ歩いて行きました。たくやさんの兄は，たくやさんが出発してから6分後に同じ道を通って駅へ分速150 m の自転車で向かいました。右の図は，たくやさんが家を出発してからの時間を x 分，道のりを y m として，たくやさんと兄の進んだようすをグラフに表したものです。次の問いに答えなさい。

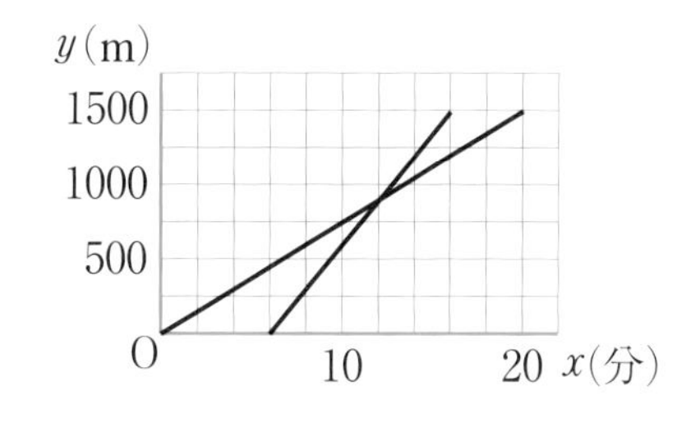

教科書 p.97 問2

□(1) たくやさんは分速何 m で歩いたかを求めなさい。

□(2) 兄がたくやさんに追い着いたのは，たくやさんが家を出発してから何分後ですか。

□(3) 兄は家から何 m 離れた地点で，たくやさんに追い着いたかを求めなさい。

●キーポイント
(1) グラフの傾きが速さを表しています。
(2) グラフから交点の x 座標を読みとります。
(3) たくやさんの速さを分速 a m とすると，たくやさんの直線の式は，$y=ax$ です。(2)の x の値を代入します。

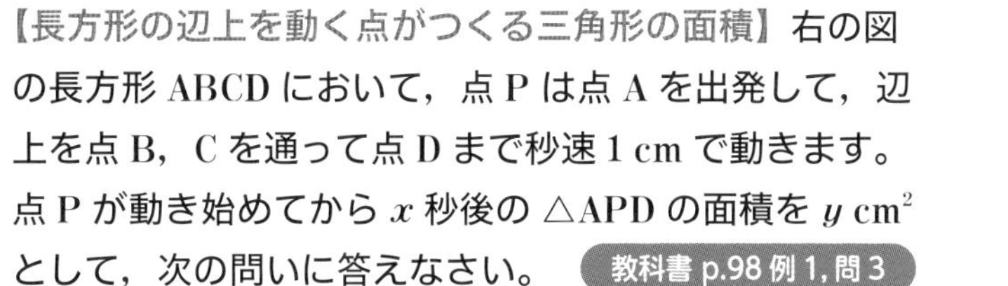

絶対理解 **2** 【長方形の辺上を動く点がつくる三角形の面積】右の図の長方形 ABCD において，点 P は点 A を出発して，辺上を点 B，C を通って点 D まで秒速1 cm で動きます。点 P が動き始めてから x 秒後の △APD の面積を y cm^2 として，次の問いに答えなさい。 教科書 p.98 例1，問3

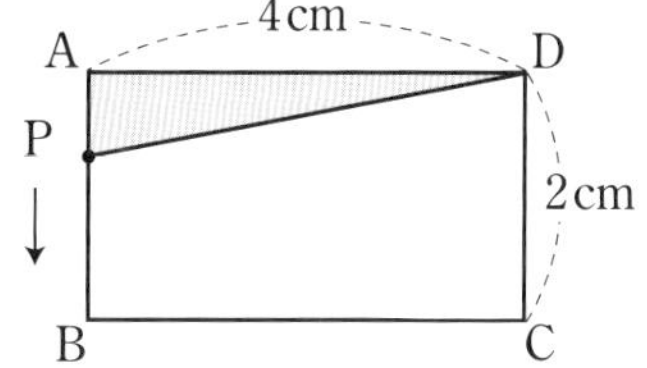

(1) 点 P が次の辺上にあるとき，x の変域を求めなさい。また，x と y の関係を式に表しなさい。

□① 辺 AB 上　　　　□② 辺 BC 上

□(2) 点 P が辺 CD 上を動くとき，x の変域を求め，y を x の式で表しなさい。また，点 P が A→B→C→D と動くときの x と y の関係を表すグラフを，右の図にかき入れなさい。

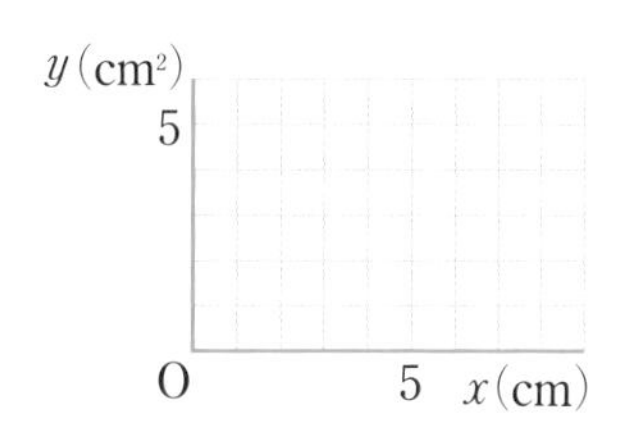

例題の答え **1** ①$2.5x+20$ $\left(\frac{5}{2}x+20\right)$ ②32 **2** ①6 ②8 ③4

解答▶▶ p.18

2 1次関数と方程式 1, 2
3 1次関数の利用 1

よく出る **1** 次の方程式のグラフをかきなさい。

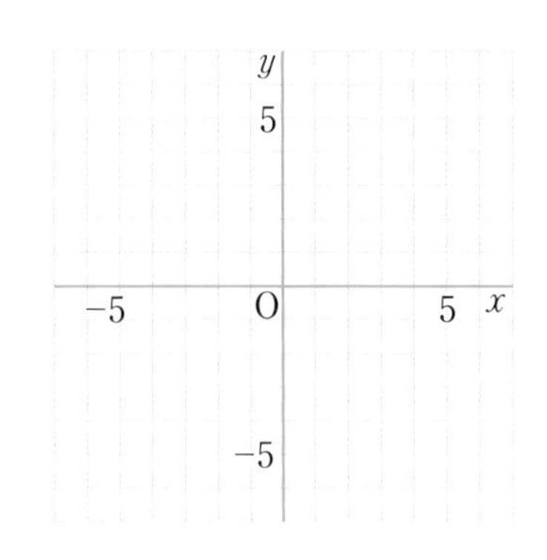

□(1) $x+6y=18$

□(2) $5x-3y-5=0$

□(3) $3y=6$

□(4) $4x+24=0$

2 次の連立方程式の解を，グラフを利用して求めなさい。

□(1) $\begin{cases} 2x-y=6 & \cdots\cdots① \\ x+3y=-11 & \cdots\cdots② \end{cases}$

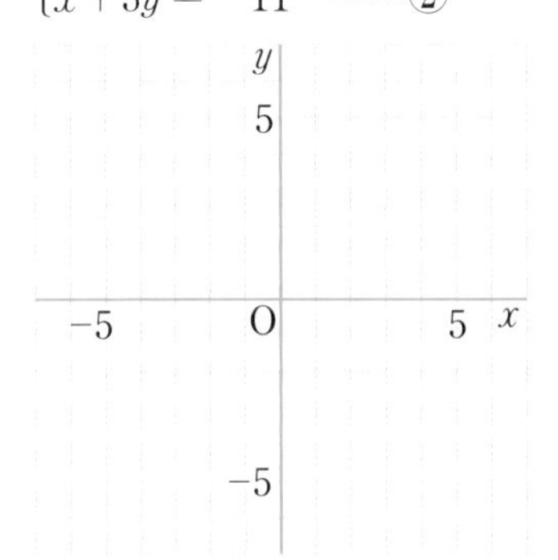

□(2) $\begin{cases} x-2y=-6 & \cdots\cdots① \\ x-y=-5 & \cdots\cdots② \end{cases}$

3 次の図において，2直線 ℓ，m の交点の座標を求めなさい。

□(1)

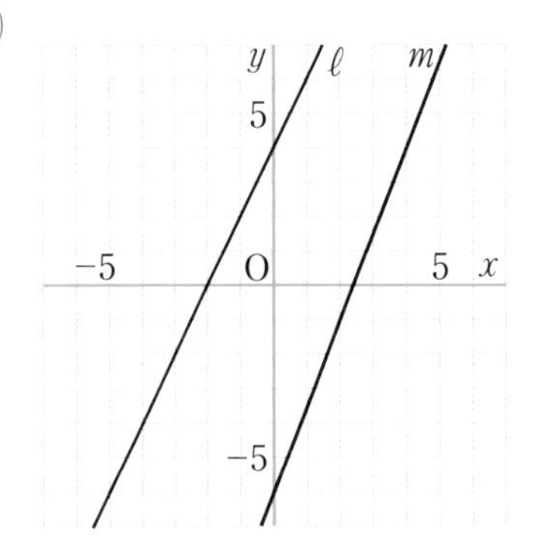

□(2)

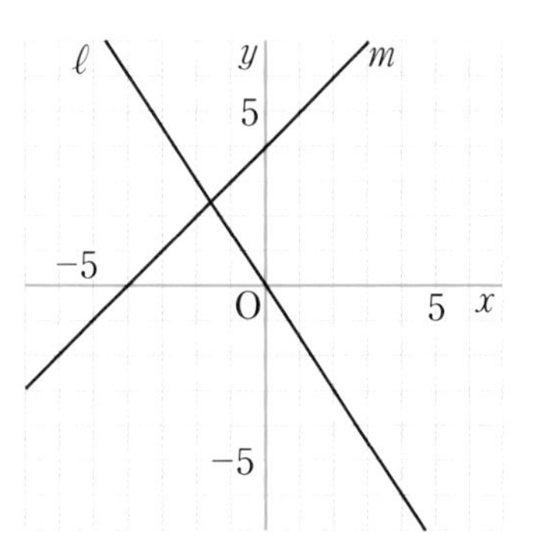

ヒント **1** (2)グラフが通る2点の座標を求めて，その2点を通る直線をかく。
3 交点の座標を求めるには，2直線の ℓ，m の式を連立方程式として解く。

定期テスト 予報

●2元1次方程式のグラフをしっかりと理解しておこう。
2直線の交点の座標を求めるときには，2直線の方程式を連立方程式として解けばいいね。
1次関数の利用でグラフに表す問題では，x の変域を確認することが必要だよ。

4 **自転車でA地点から2000 m離(はな)れたC地点まで，途中(とちゅう)にあるB地点を通って行きました。右のグラフは，A地点を出発してから x 分後のA地点からの道のりを y mとして，x と y の関係を表したものです。次の問いに答えなさい。**

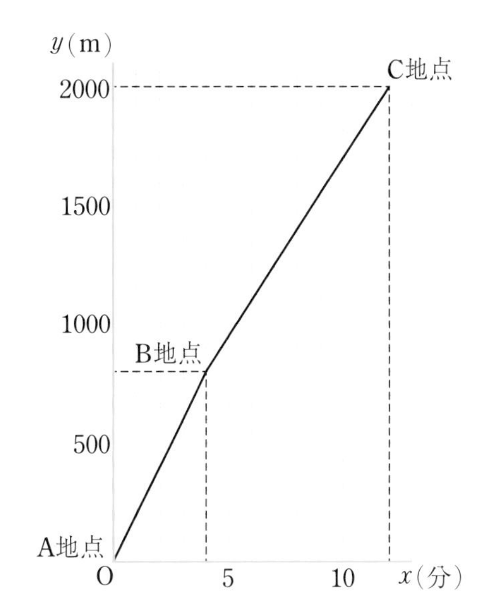

□(1) A地点からB地点までについて，y を x の式で表しなさい。
また，x の変域を答えなさい。

□(2) B地点からC地点までについて，y を x の式で表しなさい。
また，x の変域を答えなさい。

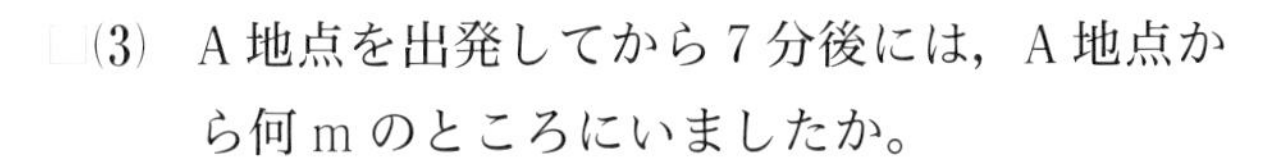

□(3) A地点を出発してから7分後には，A地点から何 mのところにいましたか。

□(4) A地点から1500 mのところにいたのは，A地点を出発してから何分後ですか。

5 **右の図の長方形ABCDにおいて，点Pは点Bを出発して，点C，Dを通って点Aまで，辺上を秒速2 cmで動くものとします。**
x 秒後の△ABPの面積を y cm^2 としたとき，次の問いに答えなさい。

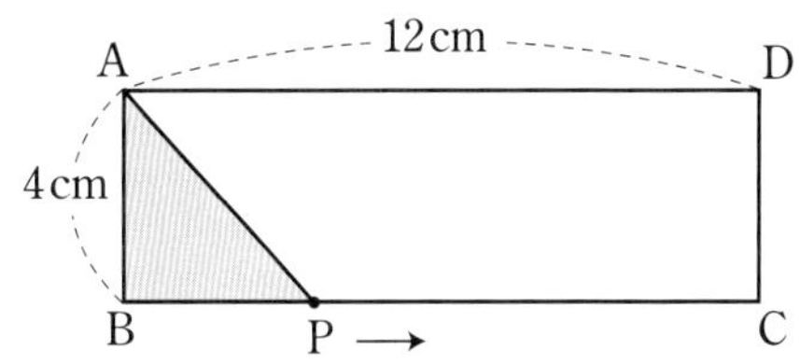

□(1) 点Pが辺BC上にあるとき，y を x の式で表しなさい。
また，x の変域を答えなさい。

□(2) 点Pが辺DA上にあるとき，y を x の式で表しなさい。
また，x の変域を答えなさい。

□(3) 点PがB→C→D→Aと動くときの x と y の関係を表すグラフを，右の図にかきなさい。

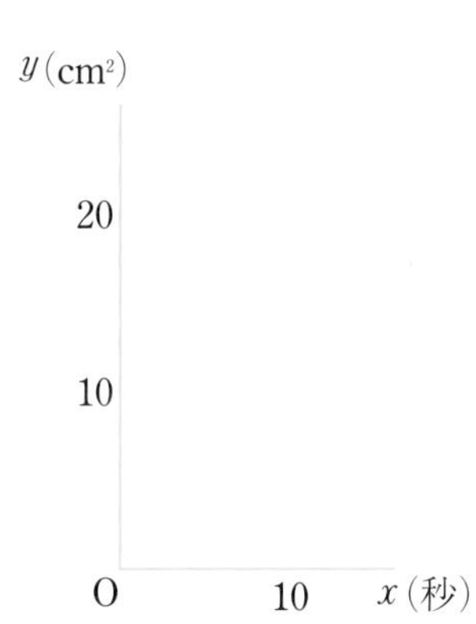

ヒント
4 (3)$x=7$ のときであるから，(2)で求めた式を使って考える。
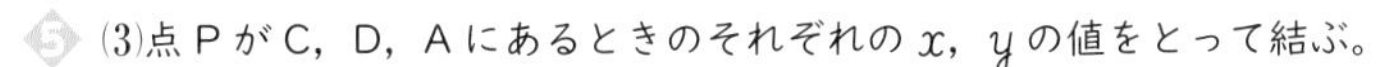
5 (3)点PがC，D，Aにあるときのそれぞれの x，y の値をとって結ぶ。

解答▶▶ p.19

ぴたトレ **3** 確認テスト

3章　1次関数

❶ 1次関数 $y=-\frac{3}{4}x-2$ について，次の問いに答えなさい。知

(1)　変化の割合を答えなさい。

(2)　x の値（あたい）が 8 増加するとき，y の増加量を求めなさい。

(3)　x の変域が $-4 \leqq x < 8$ のとき，y の変域を求めなさい。

❶　点/9点（各3点）

(1)	
(2)	
(3)	

❷ 次の1次関数や方程式のグラフをかきなさい。知

(1)　$y=3x-5$

(2)　$x+4y-12=0$

(3)　$3y+9=0$

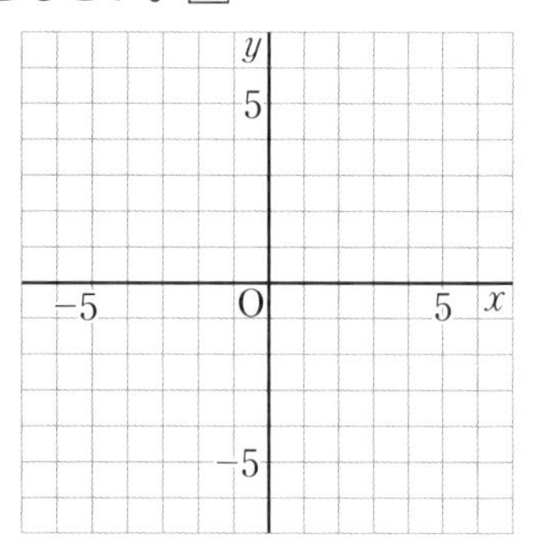

❷　点/12点（各4点）

左の図にかきなさい。

❸ 次の直線の式を求めなさい。知

(1)　傾きが -2 で，点 $(4,\ 5)$ を通る直線

(2)　切片が -4 で，点 $(-2,\ -5)$ を通る直線

(3)　2点 $(2,\ 7)$，$(-1,\ -11)$ を通る直線

❸　点/12点（各4点）

(1)	
(2)	
(3)	

❹ 下の図について，次の問いに答えなさい。知

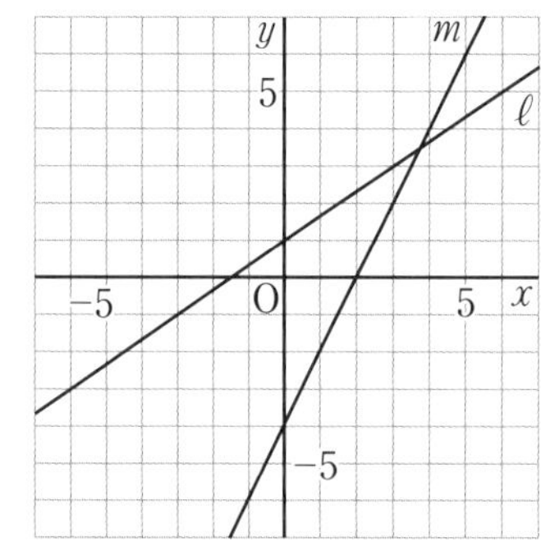

(1)　直線 ℓ，m の式をそれぞれ求めなさい。

(2)　2直線 ℓ，m の交点の座標を求めなさい。

❹　点/12点（各4点）

成績評価の観点　知…数量や図形などについての知識・技能　考…数学的な思考・判断・表現

5 ろうそくが，一定の速さで短くなるように燃えています。このろうそくに火をつけてから x 分後における残りのろうそくの長さを y cm とすると，x と y の関係は，下の表のようになりました。次の問いに答えなさい。考

x(分)	2	4	6	8	……
y(cm)	19.2	18.4	17.6	16.8	……

(1) y を x の式で表しなさい。

(2) 9 分後のろうそくの長さを求めなさい。

(3) x の変域，y の変域をそれぞれ求めなさい。

5 点/20点(各5点)

(1)	
(2)	
(3)	x の変域 y の変域

6 2 直線 $3x-2y=5$，$x+ay=7(a \neq 0)$ について，次の問いに答えなさい。考

(1) 2 直線が平行であるとき，a の値を求めなさい。

(2) 2 直線の交点の座標が $(p,\ -1)$ であるとき，a の値を求めなさい。

6 点/14点(各7点)

(1)	
(2)	

点UP **7** 右下の図の正方形 ABCD において，点 P は頂点 C を出発して，秒速 4 cm で辺上を D，A を通って B まで動くものとします。点 P が頂点 C を出発してから x 秒後の △PBC の面積を y cm^2 として，次の問いに答えなさい。考

(1) 点 P が辺 CD 上にあるとき，y を x の式で表しなさい。

(2) 点 P が辺 AB 上にあるとき，y を x の式で表しなさい。

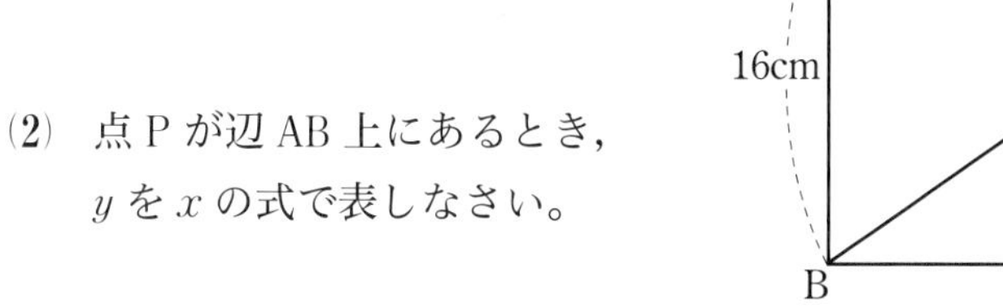

A D P 16cm B C

(3) △PBC の面積が 112 cm^2 になるのは，点 P が頂点 C を出発してから何秒後ですか。すべて答えなさい。

7 点/21点(各7点)

(1)	
(2)	
(3)	

3章 教科書69〜103ページ

知 /45点 考 /55点

解答▶▶ p.20

教科書のまとめ〈3章　1次関数〉

● 1次関数

・y が x の関数で，y が x の1次式で $\boldsymbol{y=ax+b}$（a，b は定数で，$a \neq 0$）と表されるとき，**y は x の1次関数である**という。

・1次関数 $y=ax+b$ では，y は x に比例する部分 ax と定数の部分 b の和とみることができる。

・比例は1次関数の特別な場合といえる。

● 変化の割合

一般（いっぱん）に，y が x の関数であるとき，x の増加量に対する y の増加量の割合を**変化の割合**という。

$$(\text{変化の割合})=\frac{(y\text{の増加量})}{(x\text{の増加量})}$$

● 1次関数の変化の割合

・1次関数 $y=ax+b$ の変化の割合は，x の増加量にかかわらず，一定であり，x の係数 a に等しい。

$$(\text{変化の割合})=\frac{(y\text{の増加量})}{(x\text{の増加量})}=a$$

・1次関数の変化の割合は，x の増加量が1のときの y の増加量に等しい。

・$(y\text{の増加量})=a\times(x\text{の増加量})$

● 1次関数のグラフ

1次関数 $y=ax+b$ のグラフは，$y=ax$ のグラフを，y 軸（じく）の正の方向に b だけ平行移動した直線である。

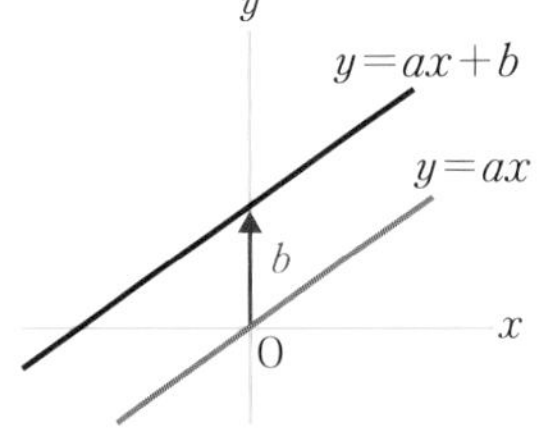

● 1次関数 $y=ax+b$ のグラフ

・傾きが a，切片が b の直線。

・$a>0$ のとき
x の値（あたい）が増加すると，y の値も増加し，グラフは右上がりの直線。

・$a<0$ のとき
x の値が増加すると，y の値は減少し，グラフは右下がりの直線。

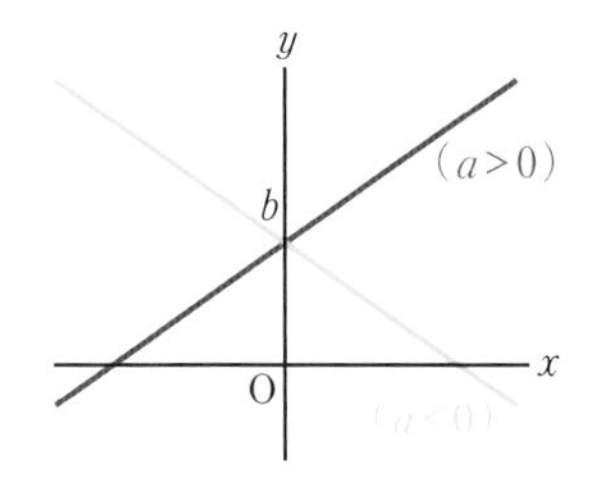

● 2元1次方程式のグラフ

・2元1次方程式 $ax+by=c$ のグラフは直線。

・$a=0$ の場合は，x 軸に平行な直線。

・$b=0$ の場合は，y 軸に平行な直線。

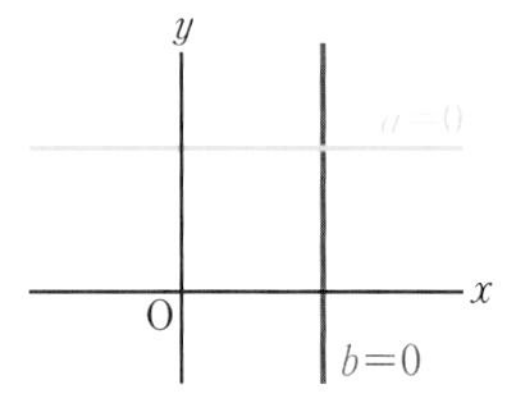

● 連立方程式の解とグラフの交点

x，y についての連立方程式の解は，それぞれの方程式のグラフの交点の x 座標，y 座標の組で表される。

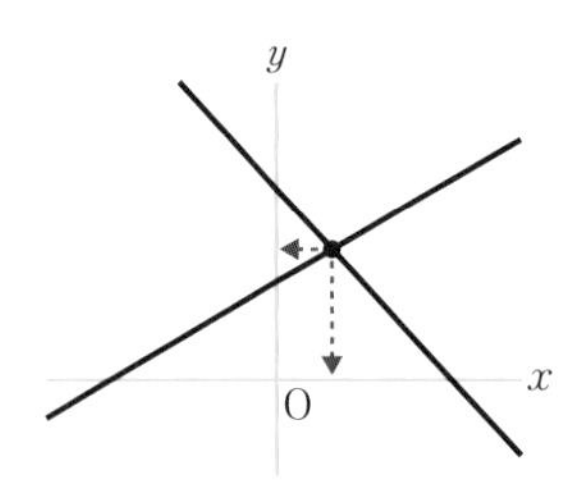

ぴたトレ 0 スタートアップ

4章　図形の性質と合同

□**合同な図形**　　◀ 小学5年

２つの図形がぴったり重なるとき，これらの図形は合同であるといいます。合同な図形で，重なり合う頂点，辺，角をそれぞれ対応する頂点，対応する辺，対応する角といいます。

□**三角形の角**　　◀ 小学5年

三角形の３つの角の大きさの和は１80°です。

1 右の2つの四角形は合同です。　　◀ 小学5年〈合同な図形〉

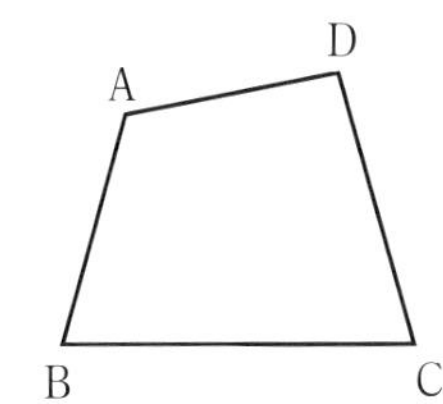

E　H　G　F

(1)　対応する頂点をすべて答えなさい。

(2)　対応する辺をすべて答えなさい。

(3)　対応する角をすべて答えなさい。

ヒント
四角形ABCDを１80°回転してみると……

2 下の2つの三角形は合同です。　　◀ 小学5年〈合同な図形〉

A　3 cm　2 cm　105°　28°　47°　B　C　4 cm

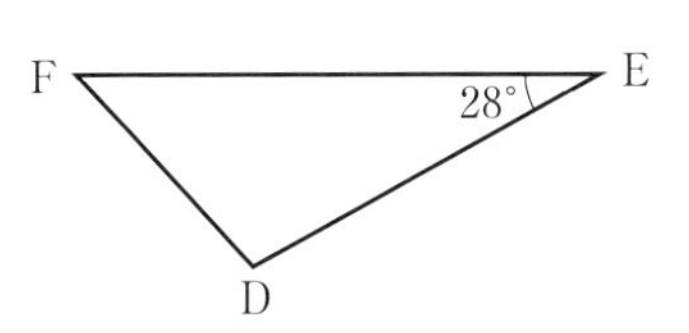

(1)　△DEFの3つの辺の長さをそれぞれ求めなさい。

(2)　∠D，∠Fの大きさをそれぞれ求めなさい。

ヒント
対応する角に注目すると……

3 下の図で，$\angle x$ と $\angle y$ の大きさを求めなさい。　　◀ 小学5年〈三角形の角〉

(1)　85°　65°　x

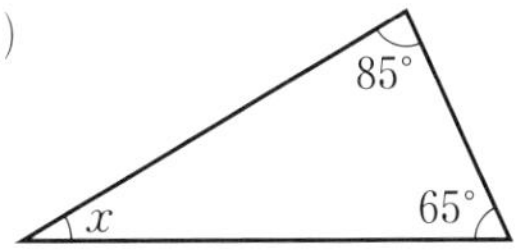

(2)

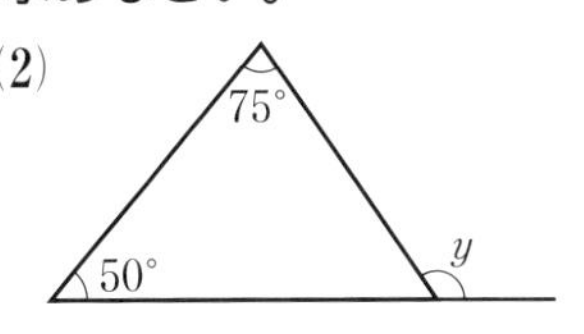

ヒント
三角形の３つの角の大きさの和が１80°だから……

解答▶▶ p.21

① 平行線と角
1 直線と角

●対頂角，同位角，錯角

教科書 p.106〜108

例題 1 右の図において，次の角を答えなさい。 ▶▶ 1 2

(1)　$\angle a$ の対頂角（たいちょうかく）

(2)　$\angle b$ の同位角（どういかく）

(3)　$\angle c$ の錯角（さっかく）

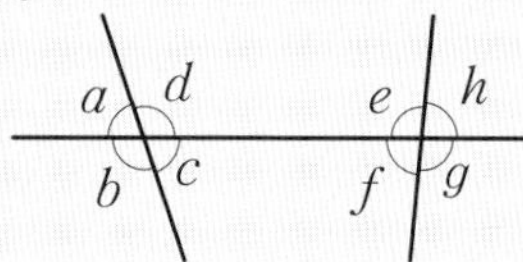

考え方

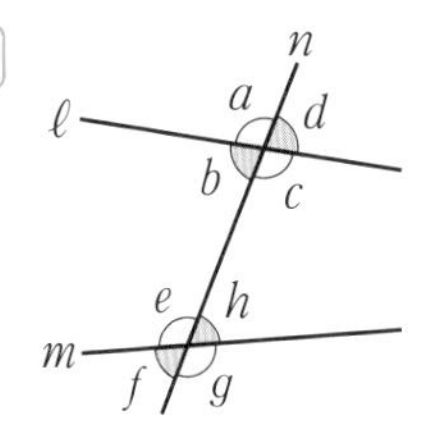

左の図の $\angle a$ と $\angle c$ のように向かい合っている2つの角を対頂角といいます。

左の図のように，2直線 ℓ，m に直線 n が交わるとき，$\angle a$ と $\angle e$，$\angle d$ と $\angle h$ のような位置にある角を，同位角といいます。

また，$\angle b$ と $\angle h$，$\angle c$ と $\angle e$ のような位置にある角を，錯角といいます。

答え

(1)　$\angle a$ の対頂角は ①[　　　]

(2)　$\angle b$ の同位角は ②[　　　]

(3)　$\angle c$ の錯角は ③[　　　]

「対頂角は等しい」という性質があります。
この性質は，角の大きさに関係なく成り立ちます。

●平行線の性質，平行線になるための条件

教科書 p.109〜111

例題 2 右の図について，次の問いに答えなさい。

▶▶ 3 4

(1)　$\ell /\!/ m$ であることを説明しなさい。

(2)　$\angle x$，$\angle y$ の大きさを求めなさい。

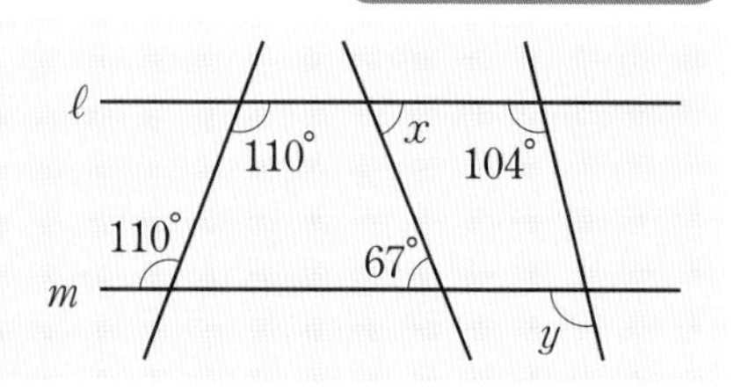

考え方　(1)　同位角または錯角が等しければ，2直線は平行です。

(2)　2直線が平行ならば，同位角，錯角は等しくなります。

答え

(1)　①[　　　] が 110° で等しいから　$\ell /\!/ m$

(2)　$\ell /\!/ m$ より，錯角は等しいから　$\angle x=$ ②[　　　]°

$\ell /\!/ m$ より，同位角は等しいから　$\angle y=$ ③[　　　]°

プラスワン　平行線の性質

2直線に1つの直線が交わるとき，

① 2直線が平行ならば，同位角は等しい。

② 2直線が平行ならば，錯角は等しい。

プラスワン　平行線になるための条件

2直線に1つの直線が交わるとき，

① 同位角が等しければ，2直線は平行である。

② 錯角が等しければ，2直線は平行である。

1 【対頂角】右の図のように，3 直線が 1 点で交わっています。
□ このとき，$\angle a$，$\angle b$，$\angle c$，$\angle d$ の大きさを求めなさい。
教科書 p.107 問 2

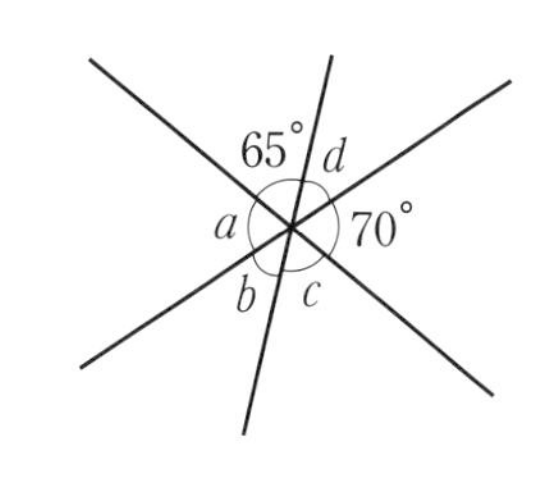

絶対理解 **2** 【同位角，錯角】右の図において，次の角を記号を使って答えなさい。
教科書 p.108 問 3

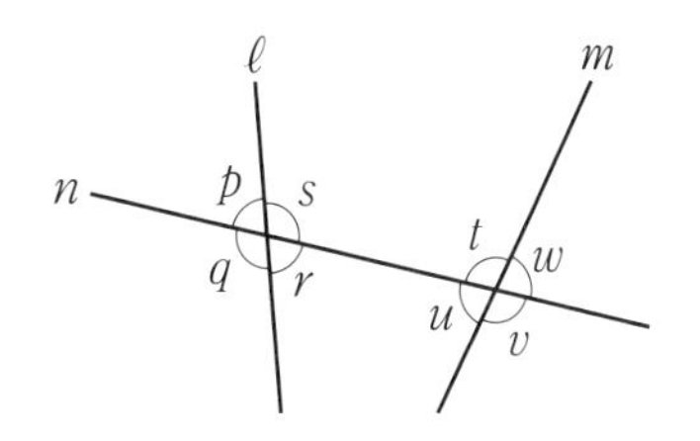

□(1) $\angle p$ の同位角　□(2) $\angle v$ の同位角

□(3) $\angle s$ の錯角　□(4) $\angle t$ の錯角

よく出る **3** 【平行線の性質】右の図において，$\ell /\!/ m$ のとき，$\angle x$ の
□ 大きさを求めなさい。
教科書 p.110 問 4

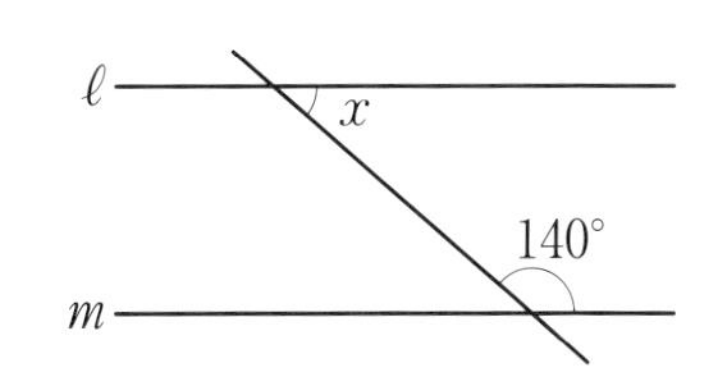

4 【平行線の性質，平行線になるための条件】右の図に
□ おいて，$\ell /\!/ m$ であることを説明しなさい。
また，$\angle x$，$\angle y$ の大きさを求めなさい。
教科書 p.111 問 6,7

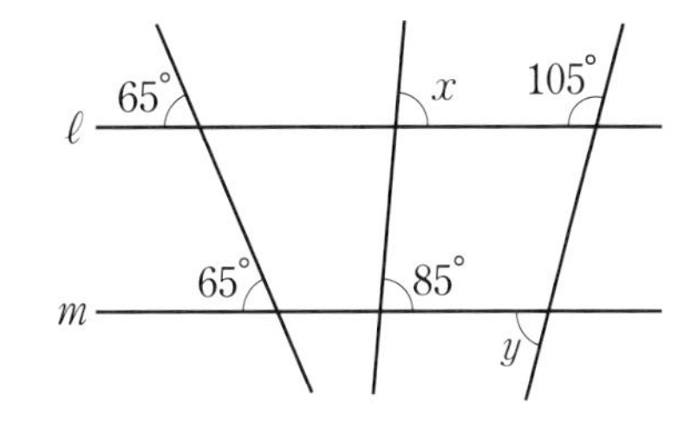

例題の答え **1** ①$\angle c$　②$\angle f$　③$\angle e$　**2** ①錯角　②67　③104

1　平行線と角
2　三角形の角／3　多角形の内角と外角

●三角形の角

教科書 p.112〜116

□ **例題 1**　下の図において，$\angle x$ の大きさを求めなさい。 ▶▶1 2

(1)
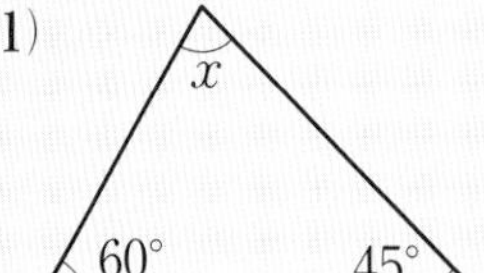

(2)
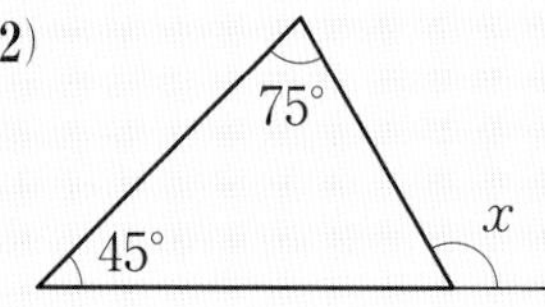

考え方　(1)　三角形の3つの内角（ないかく）の和は180°です。
(2)　三角形の1つの外角（がいかく）は，それととなり合わない2つの内角の和に等しくなります。

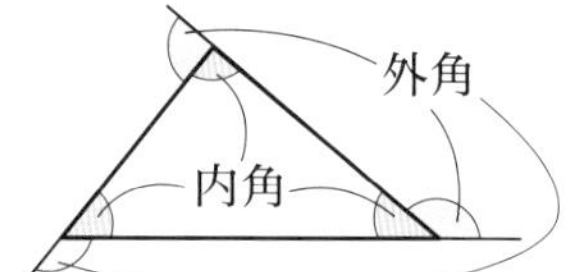

答え　(1)　$\angle x+60^\circ+45^\circ=$ ①［　　］° より，
$\angle x=$ ②［　　］°

(2)　$\angle x=75^\circ+$ ③［　　］° より，
$\angle x=$ ④［　　］°

●多角形の内角と外角

教科書 p.117〜121

□ **例題 2**　十角形の内角の和を求めなさい。 ▶▶3

考え方　n 角形の内角の和は $180^\circ\times(n-2)$ です。

答え　$180^\circ\times(n-2)$ の n に ①［　　］ を代入すると，
$180^\circ\times($①［　　］$-2)=$ ②［　　］°　　答 ②［　　］°

□ **例題 3**　右の図で，$\angle x$ の大きさを求めなさい。 ▶▶4

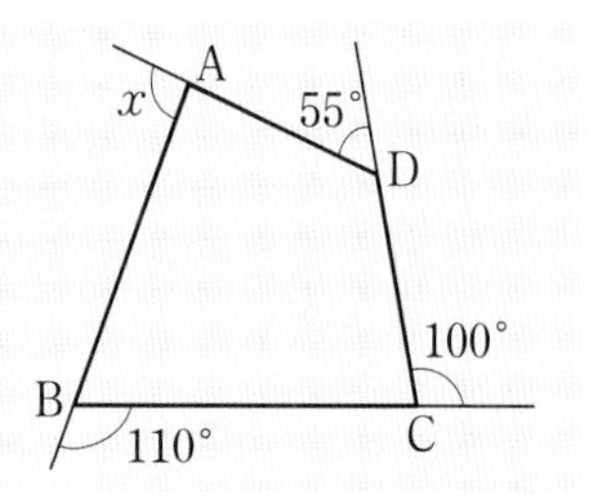

考え方　多角形の外角の和は360°です。

答え　$\angle x+110^\circ+100^\circ+55^\circ=$ ①［　　］° より
$\angle x=$ ②［　　］°

どんな多角形でも外角の和は360°になります。

1 【三角形の角】次の図において，$\angle x$ の大きさを求めなさい。ただし，(4)と(5)で $\ell /\!/ m$ とします。

教科書 p.113 問 2, p.114 例 1, p.116 TRY2

□(1)

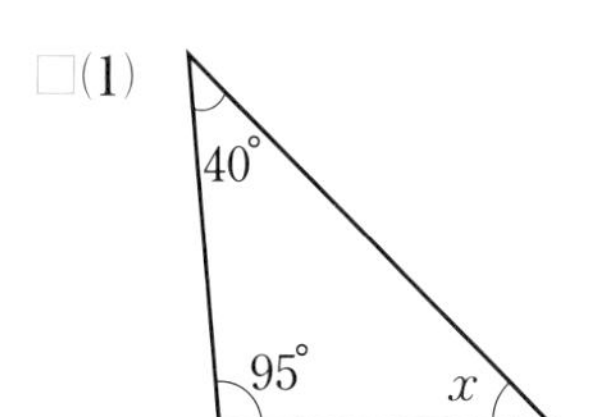

□(2)

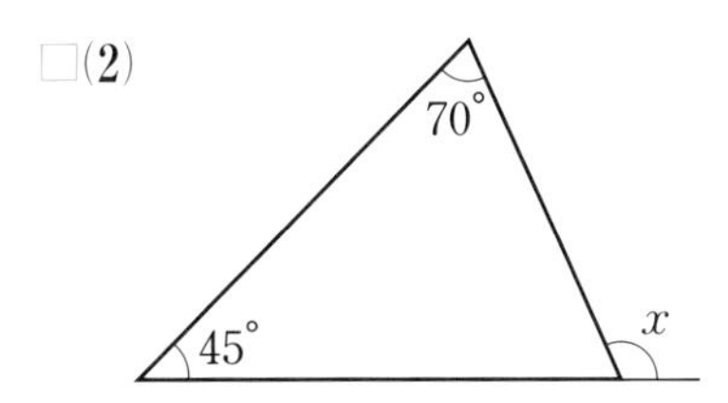

□(3)

44°
55°
x
66°

□(4)

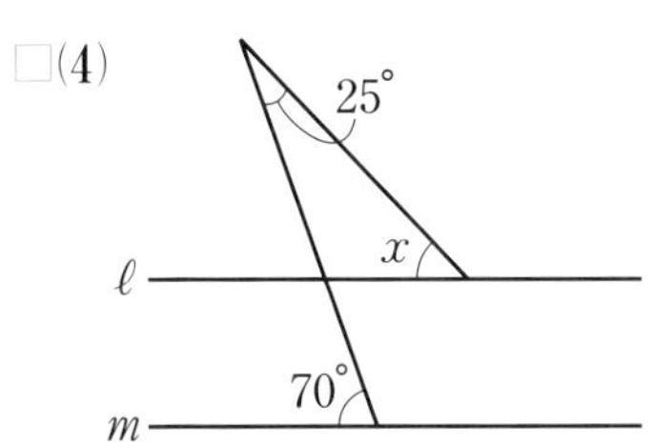

□(5)

ℓ
60°
x
30°
m

●キーポイント

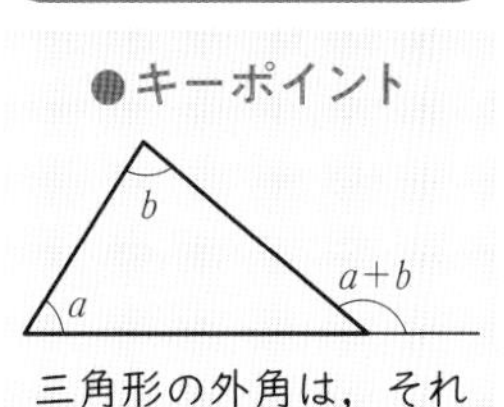

三角形の外角は，それととなり合わない2つの内角の和に等しくなります。

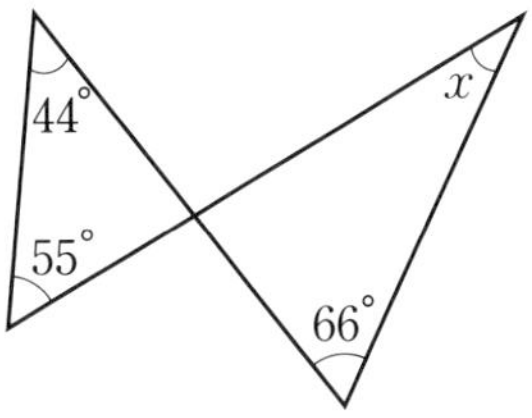

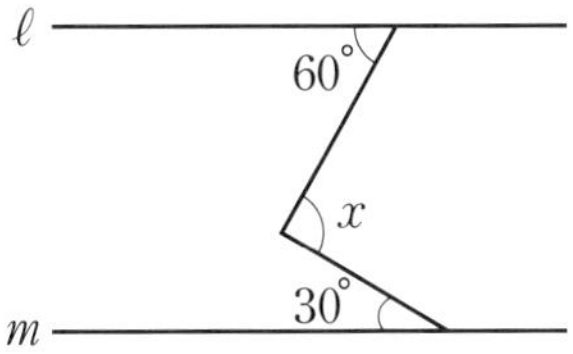

2 【鋭角三角形，鈍角三角形】2 つの内角の大きさが次のような三角形は，鋭角(えいかく)三角形，直角三角形，鈍角(どんかく)三角形のどれであるか答えなさい。

教科書 p.115 問 5

□(1)　25°，65°

□(2)　50°，28°

●キーポイント

0° より大きく 90° より小さい角を鋭角，90° より大きく 180° より小さい角を鈍角といいます。

3 【多角形の内角】次の問いに答えなさい。

教科書 p.118 問 2

□(1)　正十二角形の 1 つの内角の大きさを求めなさい。

□(2)　内角の和が 900° の多角形は何角形ですか。

●キーポイント

(2)　方程式の形にして求めます。

4 【多角形の外角】1 つの外角の大きさが 24° である正多角形は，正何角形ですか。

□

教科書 p.121 問 4

例題の答え **1** ①180　②75　③45　④120　**2** ①10　②1440　**3** ①360　②95

解答▶▶ p.21

1　平行線と角　1～3

1 次の図において，$\angle x$ の大きさを求めなさい。

□(1)

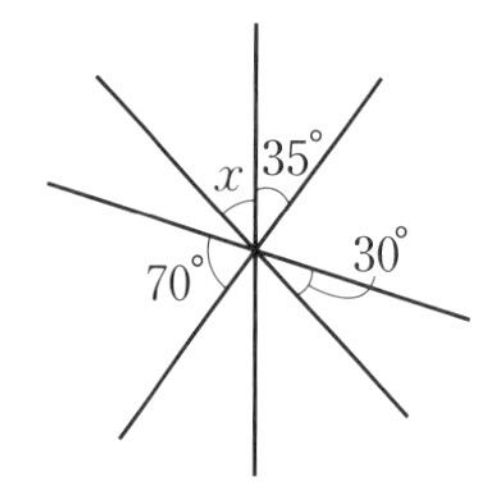

□(2)

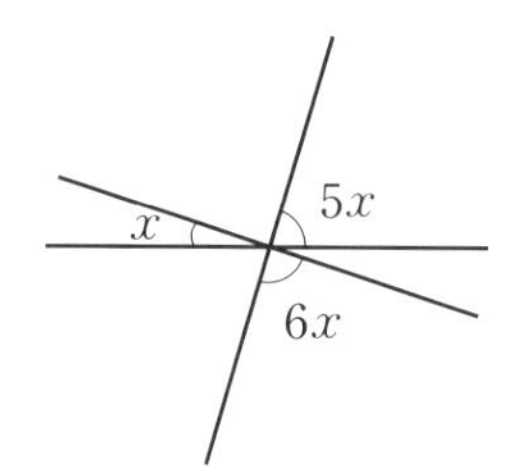

よく出る **2** 次の図において，$\angle x$ の大きさを求めなさい。ただし，$\ell /\!/ m$ とします。

□(1)

ℓ
x
45°
46°
m
28°

□(2)

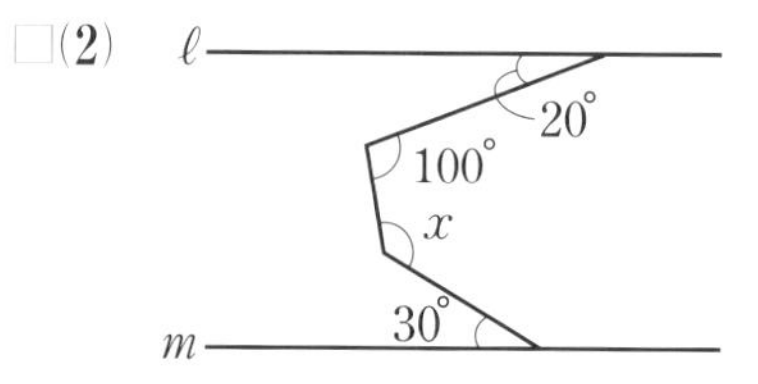

よく出る **3** 次の図において，$\angle x$ の大きさを求めなさい。ただし，(1)で $\ell /\!/ m$ とし，(4)で同じ印がついた角は等しいものとします。

□(1)

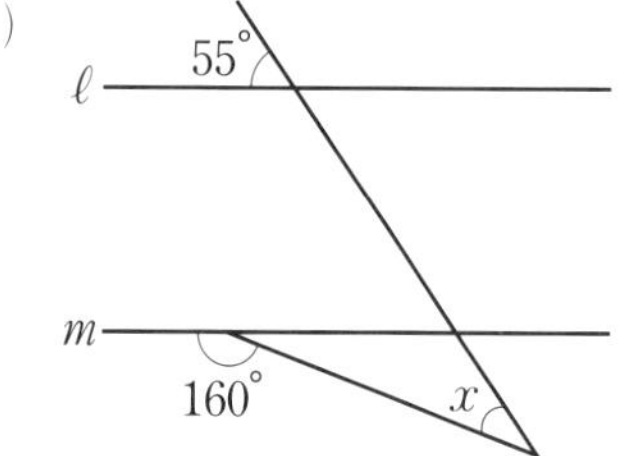

□(2)

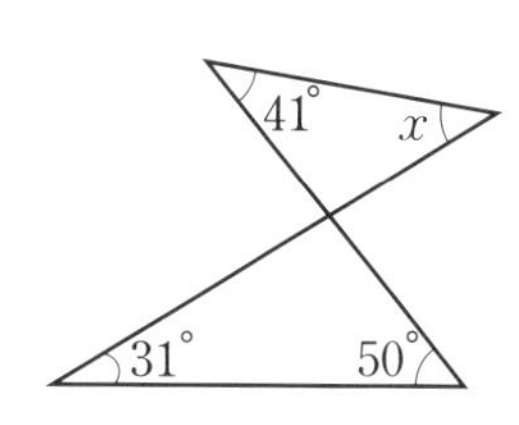

□(3)

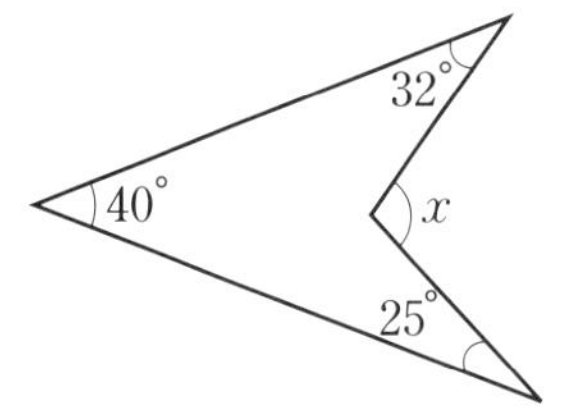

□(4)

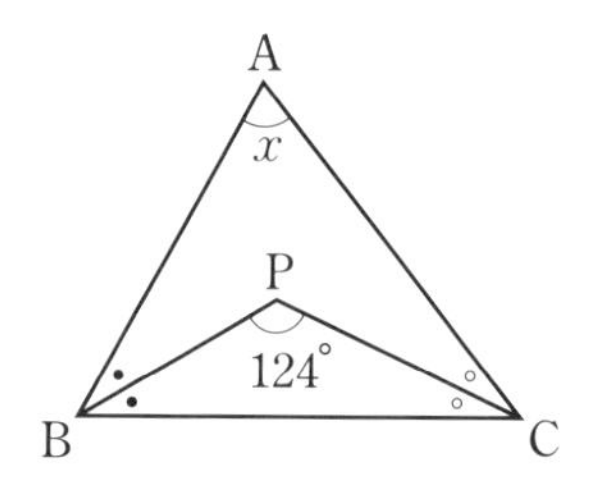

ヒント **2** (1)45° と 46° の角の頂点を通り，直線 ℓ に平行な2つの直線をひく。
3 (3)$\angle x$ の1つの辺を延長して，2つの三角形をつくる。

定期テスト 予報

●平行線と角，三角形の角，多角形の角の性質を，しっかりと理解しておこう。
角の大きさを求める問題では，補助線(ほじょせん)をひくと解き方のすじ道が見えてくることが多いよ。
線を延長したり，平行線をひいたりして考えてみよう。

4 右の図において，次の問いに答えなさい。

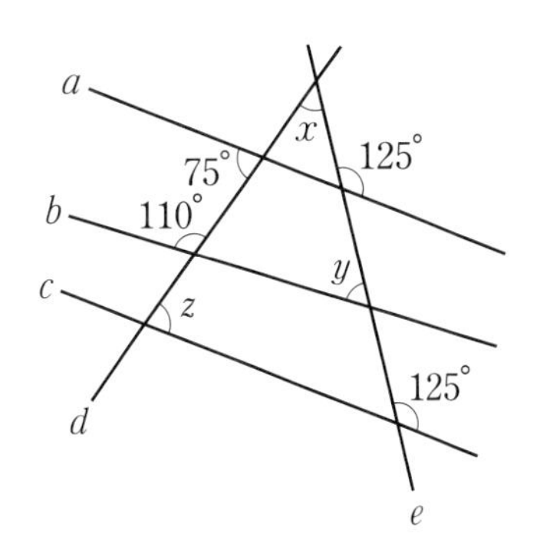

□(1) $a /\!/ c$ である理由を答えなさい。

□(2) $\angle x$，$\angle y$，$\angle z$ の大きさを求めなさい。

5 次の図において，$\angle x$ の大きさを求めなさい。

□(1)

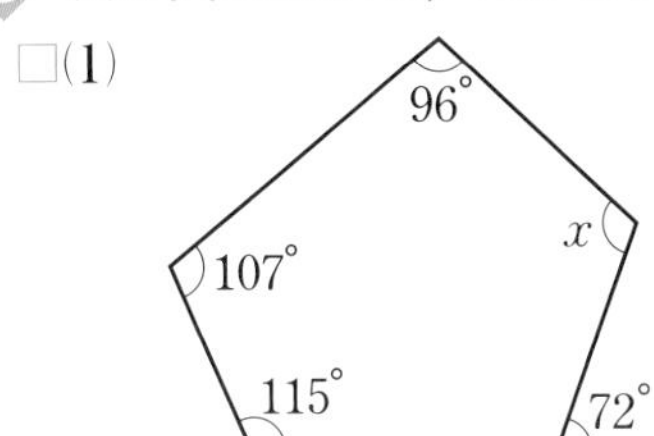

□(2)

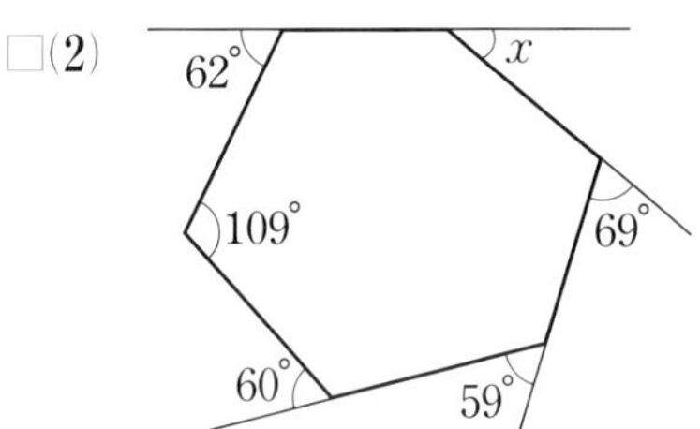

6 右の図において，正六角形 ABCDEF の頂点 A，D は，
□ それぞれ平行な 2 直線 ℓ，m 上にあります。このとき，
$\angle x$ の大きさを求めなさい。

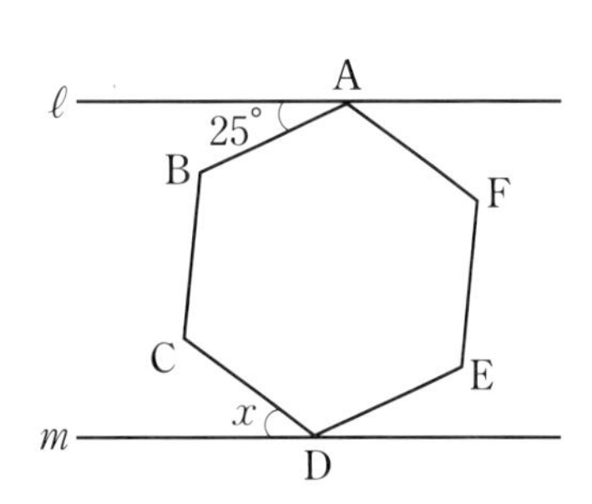

7 次の問いに答えなさい。

□(1) 1 つの内角の大きさが 160° の正多角形は，正何角形ですか。

□(2) 1 つの内角の大きさが 1 つの外角の大きさの 3 倍である正多角形は，正何角形ですか。

□(3) 正 n 角形の 1 つの内角と 1 つの外角の大きさの比が 3：2 であるとき，n の値を求めなさい。

ヒント
4 平行線の性質や三角形の内角と外角の性質を考える。
7 (2) 1 つの外角を $\angle x$ とすると，1 つの内角は $3\angle x$ であるから，$\angle x + 3\angle x = 180°$ になる。

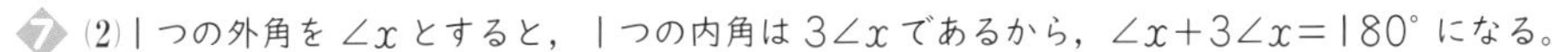

解答▶▶ p.22

2 三角形の合同
1 合同な図形／2 三角形の合同条件

●合同な図形の性質

教科書 p.122～123

□ **例題1** 下の図の2つの四角形は合同です。次の問いに答えなさい。 ▶▶1

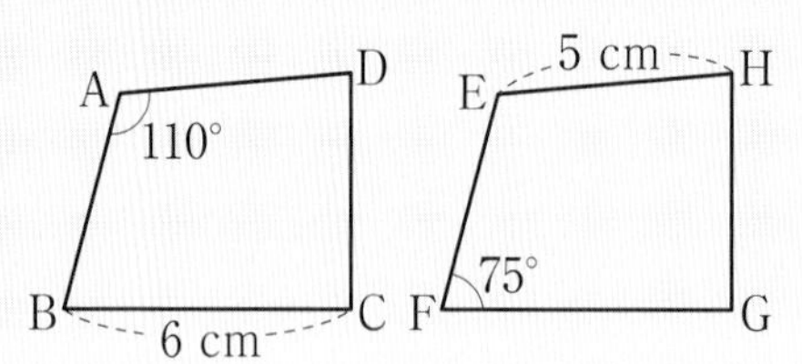

(1) 辺ADとFGの長さを，それぞれ求めなさい。

(2) ∠Bと∠Eの大きさを，それぞれ求めなさい。

考え方 合同な図形では，対応する線分の長さ，対応する角の大きさはそれぞれ等しくなります。

答え (1) 辺ADに対応する辺は，辺EHだから，

AD＝①［　　］cm

辺FGに対応する辺は，辺②［　　］だから，

FG＝③［　　］cm

(2) ∠Bに対応する角は，∠Fだから，∠B＝④［　　］°

∠Eに対応する角は，∠⑤［　　］だから，∠E＝⑥［　　］°

プラスワン　合同を表す記号

2つの図形が合同であることを，記号≡を使って表します。
このとき，対応する頂点を周にそって順に並べて書きます。

●三角形の合同条件

教科書 p.124～127

□ **例題2** 右の図において，合同な三角形を見つけ出し，記号≡を使って表しなさい。また，そのときに使った合同条件を答えなさい。 ▶▶2 3

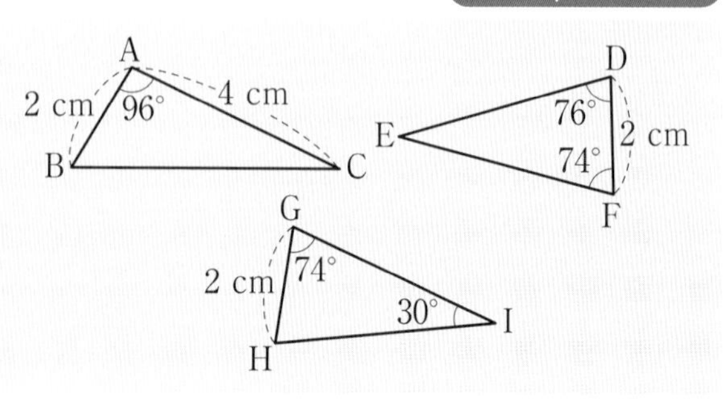

考え方 △GHIにおいて，∠H＋74°＋30°＝180°だから，∠H＝76°です。

答え △DEF≡△①［　　］

合同条件…②［　　］組の辺とその③［　　］の角がそれぞれ等しい。

DF＝HG＝2 cm，∠D＝∠H＝76°，∠F＝∠G＝74°

プラスワン　三角形の合同条件

1 3組の辺がそれぞれ等しい。
2 2組の辺とその間の角がそれぞれ等しい。
3 1組の辺とその両端（りょうたん）の角がそれぞれ等しい。

絶対理解 **1** 【合同な図形】右の図の 2 つの四角形は合同です。
このとき，次の問いに答えなさい。 教科書 p.122 Q p.123 問 3

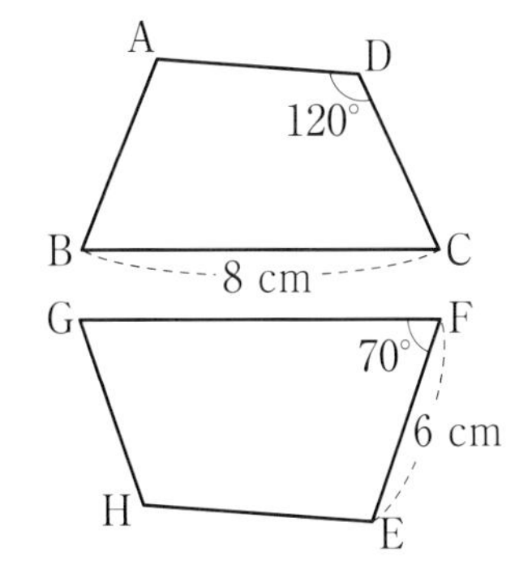

□(1) 辺 AD，∠C に対応する辺，角を，それぞれ求めなさい。

□(2) 辺 AB，辺 FG の長さを，それぞれ求めなさい。

□(3) ∠B，∠H の大きさを，それぞれ求めなさい。

よく出る **2** 【三角形の合同条件】下の図において，合同な三角形を見つけ出し，記号≡を使って表しなさい。また，そのときに使った合同条件を答えなさい。 教科書 p.127 問 2

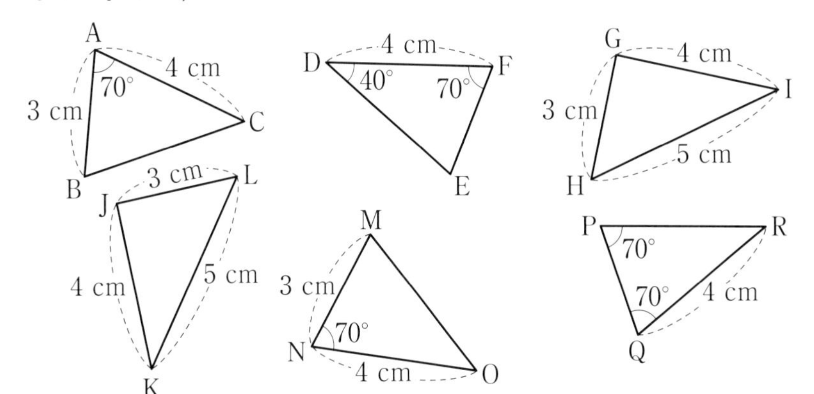

3 【三角形の合同条件】下の(1)，(2)の図において，合同な三角形を見つけ出し，記号≡を使って表しなさい。また，そのときに使った合同条件を答えなさい。 教科書 p.127 問 3

□(1)

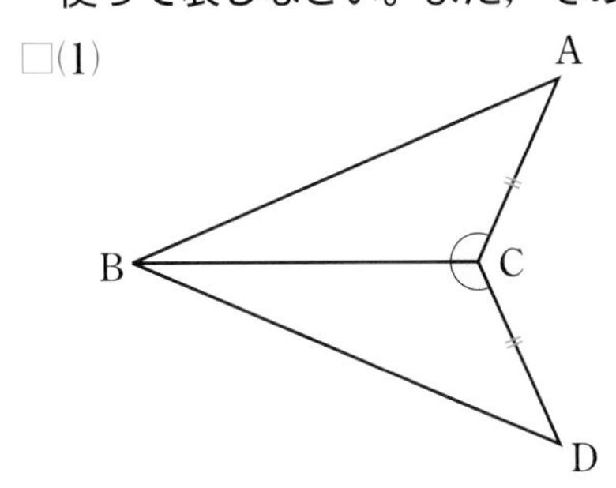

□(2)

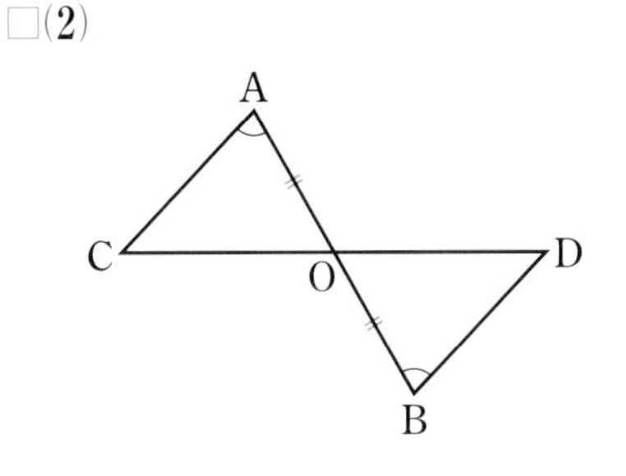

●キーポイント
(1) 2つの三角形に共通な辺を見つけ，三角形の合同条件が成り立つかどうかを調べます。

例題の答え **1** ①5 ②BC ③6 ④75 ⑤A ⑥110 **2** ①HIG ②1 ③両端

解答▶▶ p.23

③ 証明
1 証明のしくみ

●証明のしくみ

教科書 p.128〜134

例題 1 右の図において，
AB＝AD，BC＝DC
ならば ∠ABC＝∠ADC
となります。 ▶▶1 2

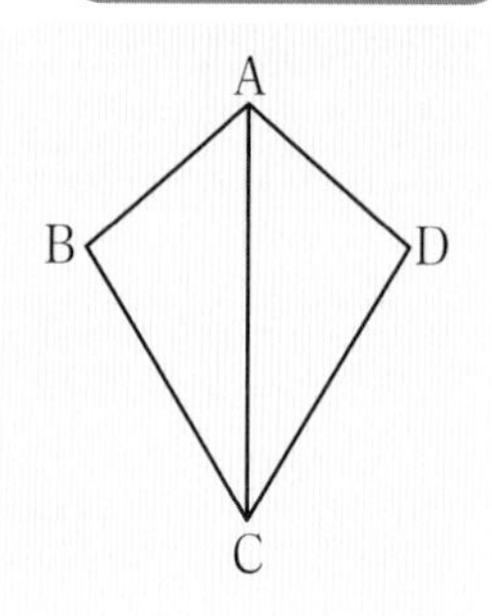

(1) 仮定(かてい)と結論(けつろん)を答えなさい。
(2) ∠ABC＝∠ADC を導くには，どの三角形とどの三角形が合同であることを示すとよいですか。
(3) ∠ABC＝∠ADC であることを証明(しょうめい)しなさい。

考え方 (1) 「a ならば b」のとき，a を仮定，b を結論といいます。

答え (1) 仮定…AB＝AD，BC＝[①　　]
結論…∠ABC＝∠[②　　]

(2) ∠ABC，∠ADC をそれぞれ内角にもつ 2 つの三角形は △ABC と △[③　　] だから，この 2 つの三角形の合同を示すとよい。

(3) **証明**
△ABC と △ADC において
仮定から　AB＝AD　……㋐
BC＝[①　　]　……㋑
共通な辺だから　AC＝AC　……㋒
㋐，㋑，㋒より，[④　　] がそれぞれ等しいから　△ABC≡△[③　　]
合同な図形では対応する角は等しいから
∠ABC＝∠[②　　]

ここがポイント
1 仮定と結論を明確にする
2 結論の辺や角をふくむ 2 つの三角形に着目する
3 着目した 2 つの三角形で，等しい辺や角を見つける
4 合同条件のどれが根拠(こんきょ)として使えるか判断し，合同であることを示す
5 合同な図形の性質を根拠にして結論を導く

プラスワン　証明
あることがらが正しいことを，正しいことがすでに認められたことがらを根拠にしてすじ道をたてて説明することを**証明**といいます。
仮定 ──(根拠となることがら)──→ 証明

絶対理解 **1** 【証明のしくみ】右の図のように，線分 AB と CD が点 P で交わるとき，AP＝BP，CP＝DP ならば ∠CAP＝∠DBP である。次の問いに答えなさい。

教科書 p.128 問 1，p.130 例 1

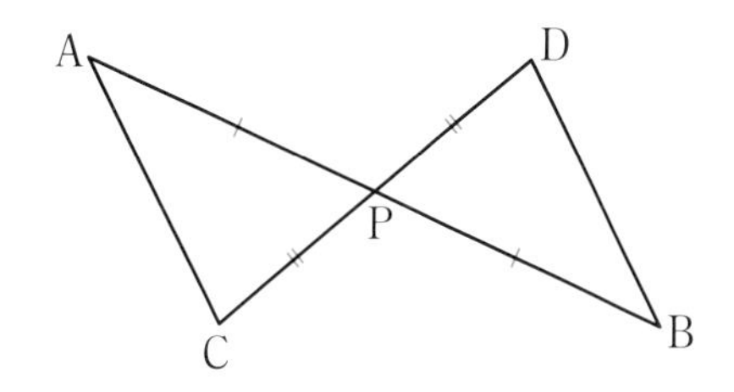

□(1) このことがらの仮定と結論を答えなさい。

●キーポイント
∠CAP，∠DBP をそれぞれ内角にもつ2つの三角形の合同を示します。

□(2) このことがらを証明しなさい。

2 【作図と証明】右の図は，∠AOB の二等分線を，次のような手順で作図したものです。

1 点 O を中心とする適当な半径の円をかき，半直線 OA，OB の交点をそれぞれ C，D とする。

2 2 点 C，D をそれぞれ中心として，同じ半径の円をかき，2 つの円の交点の 1 つを E とする。

3 半直線 OE をひく。

このとき，次の問いに答えなさい。

教科書 p.132 TRY2，p.133 例 2

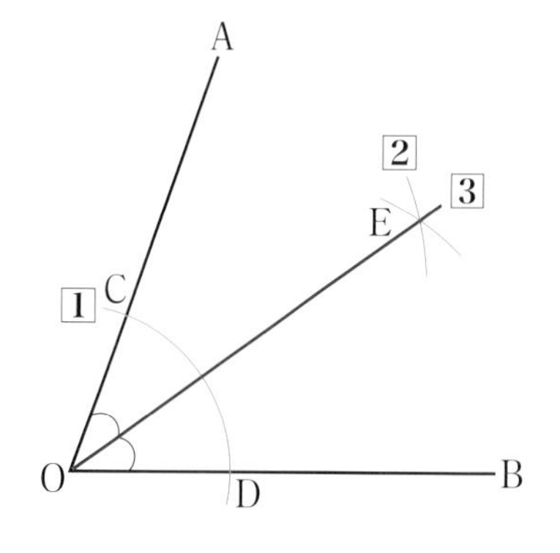

□(1) 手順1～3で作図した半直線 OE が ∠AOB を 2 等分していることを証明したい。
このことがらの仮定と結論を答えなさい。

●キーポイント
(2) ∠COE と ∠DOE を角にもつ2つの三角形の合同を示して，対応する辺や角を調べます。

□(2) 半直線 OE が ∠AOB を 2 等分していることを証明しなさい。

例題の答え **1** ①DC ②ADC ③ADC ④3 組の辺

1 右の図の2つの四角形は合同です。このとき，次の問いに答えなさい。

□(1) 辺AB，GHの長さを求めなさい。

□(2) ∠A，∠Gの大きさを求めなさい。

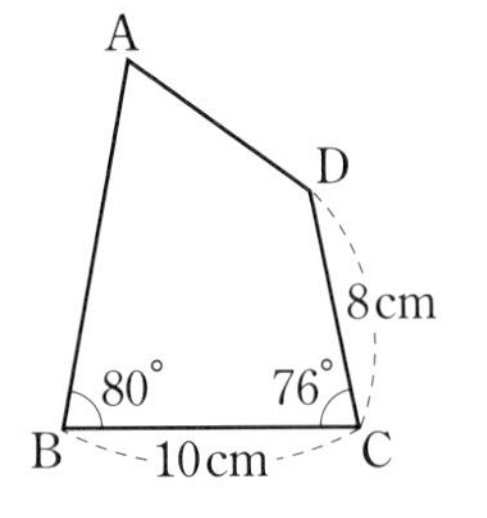

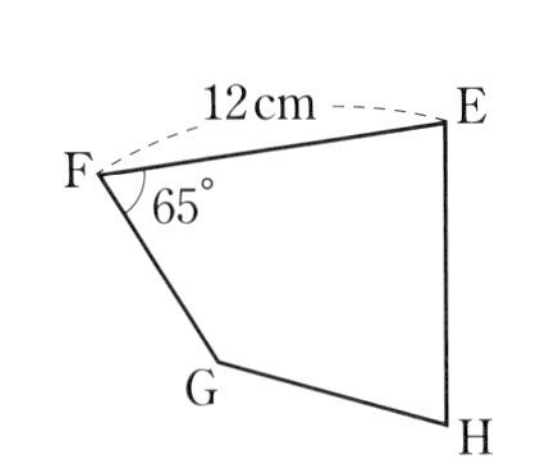

2 次の図において，合同な三角形を見つけ出し，記号≡を使って表しなさい。
また，そのとき使った合同条件を答えなさい。

□(1) AD＝BC，AD∥BC

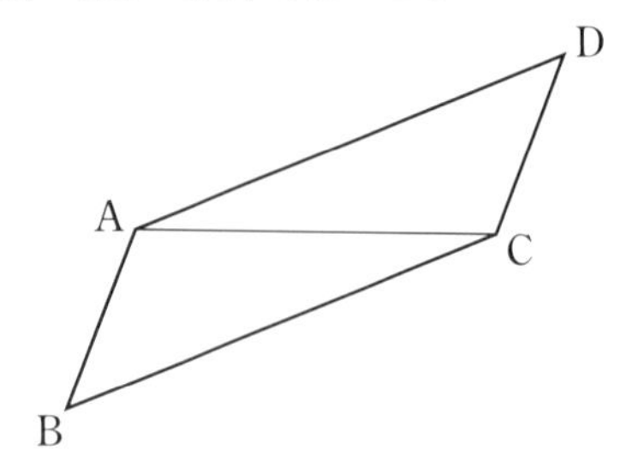

□(2) ∠BAD＝∠CAD，AD⊥BC

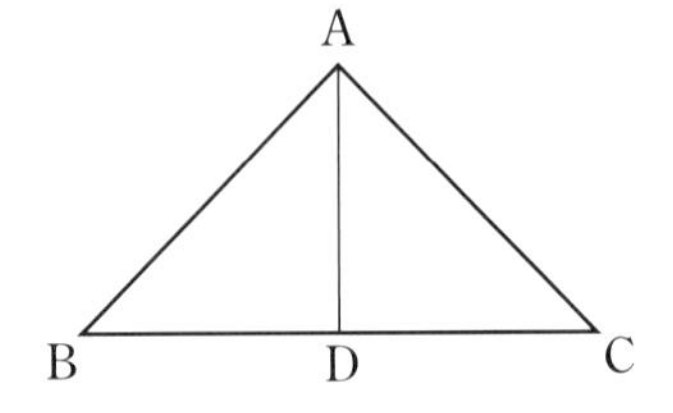

3 次の㋐〜㋔のうち，△ABC≡△DEFであるといえるものはどれですか。すべて選び記号で答えなさい。

㋐ ∠A＝∠D，∠B＝∠E，∠C＝∠F
㋑ AB＝DE，BC＝EF，CA＝FD
㋒ BC＝EF，AC＝DF，∠C＝∠F
㋓ AB＝DE，AC＝DF，∠C＝∠F
㋔ AB＝DE，∠B＝∠E，∠C＝∠F

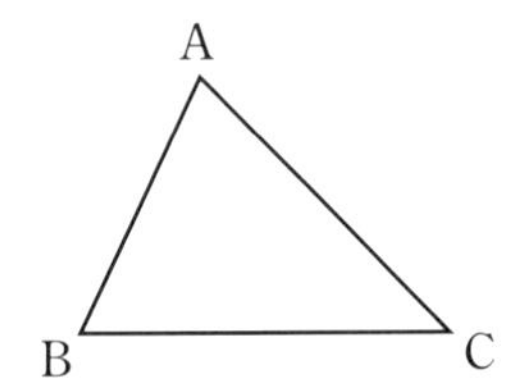

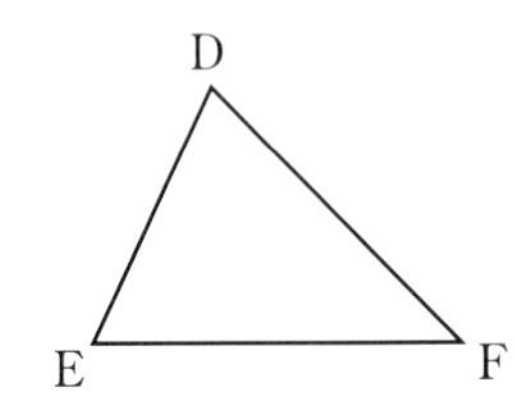

4 次のことがらの仮定と結論をそれぞれ答えなさい。

□(1) $a>b$，$b>c$ ならば $a>c$ である。

□(2) 同位角が等しいならば，2直線は平行である。

ヒント
1 対応する頂点に注意する。四角形ABCD≡四角形FEHGである。
3 三角形の内角の和が180°であるという，かくれた条件があることに注意する。

定期テスト予報

●三角形の合同条件を使って，図形の性質を証明できるようにしよう。
証明ではまず結論に着目し，結論を導くために，どの線分や角の大きさが等しくなればよいのかを考えよう。次に，その線分や角をもつ2つの三角形の合同が示せるか考えよう。

よく出る **5** 右の図は，線分ABの垂線を作図する手順を示したものです。点Pを中心とする円と線分ABの交点をそれぞれC，Dとするとき，AB⊥PQを証明しなさい。

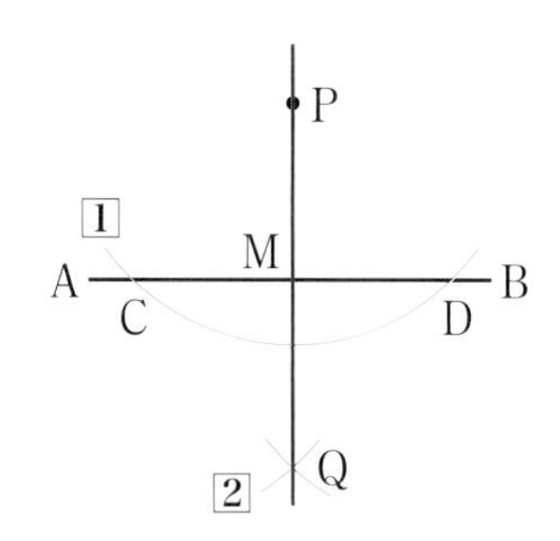

よく出る **6** AD∥BCである台形ABCDがあります。右の図のように，CBの延長線上に，AD＝BEとなるような点Eをとり，DとEを結びます。DEと辺ABの交点をPとするとき，Pは辺ABの中点であることを証明しなさい。

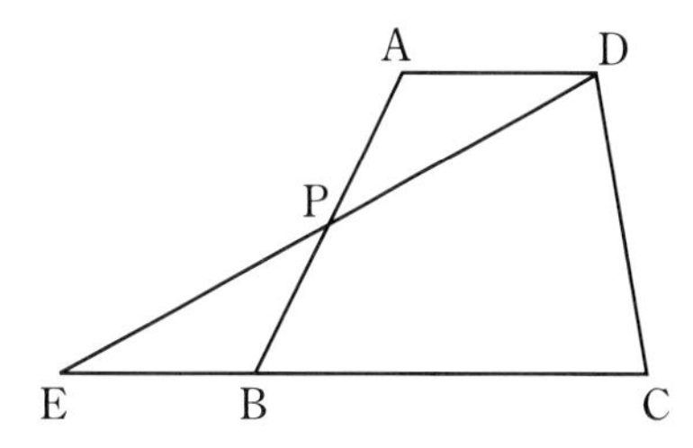

7 **右の図の四角形ABCDは正方形で，点M，Nはそれぞれ辺BC，CDの中点です。ANとDMの交点をPとするとき，次の問いに答えなさい。**

(1) AN＝DMであることを証明しなさい。

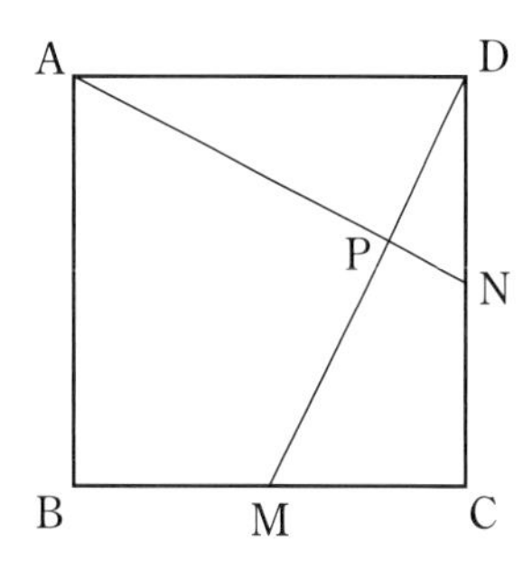

(2) ∠APMの大きさを求めなさい。

ヒント
6 AP，BPを辺にもつ2つの三角形△APDと△BPEに着目する。
7 (2)△DPNにおいて，内角と外角の性質から　∠APD＝∠PDN＋∠DNP

解答▶▶ p.24

4章　図形の性質と合同

時間30分　／100点　合格70点

❶ 次の図において，$\angle x$ の大きさを求めなさい。ただし，$\ell \parallel m$ とします。知

(1)

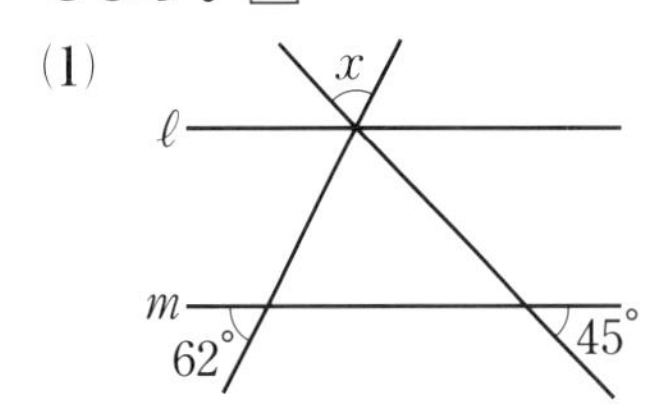

(2)

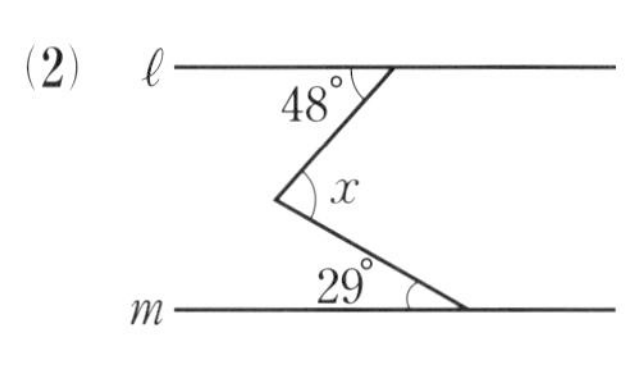

(3)

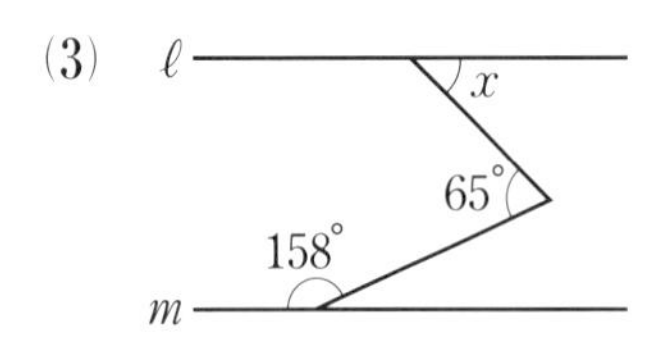

(4)

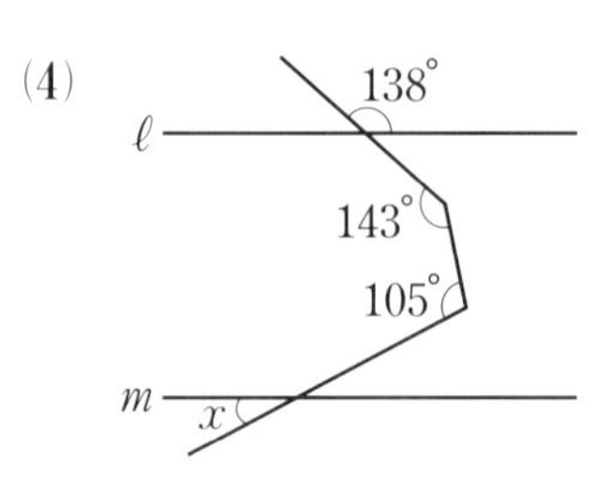

❷ 次の図において，$\angle x$ の大きさを求めなさい。知

(1)

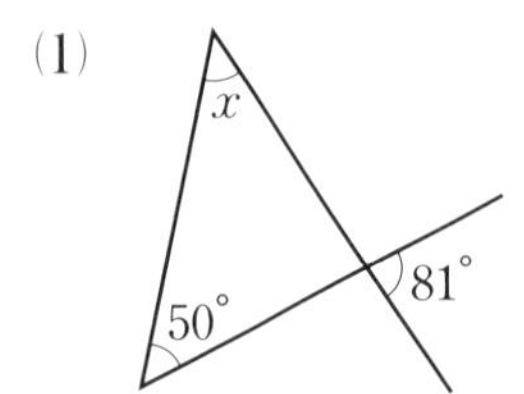

(2)

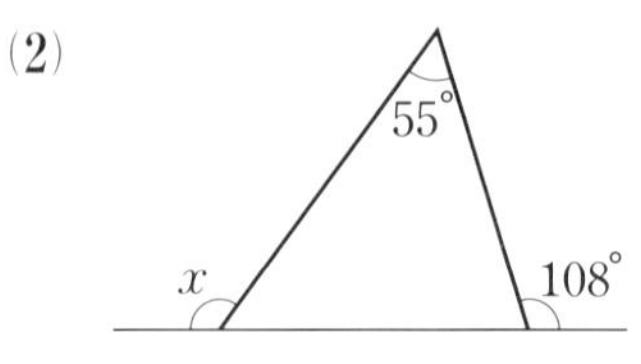

(3)

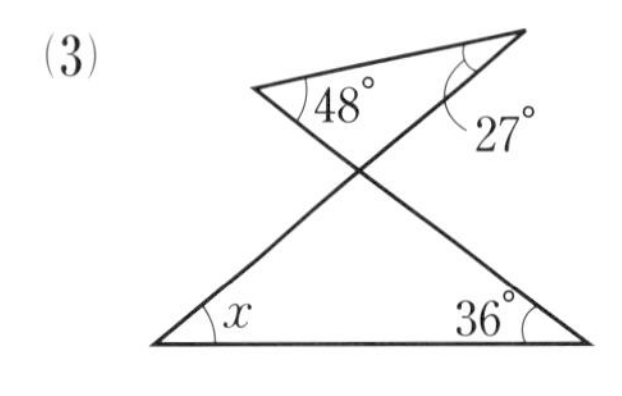

(4)

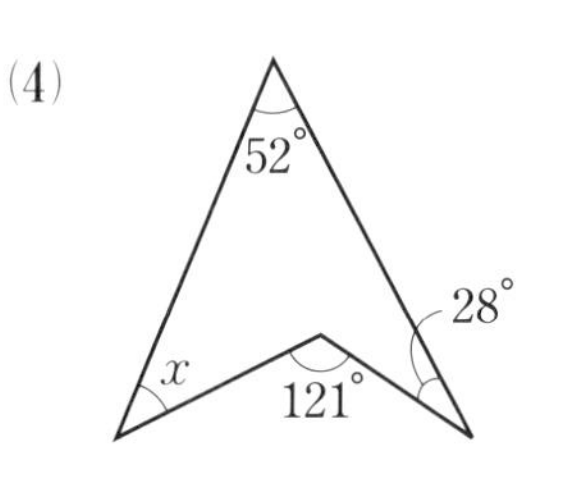

❸ 次の図において，$\angle x$ の大きさを求めなさい。知

(1)

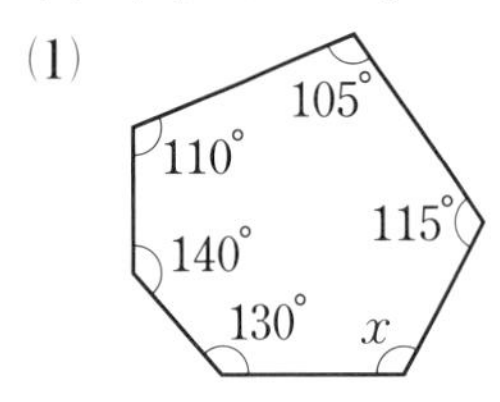

(2)

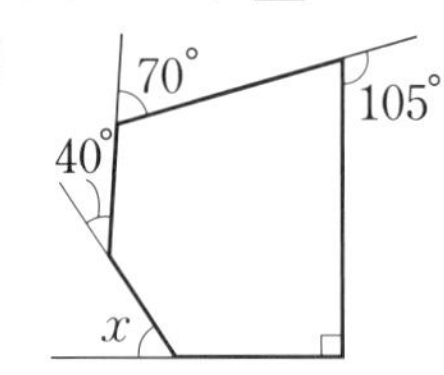

成績評価の観点　知…数量や図形などについての知識・技能　考…数学的な思考・判断・表現

❹ 次の問いに答えなさい。 知

(1) 内角の和が 1980° である多角形は何角形ですか。

(2) 1 つの外角の大きさが 36° である正多角形は正何角形ですか。

❹ 点/12点(各6点)

(1)	
(2)	

❺ 下の図において，合同な三角形を見つけ出し，記号≡を使って表しなさい。また，そのとき使った合同条件を答えなさい。考

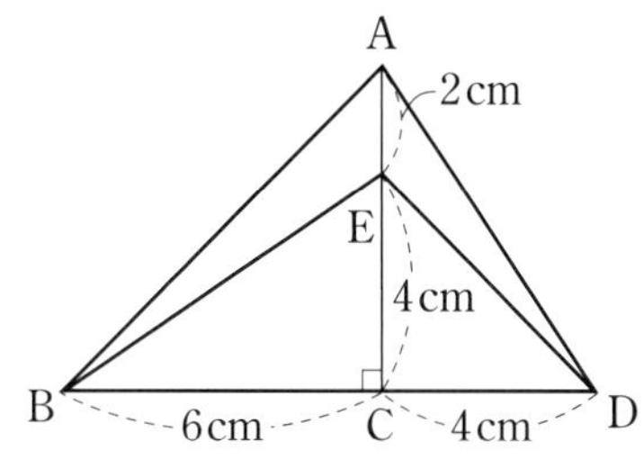

❺ 点/6点

合同な三角形

合同条件

❻ 下の図において，AB＝DC，∠ABC＝∠DCB ならば AC＝DB であることを証明したい。次の問いに答えなさい。((1)知(2)考)

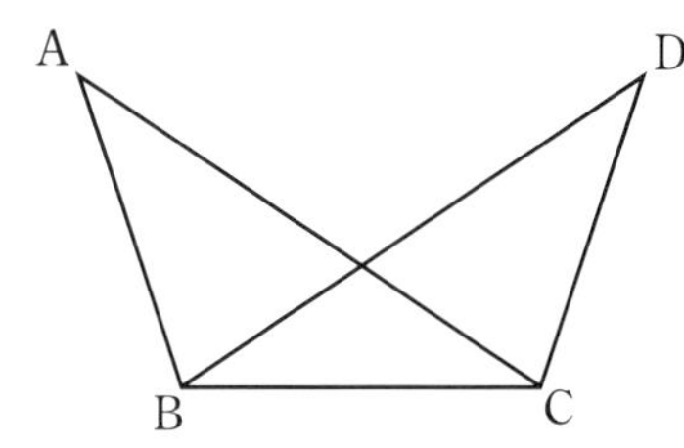

(1) 仮定と結論を答えなさい。

(2) (1)の結論を証明しなさい。

❻ 点/12点

❼ 下の図のように，正方形 ABCD と正方形 CEFG が頂点 C を共有して，その一部が重なった位置にあります。このとき，BG＝DE であることを証明しなさい。考

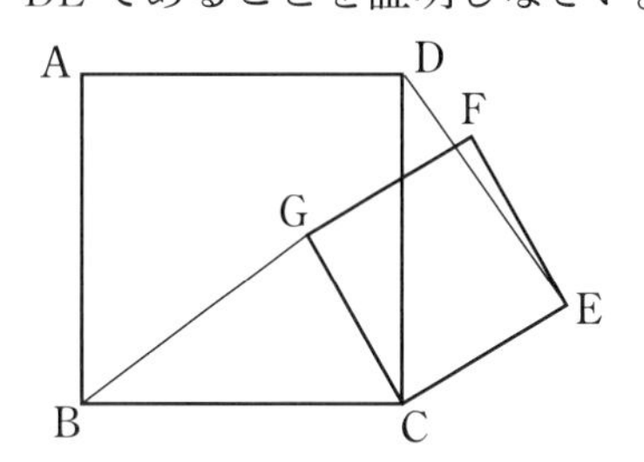

❼ 点/10点

知 /76点	考 /24点

解答▶▶ p.25

教科書のまとめ〈4章　図形の性質と合同〉

●角

・対頂角　$\angle b$ と $\angle c$
　同位角　$\angle a$ と $\angle c$
　錯角（さっかく）　$\angle a$ と $\angle b$
・対頂角は等しい。

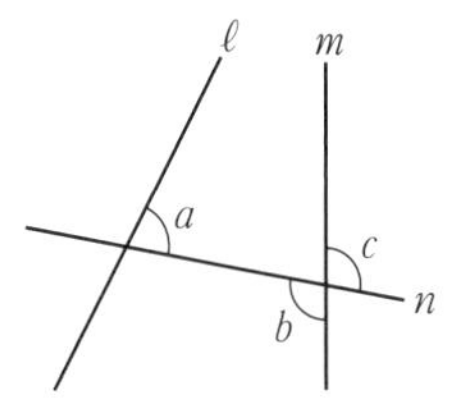

●平行線の性質

2直線に1つの直線が交わるとき，次のことが成り立つ。
2直線が平行ならば，同位角，錯角は等しい。

●平行線になるための条件

2直線に1つの直線が交わるとき，次のことが成り立つ。
同位角または錯角が等しければ，2直線は平行である。

●三角形の内角と外角

1　三角形の内角の和は180°である。
　$\angle a+\angle b+\angle c=180°$
2　三角形の1つの外角は，それととなり合わない2つの内角の和に等しい。
　$\angle a+\angle b=\angle c'$

●多角形の内角と外角

1　n 角形の内角の和は $180°\times(n-2)$ である。
2　多角形の外角の和は360°である。

●合同な図形の性質

1　合同な図形では，対応する線分の長さはそれぞれ等しい。
2　合同な図形では，対応する角の大きさはそれぞれ等しい。

●三角形の合同条件

2つの三角形は，次のどれかが成り立つとき合同である。

1　3組の辺がそれぞれ等しい。

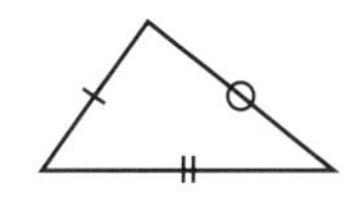
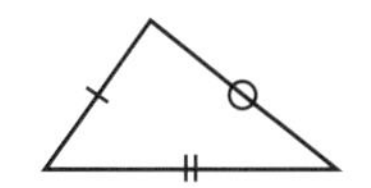

2　2組の辺とその間の角がそれぞれ等しい。

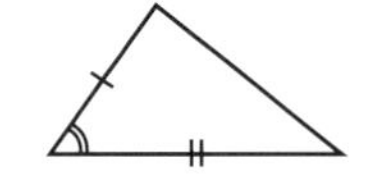
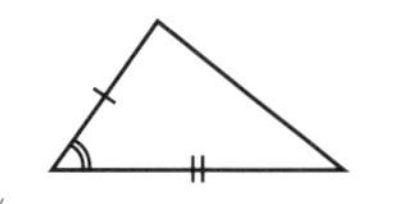

3　1組の辺とその両端（りょうたん）の角がそれぞれ等しい。

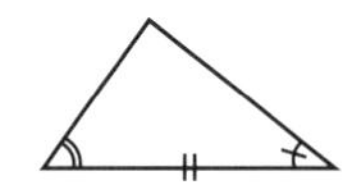
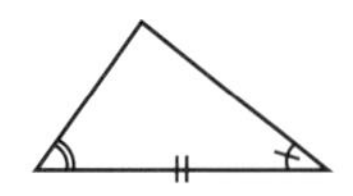

●仮定と結論

あることがらや性質は「●●●ならば▲▲▲」の形で述べられているとき，●●●の部分を**仮定**，▲▲▲の部分を**結論**という。

(例)「$a=b$ ならば $a-c=b-c$ である。」
　ということがらの
　仮定は $a=b$
　結論は $a-c=b-c$

●証明のしくみ

1　仮定と結論を明確にする。
2　結論の辺や角をふくむ2つの三角形に着目する。
3　着目した2つの三角形で，等しい辺や角を見つける。
4　三角形の合同条件のどれが根拠（こんきょ）として使えるか判断し，合同であることを示す。
5　合同な図形の性質を根拠にして，結論を導く。

5章　三角形と四角形

次の学習に入る前に取り組もう。

□三角形の合同条件　◀中学2年

2つの三角形は，次の各場合にそれぞれ合同である。
①3組の辺がそれぞれ等しい。
②2組の辺とその間の角がそれぞれ等しい。
③1組の辺とその両端(りょうたん)の角がそれぞれ等しい。

1 次の□にあてはまることばを書きなさい。　◀小学3年〈二等辺三角形，正三角形〉

(1) 2つの辺の長さが等しい三角形を，□という。二等辺三角形では，2つの角の大きさが□。

(2) 3つの辺の長さが等しい三角形を，□という。正三角形では，□の角の大きさがみんな等しい。

ヒント
三角形の辺の長さや角の大きさに目をつけると……

2 下の図の三角形を，合同な三角形の組に分けなさい。また，そのとき使った合同条件を答えなさい。　◀中学2年〈三角形の合同条件〉

ヒント
それぞれの三角形について，どの辺の長さや角の大きさが等しいかに着目すると……

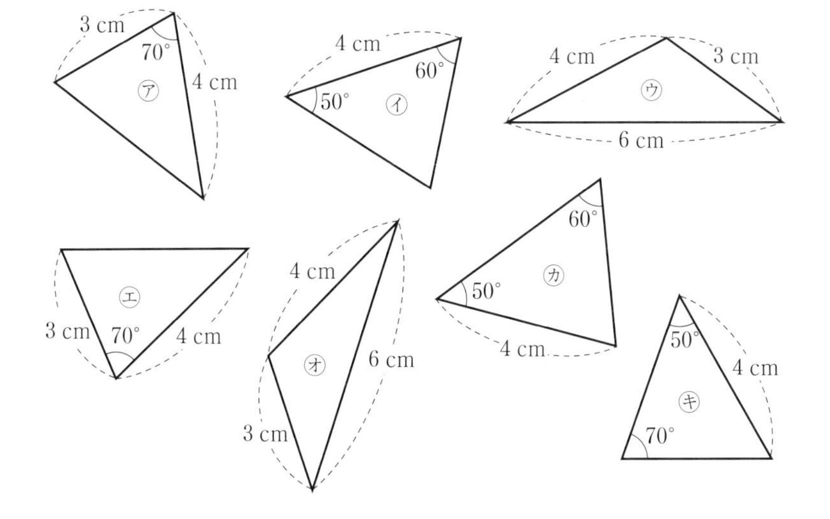

解答▶▶ p.27

5章　三角形と四角形

1　三角形
1　二等辺三角形—(1)

●二等辺三角形の性質の証明　　教科書 p.140～141

例題1 △ABC において，AB＝AC ならば ∠B＝∠C であることを証明しなさい。 ▶▶1

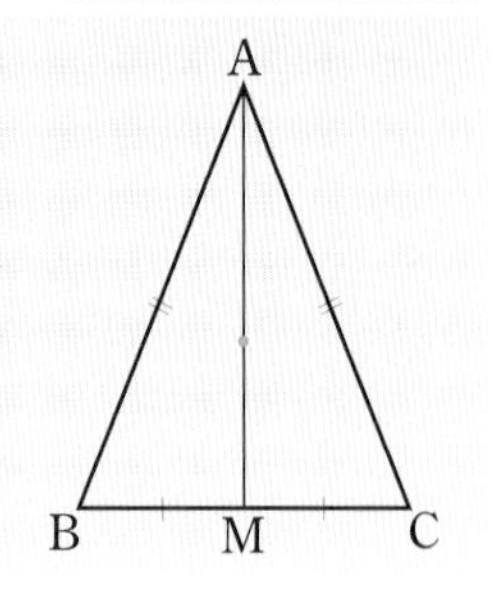

考え方　補助線をひき，合同な三角形をつくって考えます。

証明　辺 BC の中点を M とし，点 M と A を結ぶ。

△ABM と △ACM において

仮定から　AB＝①［　　］　……㋐

M は中点であるから　BM＝②［　　］　……㋑

共通な辺であるから　AM＝AM　……㋒

㋐，㋑，㋒より，③［　　　　］がそれぞれ等しいから

△ABM≡△ACM

合同な図形では対応する角の大きさは等しいから

∠B＝∠C

●二等辺三角形の性質の利用　　教科書 p.142

例題2 右の図で，∠x，∠y の大きさをそれぞれ求めなさい。 ▶▶2 3

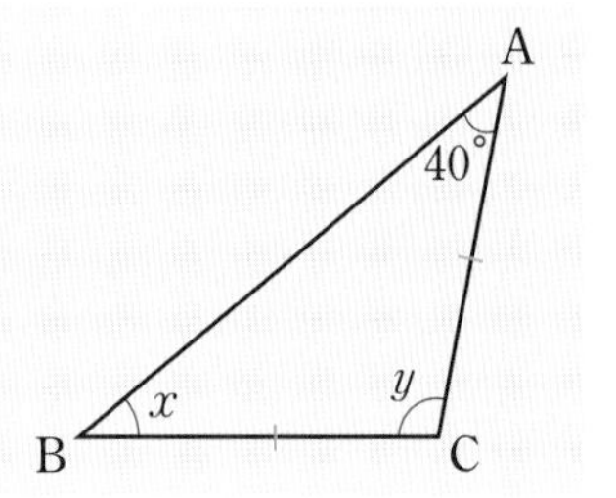

考え方　「二等辺三角形の底角(ていかく)は等しい。」という定理(ていり)を使います。

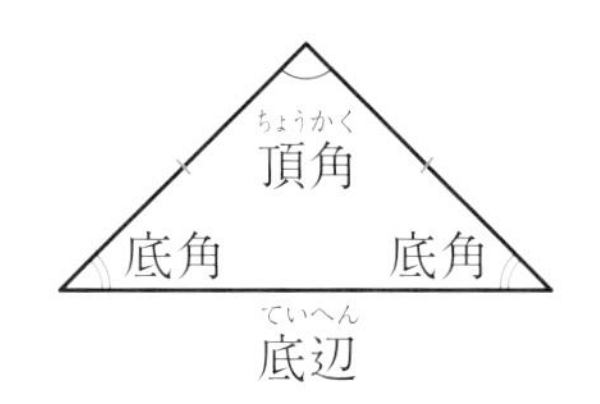

答え　∠x＝①［　　］°

①［　　］° ＋40° ＋∠y＝180° より，∠y＝②［　　］°

プラスワン　定義，定理

定義(ていぎ)…用語や記号の意味をはっきりと述べたもの。

定理…証明されたことがらのうち，よく使われるもの。

「2つの辺が等しい三角形を二等辺三角形という。」は，二等辺三角形の定義です。

1 【二等辺三角形の性質の証明】右の図の △ABC において，

□ ∠BAD＝∠CAD のとき，次のことを証明しなさい。

AB＝AC ならば ∠B＝∠C

教科書 p.141 例 1

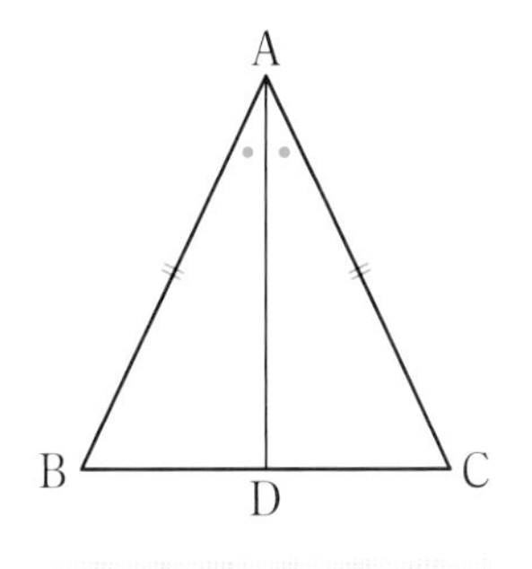

●キーポイント
二等辺三角形の底角が等しいことを使います。

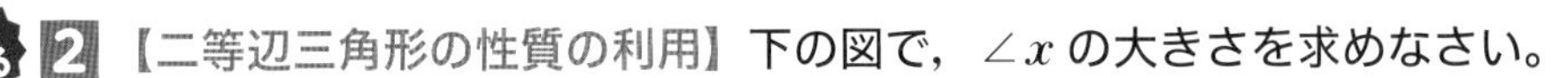

2 【二等辺三角形の性質の利用】下の図で，∠x の大きさを求めなさい。

教科書 p.142 例 2, 問 1

□(1)

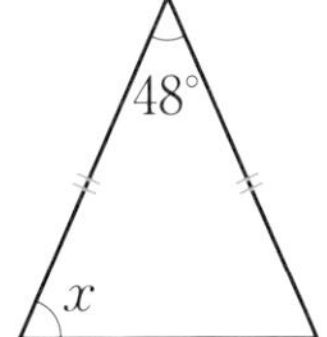

□(2)

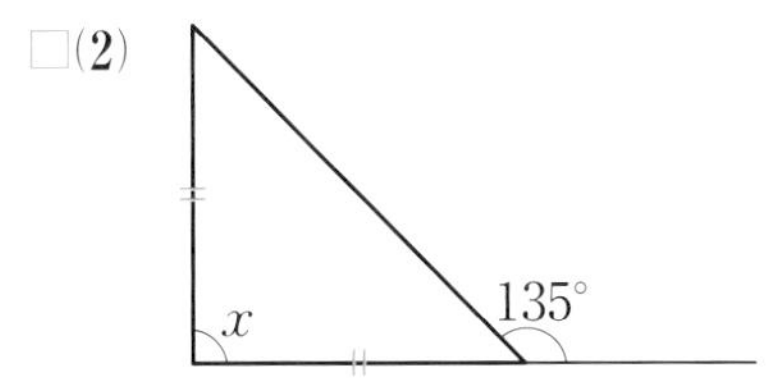

3 【二等辺三角形の性質の利用】右の図のように，線分 AB に対して，AC＝BC，AD＝BD となるように点 C，D をとり，点 C と D を結びます。

教科書 p.143 問 2

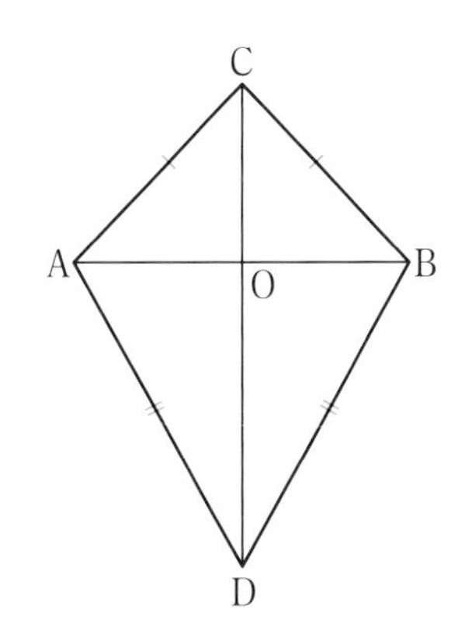

□(1) ∠ADC＝∠BDC であることを証明しなさい。

□(2) (1)の結果から，直線 CD は線分 AB の垂直二等分線であることを証明しなさい。

●キーポイント
(1) ∠ADC，∠BDC をそれぞれ内角にもつ２つの三角形の合同を証明します。

例題の答え **1** ①AC ②CM ③３組の辺 **2** ①40 ②100

解答▶▶ p.27

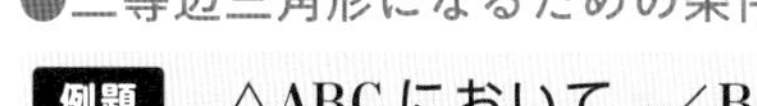

1 三角形
1 二等辺三角形—(2)／2 正三角形

●二等辺三角形になるための条件

教科書 p.144

□ **例題 1** △ABC において，∠B＝∠C ならば AB＝AC であることを証明しなさい。 ▸▸1 2

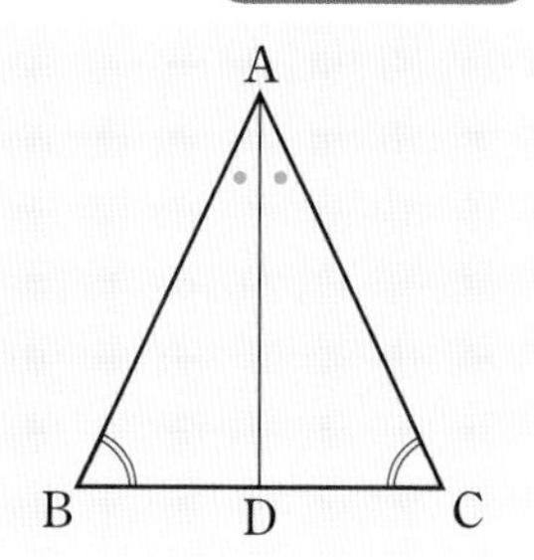

考え方 補助線をひき，合同な三角形をつくって考えます。
仮定…∠B＝∠C
結論…AB＝AC

証明 ∠A の二等分線と辺 BC の交点を D とする。
△ABD と △ACD において
仮定から　∠B＝∠C ……㋐
AD は ∠A の二等分線であるから
∠BAD＝∠① ……㋑
㋐，㋑と三角形の内角の和が 180° であることから
∠ADB＝∠② ……㋒
共通な辺であるから　AD＝AD ……㋓
㋑，㋒，㋓より，③ がそれぞれ等しいから
△ABD≡△ACD
合同な図形では対応する辺の長さは等しいから　AB＝AC

プラスワン 二等辺三角形になるための条件
2つの角が等しい三角形は，二等辺三角形です。

●正三角形

教科書 p.145

□ **例題 2** △ABC において，AB＝BC＝CA ならば ∠A＝∠B＝∠C であることを証明しなさい。 ▸▸3

考え方 二等辺三角形の性質を利用します。

証明 △ABC は AB＝AC の二等辺三角形であるから
∠B＝∠① ……㋐
△ABC は BA＝BC の二等辺三角形であるから
∠A＝∠② ……㋑
㋐，㋑より　∠A＝∠B＝∠C

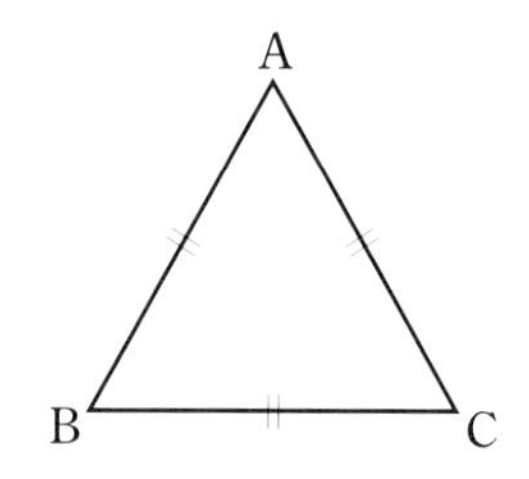

1 **【二等辺三角形になるための条件】** AB＝AC である二等辺三角形 ABC の 2 つの底角の二等分線の交点を点 P とします。このとき，△PBC が二等辺三角形であることを証明しなさい。

教科書 p.144 例 3

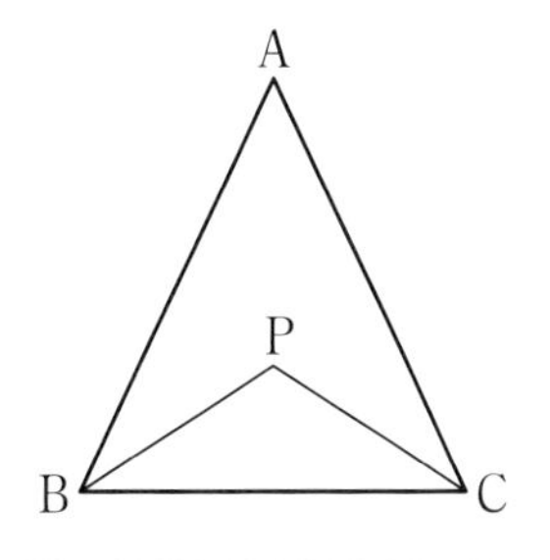

●キーポイント
∠PBC＝∠PCB であることを証明します。

2 **【二等辺三角形になるための条件】** 右の図において，AC と DB の交点を P とします。AB＝DC，AC＝DB ならば △PBC は二等辺三角形であることを証明しなさい。

教科書 p.144 例 3

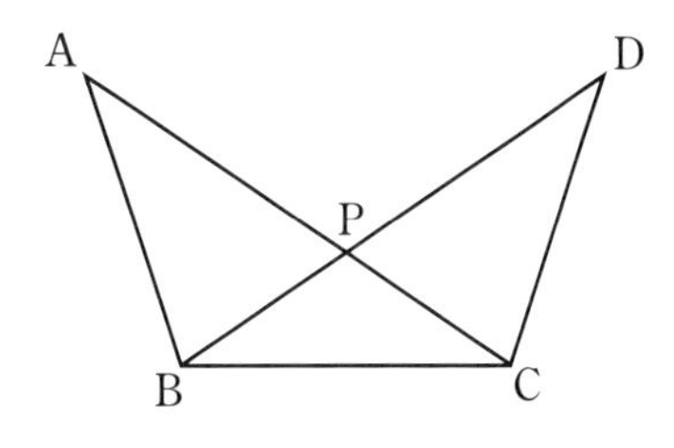

3 **【正三角形の性質の証明】** △ABC で，∠A＝∠B＝∠C ならば △ABC は正三角形であることを証明しなさい。

教科書 p.145 問 1

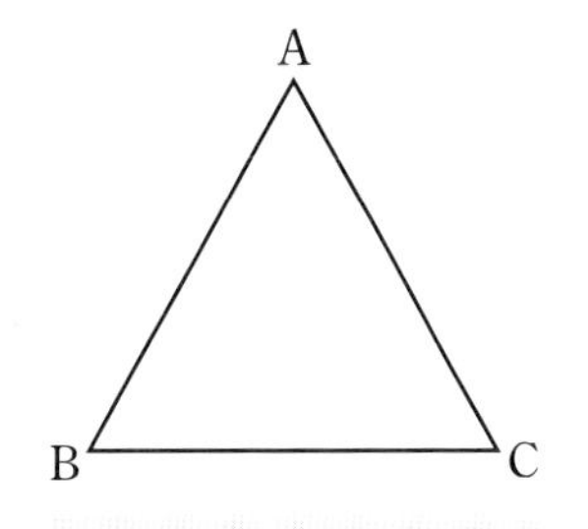

●キーポイント
二等辺三角形になるための条件を使って，3 つの辺が等しいことを示します。

例題の答え **1** ①CAD　②ADC　③1 組の辺とその両端（りょうたん）の角　**2** ①C　②C

1 三角形
3 直角三角形／4 ことがらの逆と反例

●直角三角形の合同条件

教科書 p.146～149

□ 例題1 下の図で，合同な三角形を見つけ，記号≡を使って表しなさい。また，その根拠(こんきょ)となる合同条件を答えなさい。 ▶▶1～3

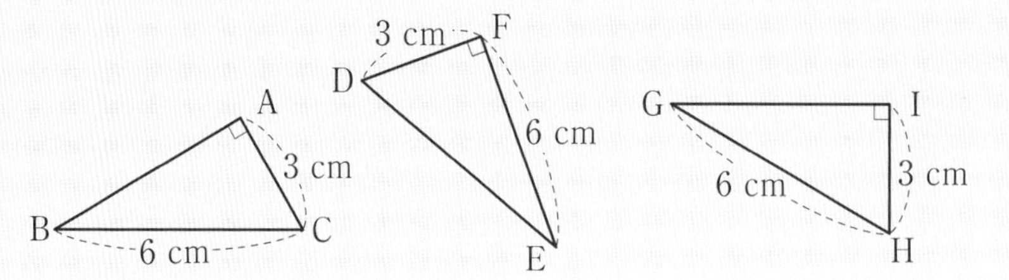

考え方　直角三角形で，等しい辺や角はどれかを考えます。

答え　△ABC≡△ ①[　　　]

合同条件…直角三角形の斜辺(しゃへん)と ②[　　　] が

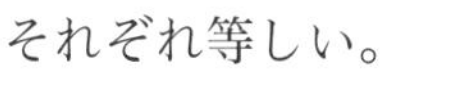

それぞれ等しい。

プラスワン　直角三角形の合同条件

1. 斜辺と1つの鋭角(えいかく)がそれぞれ等しい。
2. 斜辺と他の1辺がそれぞれ等しい。

●逆

教科書 p.150～151

□ 例題2 次のことがらの逆(ぎゃく)を答えなさい。また，それが正しいかどうか答えなさい。 ▶▶4

(1)　$x=2$，$y=3$　ならば　$x+y=5$

(2)　$a>0$，$b>0$　ならば　$ab>0$

考え方　逆をつくるには，仮定と結論を入れかえます。
「●●●ならば▲▲▲」の逆は「▲▲▲ならば●●●」

答え　(1)　(逆)　①[　　　]　ならば　②[　　　]

このことがらは ③[　　　]。

反例(はんれい)…$x=8$，$y=-3$ のとき $x+y=5$

(2)　(逆)　④[　　　]　ならば　⑤[　　　]

このことがらは ⑥[　　　]。

反例…$a=-1$，$b=-2$ のとき $ab>0$ であるが $a<0$，$b<0$

プラスワン　逆，反例

あることがらの仮定と結論を入れかえたものを，もとのことがらの逆といいます。
あることがらについて，仮定は成り立つが結論は成り立たない例を反例といいます。

絶対理解 **1** **【直角三角形の合同条件】** 次の図において，合同な三角形を見つけ出し，記号≡を使って表しなさい。また，そのとき使った合同条件を答えなさい。 

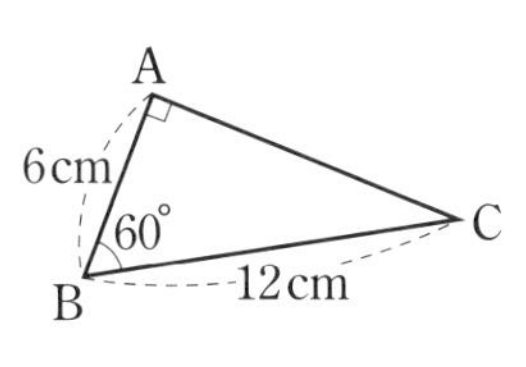

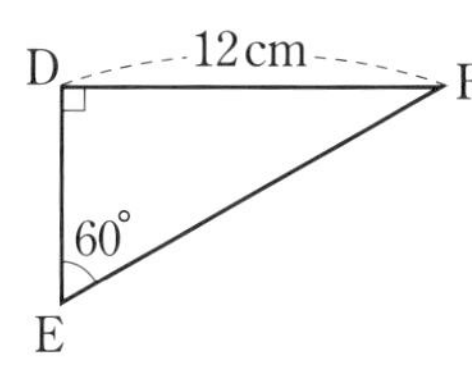

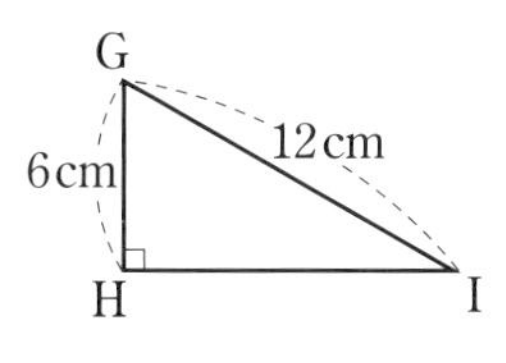

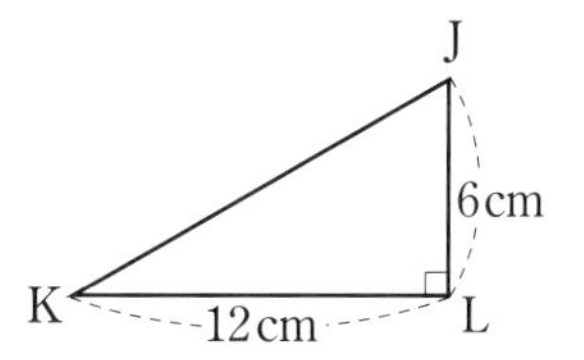

2 **【直角三角形の合同条件の利用】** AB＝AC である △ABC の点 B，C から辺 AC，AB に垂線をひき，その交点をそれぞれ D，E とします。線分 BD と CE の交点を P とするとき，△PBC は二等辺三角形であることを証明しなさい。 **教科書 p.149 例1**

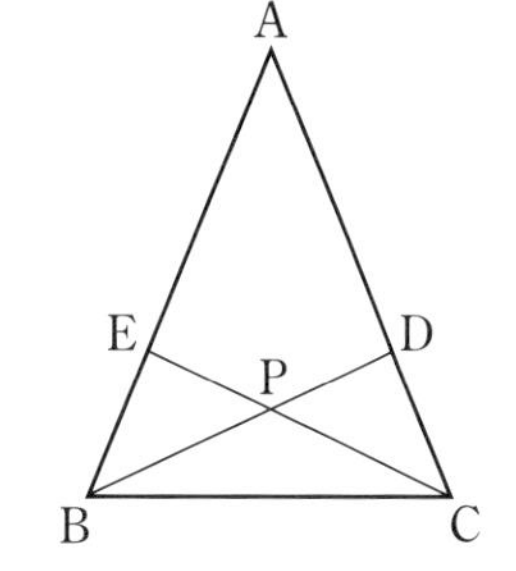

3 **【直角三角形の合同条件の利用】** 右の図のように，∠C＝90° の直角三角形 ABC において，∠A の二等分線と辺 BC との交点を D とし，D から辺 AB に垂線 DE をひきます。このとき，DC＝DE であることを証明しなさい。 **教科書 p.149 例1**

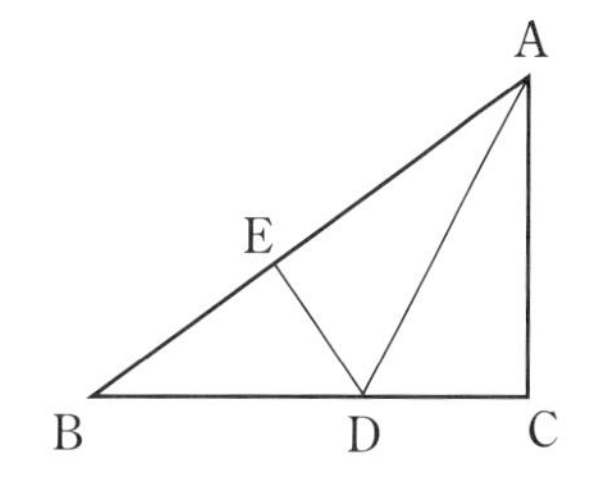

5章

教科書146～151ページ

4 **【逆】** 次のことがらの逆を答えなさい。また，それが正しいかどうか答えなさい。

教科書 p.150 問1，p.151 問2

□(1) △ABC と △DEF において，△ABC≡△DEF ならば ∠ABC＝∠DEF である。

□(2) 錯角が等しいならば，その 2 本の直線は平行である。

●キーポイント
反例があるときはそのことがらは正しくありません。

例題の答え **1** ①IGH ②他の 1 辺
2 ①$x+y=5$ ②$x=2$，$y=3$ ③正しくない ④$ab>0$ ⑤$a>0$，$b>0$ ⑥正しくない

1 三角形 1～3

1 次の図において，$\angle x$ の大きさを求めなさい。

□(1) PQ//RS，AB＝AC　□(2) 四角形ABCDは長方形 △EBFは正三角形　□(3) 四角形ABCDは正方形 △BCEは正三角形

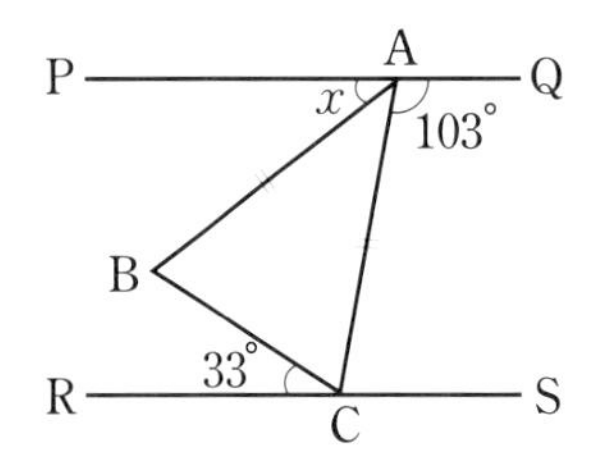

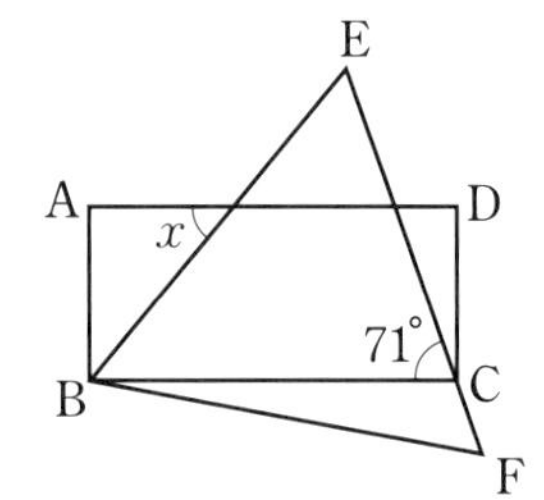

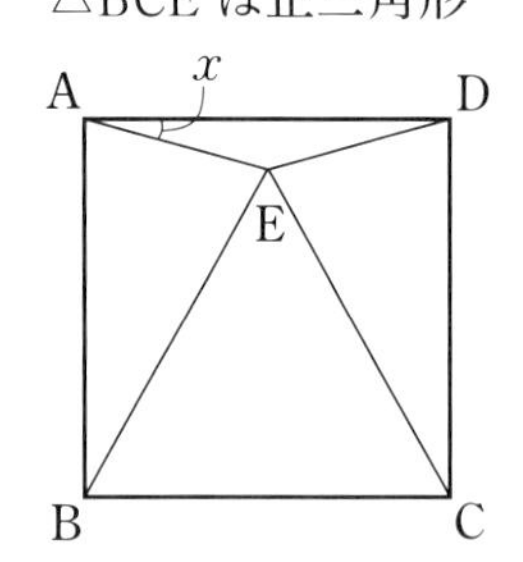

2 右の図の△ABCにおいて，AB＝AC，AD＝BD，$\angle$ABD＝$\angle$DBC
□ です。このとき，$\angle$Aの大きさを求めなさい。

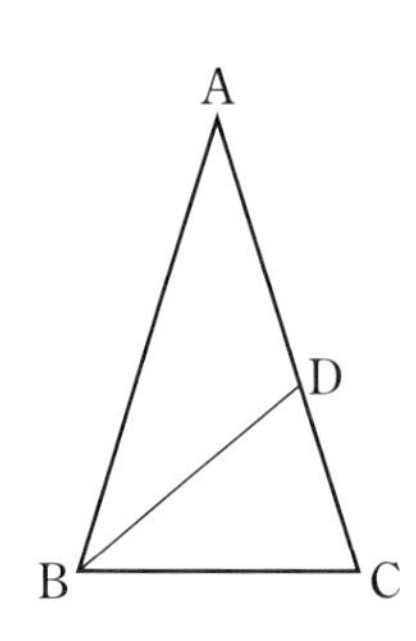

3 右の図のようなAB＝ACである二等辺三角形ABCにおい
□ て，頂角$\angle$Aの外角の二等分線をAEとします。このとき，
AEは底辺BCに平行であることを証明しなさい。

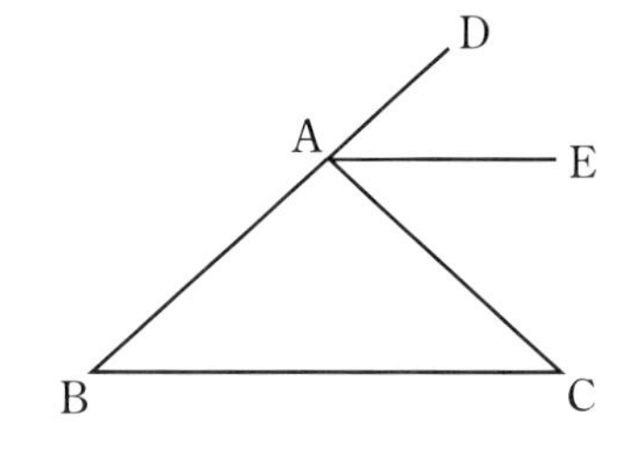

4 右の図の△ABCにおいて，$\angle$Bの二等分線と$\angle$Cの二等
□ 分線の交点をPとし，点Pを通り線分BCに平行な直線が，
辺AB，ACと交わる点をそれぞれD，Eとします。このと
き，DE＝BD＋CEであることを証明しなさい。

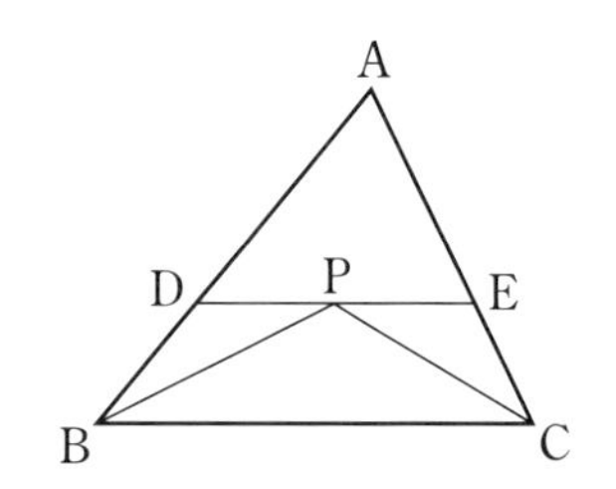

ヒント 2 $\angle$A＝$\angle x$とする。AD＝BDであるから，$\angle$DAB＝$\angle$DBAとなることに着目する。
3 平行であることを証明するには，同位角または錯角が等しいことをいえばよい。

定期テスト
予報

●二等辺三角形の性質，直角三角形の合同条件を，しっかり理解しておこう。
二等辺三角形の性質が証明で使われることが多いよ。図のなかの二等辺三角形をさがしてみよう。また，難しい証明問題では，何がいえれば結論が証明できるのかをよく考えよう。

5 右の図の △ABC は正三角形です。AD＝BE＝CF となる点 D，E，F を辺 AB，BC，CA 上にとります。このとき，△DEF が正三角形であることを証明しなさい。

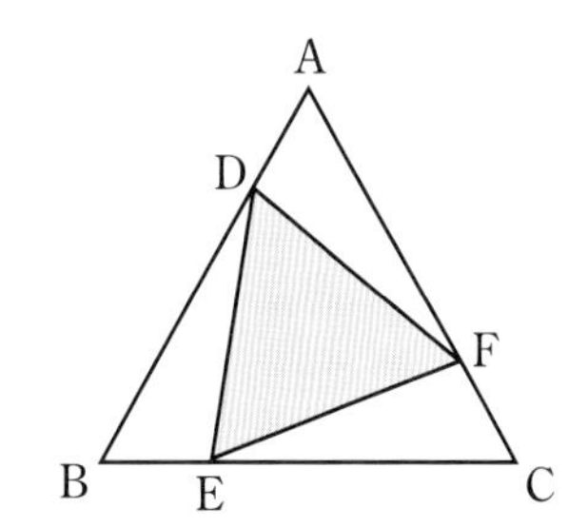

6 右の図のように，直角二等辺三角形 ABC の斜辺を BC とし，∠B の二等分線が AC と交わる点を D とします。D から BC に垂線をひき，その交点を H とします。このとき，BC＝AB＋AD であることを証明しなさい。

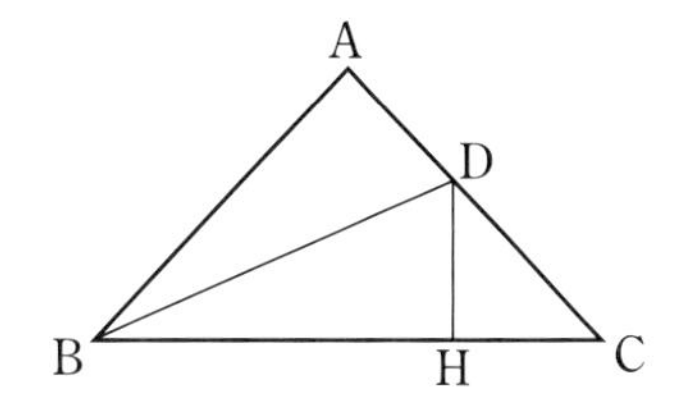

7 右の図の ∠A＝90° の直角三角形 ABC において，頂点 A から BC に垂線をひき，その交点を D とします。また，∠B の二等分線と AD，AC との交点をそれぞれ E，F とします。このとき，AE＝AF であることを証明しなさい。

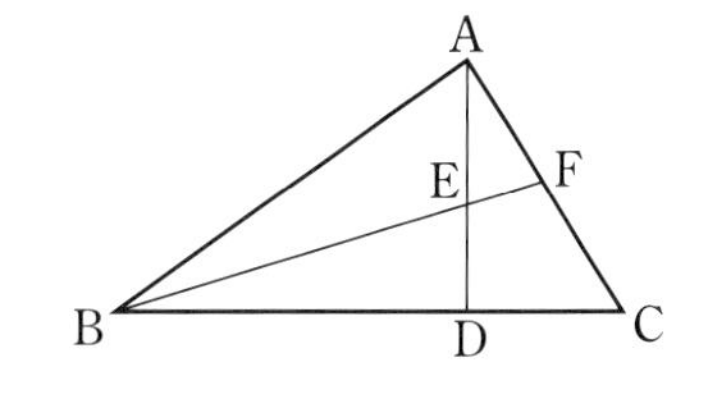

8 右の図の四角形 ABCD において，∠BCD＝90°，BC＝CD です。A と C を結び，頂点 B，D からそれぞれ垂線をひき，AC との交点をそれぞれ E，F とします。このとき，BE＝CF であることを証明しなさい。

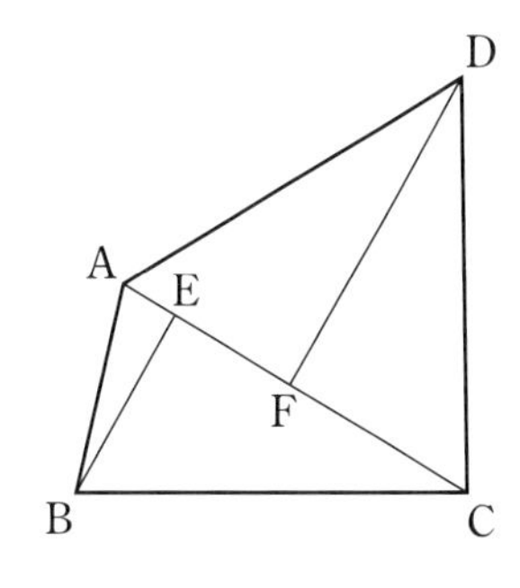

6 △HCD も直角二等辺三角形であることに着目する。
7 合同な三角形が見つからないときは，二等辺三角形になるための条件を考える。

解答▶▶ p.28

2 四角形
1 平行四辺形―(1)

●平行四辺形の性質

教科書 p.153~155

例題1 ▱ABCD に対角線 AC，BD をひき，その交点を O とするとき，次の(1)~(3)のものを求めなさい。 ▶▶1

(1) x の値(あたい)　　(2) y の値

(3) $\angle d$ の大きさ

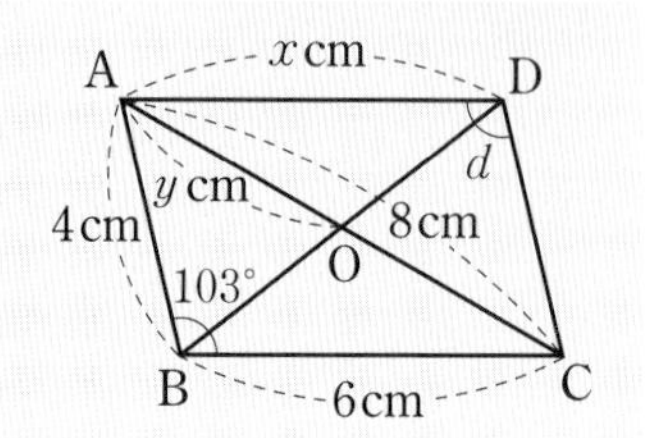

考え方 平行四辺形の性質を使って求めます。

答え (1) AD＝BC だから，　$x=$ ① cm

(2) OA＝OC だから，　$y=$ ② cm

(3) ∠ABC＝∠ADC だから，$\angle d=$ ③ °

プラスワン 平行四辺形の定義と性質

1 2組の対辺はそれぞれ平行である。(定義)
2 2組の対辺はそれぞれ等しい。
3 2組の対角はそれぞれ等しい。
4 2組の対角線はそれぞれの中点で交わる。

●平行四辺形の性質の利用

教科書 p.156

例題2 ▱ABCD の対角線 BD 上に，DE＝BF となる点 E，F をそれぞれとります。このとき，AE＝CF となることを証明しなさい。 ▶▶2 3

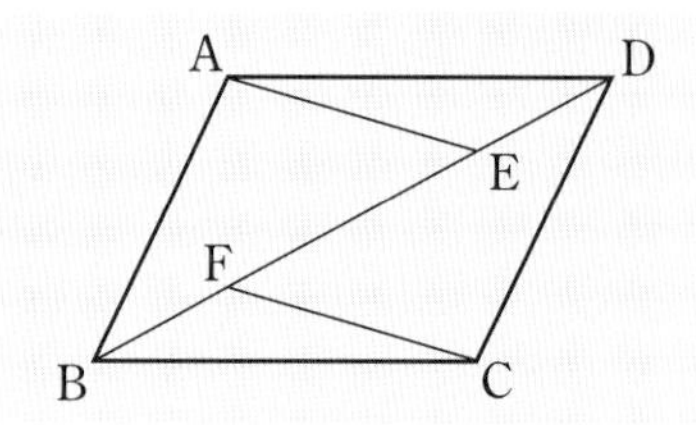

考え方 辺 AE，CF をもつ合同な三角形に着目します。

証明 △AED と △CFB において

仮定から　DE＝BF　……㋐

平行四辺形の対辺は等しいから　AD＝①　……㋑

AD∥BC より，錯角は等しいから　∠ADE＝∠②　……㋒

㋐，㋑，㋒より，2組の辺とその間の角がそれぞれ等しいから

△AED≡△CFB

合同な図形では対応する辺の長さは等しいから

AE＝CF

絶対理解 **1** 【平行四辺形の性質】次の図の▱ABCDにおいて，次のものを求めなさい。

教科書 p.155 問3

□(1) x，y の値

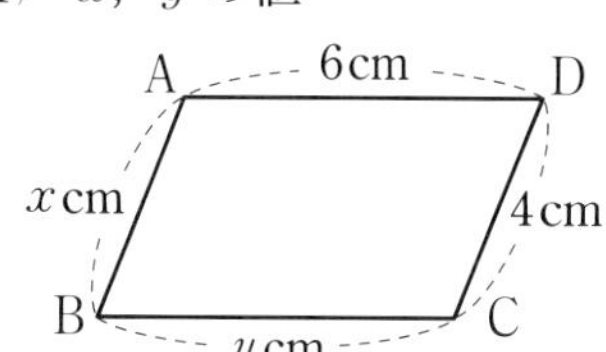

□(2) $\angle b$，$\angle c$ の大きさ

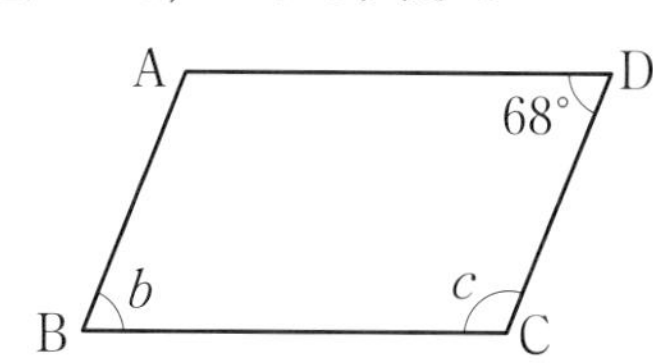

●キーポイント
平行四辺形の性質から等しい辺や等しい角の組を考えます。

□(3) x，y の値

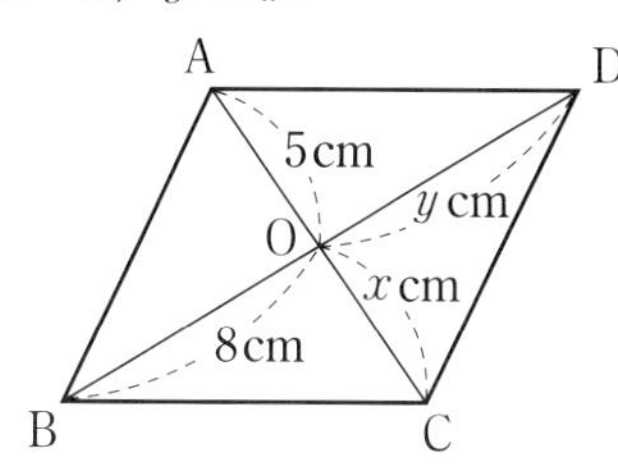

よく出る **2** 【平行四辺形の性質の利用】▱ABCDの辺BC，AD上に，
□ AF＝CEとなる点E，Fをそれぞれとります。
このとき，△ABE≡△CDFであることを証明しなさい。

教科書 p.156 例2

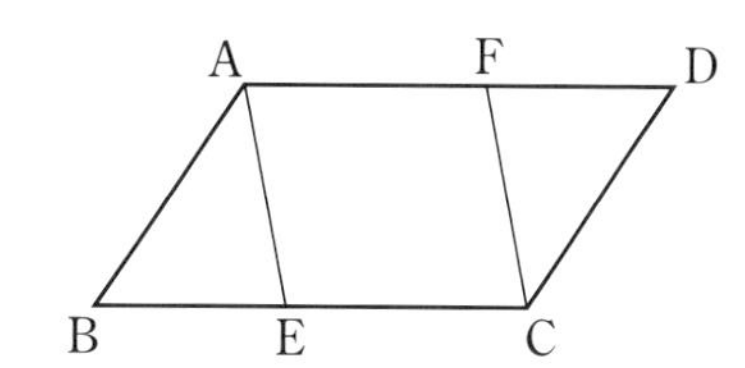

3 【平行四辺形の性質の利用】右の図のように，▱ABCDの対角線
□ の交点Oを通る直線が辺AD，BCと交わる点をそれぞれE，Fとします。このとき，OE＝OFであることを証明しなさい。

教科書 p.156 問4

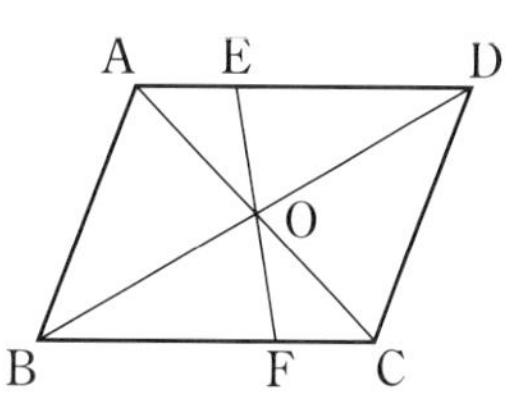

例題の答え **1** ①6 ②4 ③103 **2** ①CB ②CBF

解答▶▶ p.29

2 四角形
1 平行四辺形―(2)

●平行四辺形になるための条件

教科書 p.157〜160

□ **例題 1** **四角形 ABCD において，AD＝BC，AD∥BC ならば四角形 ABCD は平行四辺形であることを証明しなさい。**

▶▶1

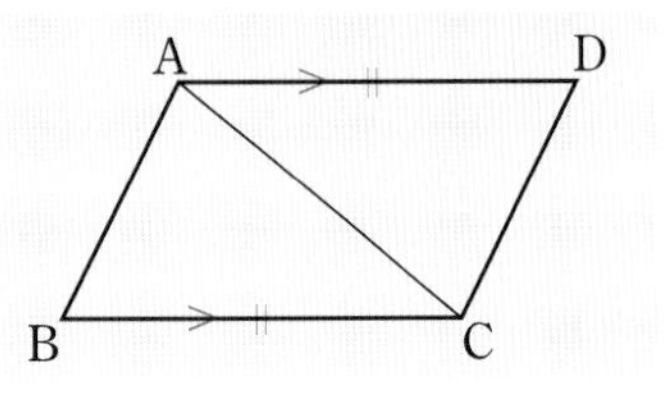

考え方　四角形は，次のどれかが成り立つとき平行四辺形になります。
[定義]　2 組の対辺がそれぞれ平行である。
[1]　2 組の対辺がそれぞれ等しい。　[2]　2 組の対角がそれぞれ等しい。
[3]　対角線がそれぞれの中点で交わる。　[4]　1 組の対辺が平行でその長さが等しい。
対角線 AC をひき，△ABC と △CDA が合同であることから平行四辺形の定義を導きます。

証明　△ABC と △CDA において
仮定から　BC＝DA　……㋐
AD∥BC より，錯角は等しいから
∠ACB＝∠①　　　……㋑
共通な辺であるから　AC＝CA　……㋒
㋐，㋑，㋒より，②　　　がそれぞれ等しいから
△ABC≡△CDA
合同な図形では対応する角の大きさは等しいから　∠BAC＝∠③
錯角が等しいから　AB∥④
2 組の対辺がそれぞれ平行であるから，四角形 ABCD は平行四辺形である。

□ **例題 2** **▱ABCD の辺 AD，CB 上に AF＝EC となる点 F，E をそれぞれとります。**
このとき，四角形 AECF は平行四辺形であることを証明しなさい。

▶▶2〜4

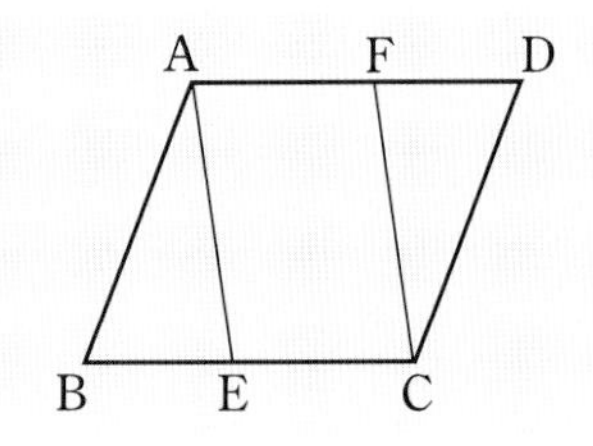

考え方　平行四辺形になるための条件[4]を導きます。

証明　仮定から　AF＝①　　……㋐
AD∥BC であるから　AF∥②　　……㋑
㋐，㋑より，③　　　から，
四角形 AECF は平行四辺形である。

絶対理解

1 【平行四辺形になるための条件】次の四角形 ABCD において，必ず平行四辺形になるものを選びなさい。 教科書 p.160 問 7

㋐ AB＝BC， AD＝CD

㋑ ∠A＝∠C， ∠B＝∠D

㋒ AD＝BC， AB // DC

2 【平行四辺形になるための条件】四角形 ABCD において，対角線の交点を O とします。OA＝OC，OB＝OD であるとき，四角形 ABCD は平行四辺形であることを証明しなさい。 教科書 p.159 例 4

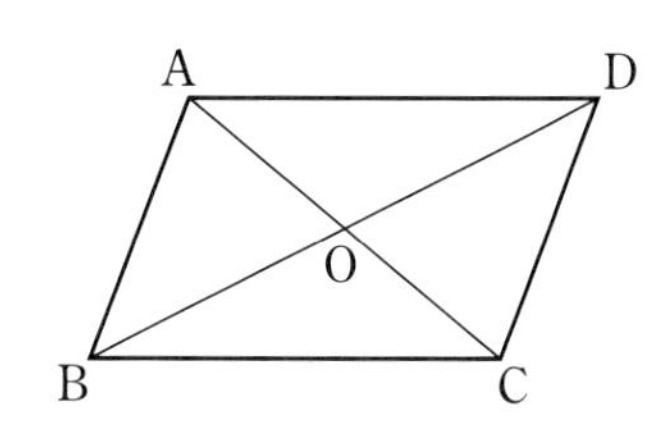

●キーポイント
同位角や錯角が等しいことを示して，２組の対辺がそれぞれ平行であることを証明します。

3 【平行四辺形になるための条件】右の図のような AD // BC の台形 ABCD があります。対角線 BD の中点を M とし，AM の延長と BC との交点を E とします。このとき，四角形 ABED は平行四辺形であることを証明しなさい。 教科書 p.160 問 8

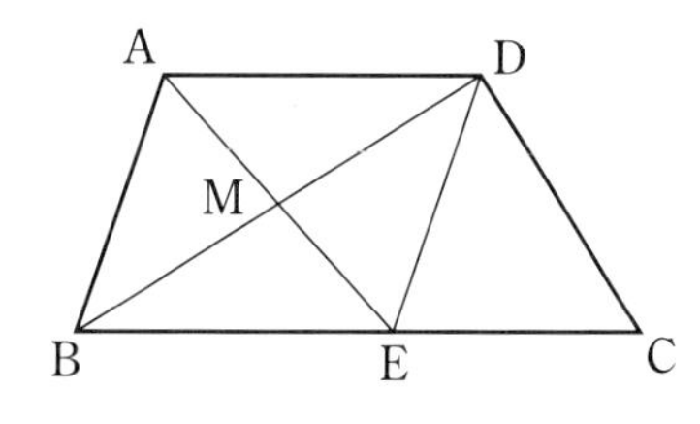

4 【平行四辺形になるための条件】▱ABCD の辺 AB，CD の中点をそれぞれ E，F とします。このとき，四角形 EBFD は平行四辺形であることを証明しなさい。 教科書 p.160 問 9

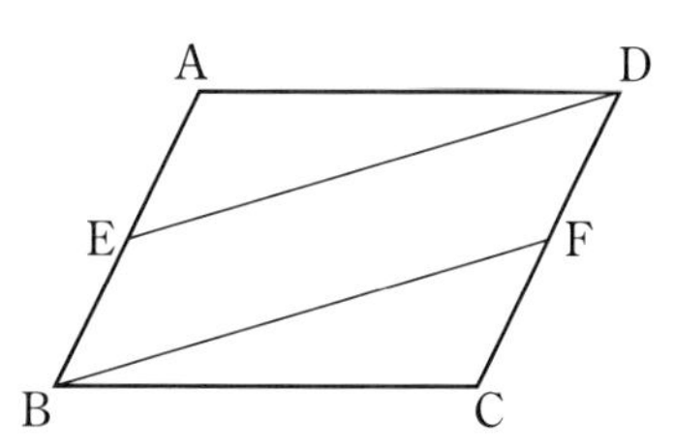

例題の答え **1** ①CAD ②２組の辺とその間の角 ③DCA ④DC
2 ①EC ②EC ③１組の対辺が平行でその長さが等しい

解答▶▶ p.30

② 四角形
2 特別な平行四辺形／3 面積が等しい三角形

●特別な平行四辺形

教科書 p.162〜164

例題 1　次の問いに答えなさい。 

(1) 長方形ABCDは平行四辺形であるといえる理由を答えなさい。

(2) ひし形ABCDは平行四辺形であるといえる理由を答えなさい。

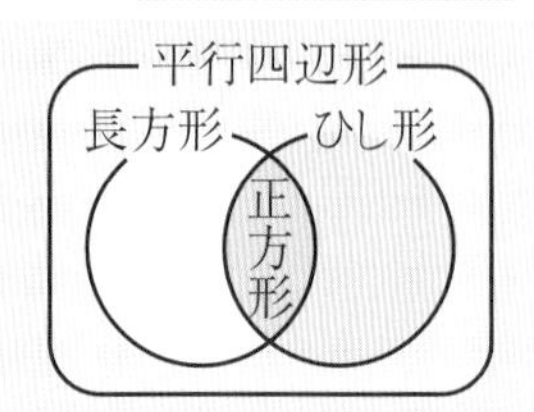

考え方　長方形…4つの角が等しい四角形
ひし形…4つの辺が等しい四角形
正方形…4つの角が等しく，4つの辺が等しい四角形
長方形，ひし形の定義から，平行四辺形の性質を導きます。

証明 (1) 長方形は4つの角が等しいから

∠A＝∠C　∠B＝∠①

2組の② がそれぞれ等しいから，長方形ABCDは平行四辺形である。

(2) ひし形は4つの辺が等しいから　AB＝DC　AD＝③

2組の④ がそれぞれ等しいから，ひし形ABCDは平行四辺形である。

●面積が等しい三角形

教科書 p.165〜166

例題 2　右の図において，四角形ABCDはAD∥BCの台形で，点Oは対角線の交点です。このとき，△ABO＝△DCOであることを証明しなさい。 ▸▸2 3

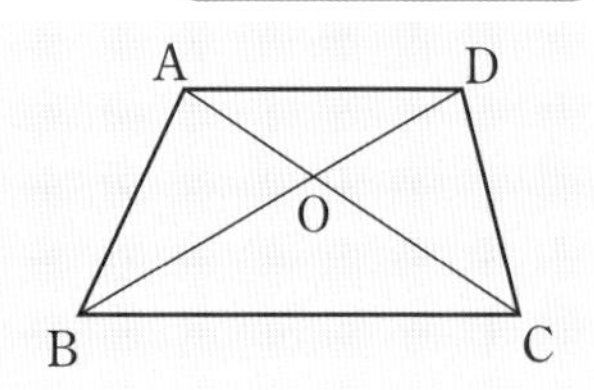

考え方　AD∥BCを利用して，面積の等しい三角形を見つけます。

証明 △ABCと△DBCは底辺BCを共有している。
また，AD∥BCより，辺BCに対する高さが等しい。
よって　△ABC＝△DBC
ここで　△ABO＝△ABC－△①
△DCO＝△DBC－△②
したがって　△ABO＝△DCO

プラスワン　三角形の面積の表し方
△ABCと△DBCの面積が等しいことを
△ABC＝△DBC
と書きます。

絶対理解

1 【特別な平行四辺形】▱ABCD が，次の条件を満たすとき，▱ABCD はどんな四角形になるかを答えなさい。

教科書 p.162 Q, p.163 TRY1

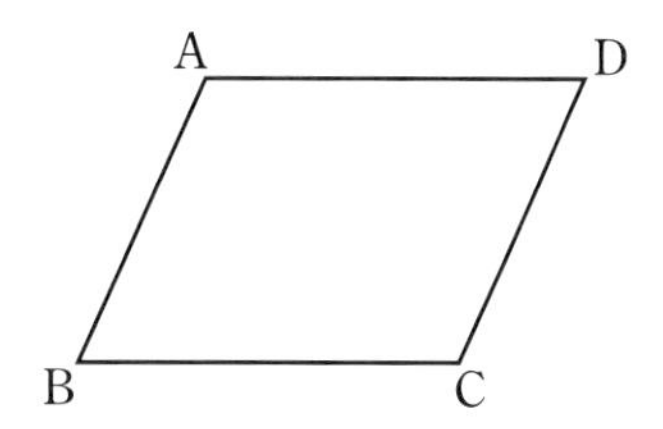

□(1)　AB＝BC

□(2)　AB＝BC，∠A＝∠B

□(3)　AC＝BD

●キーポイント
(3)　長方形の対角線の長さは等しくなります。

よく出る

2 【面積が等しい三角形】右の図において，AD∥BC です。AC と BD の交点を O とするとき，次の問いに答えなさい。

教科書 p.165 TRY1

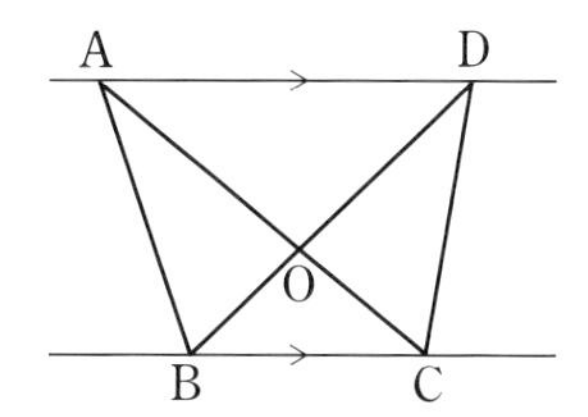

□(1)　△ABC と面積が等しい三角形を答えなさい。

□(2)　△ABD と面積が等しい三角形を答えなさい。

□(3)　△OAB＝△ODC であることを証明しなさい。

3 【面積が等しい図形に変形する】下の図のように，長方形の土地が折れ線 ABC によって

□　2 つの土地㋐，㋑に分けられています。それぞれの土地の面積を変えないで，点 A を通る 1 本の直線 AD で分けなおしたいと思います。直線 m 上に点 D を，△ABC＝△ADC となるようにとり，線分 AD をかき入れなさい。

教科書 p.166 問 3

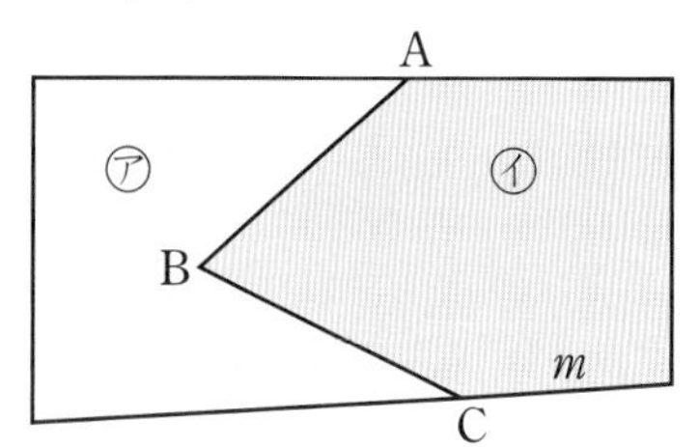

●キーポイント
点 B を通り，AC に平行な直線をひきます。

例題の答え　**1** ①D　②対角　③BC　④対辺　**2** ①OBC　②OBC

5 章

教科書 162〜166 ページ

解答▶▶ p.30

2　四角形　1～3

よく出る

1　右の図の▱ABCD において，CE は ∠BCD の二等分線で，AB∥EF，AD∥GH です。∠B＝72°，AB＝6 cm，AG＝2 cm，BC＝9 cm のとき，次の問いに答えなさい。

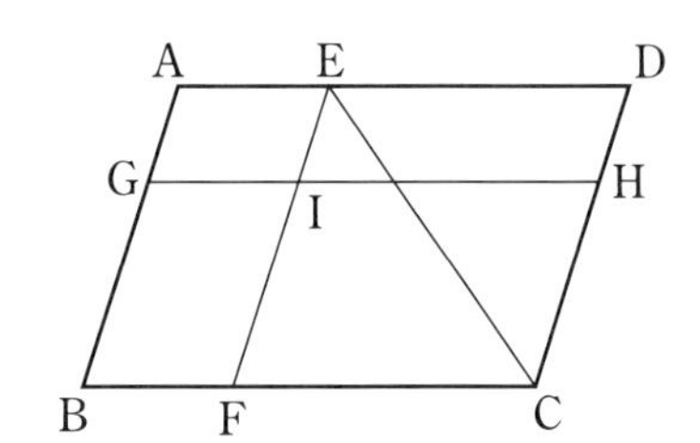

□(1)　FI の長さを求めなさい。

□(2)　∠CHG の大きさを求めなさい。

□(3)　∠AEC の大きさを求めなさい。

□(4)　AE の長さを求めなさい。

2　右の図の▱ABCD において，∠B の二等分線と AD，CD の延長との交点をそれぞれ E，F とします。AB＝5 cm，BC＝8 cm のとき，DF の長さを求めなさい。

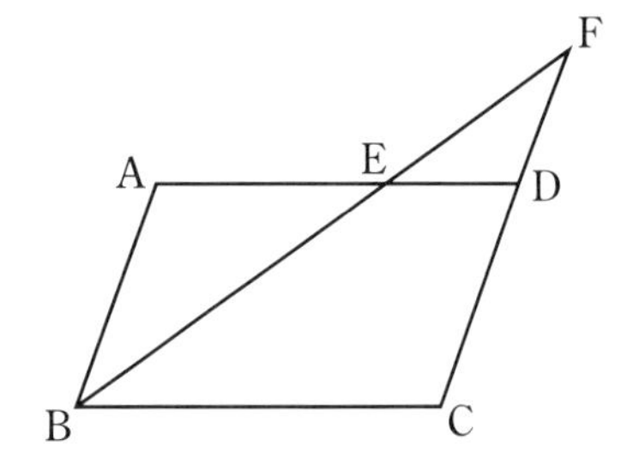

3　右の図の▱ABCD において，∠ADH＝∠CDH，AE⊥DH です。∠ABE＝68° のとき，∠AEB の大きさを求めなさい。

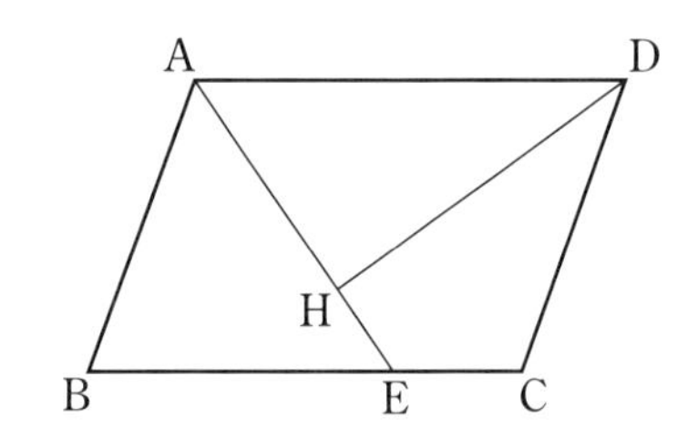

ヒント　**1** (4)△DEC が二等辺三角形になることに着目する。
2 △BCF(または，△ABE と △DFE)が二等辺三角形になることに着目する。

●平行四辺形の性質，平行四辺形になるための条件を，しっかりと理解しておこう。
平行四辺形にはいくつかの性質がある。問題に利用できそうなものは図にかきこむようにしよう。
また，証明のしかたがいろいろ考えられる場合には，もっとも簡単な方法で証明するといいよ。

4 右の図において，▱ABCD の辺 AB，BC，CD，DA の中点をそれぞれ E，F，G，H とします。また，AF と CE の交点を I，AG と CH の交点を J とします。
このとき，四角形 AICJ は平行四辺形であることを証明しなさい。

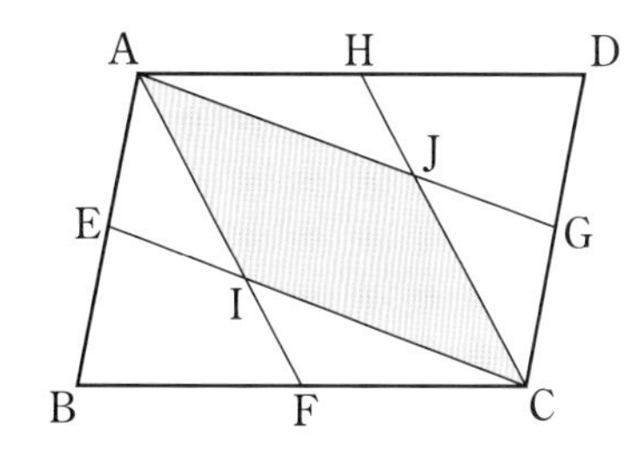

5 右の図において，▱ABCD の対角線 BD 上に BP＝DQ となるように点 P，Q をとります。
このとき，四角形 APCQ は平行四辺形であることを証明しなさい。

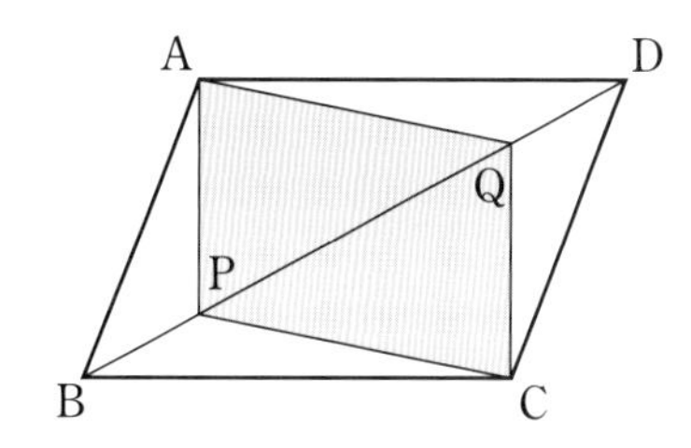

6 右の図において，AB＝AC の二等辺三角形 ABC の辺 BC 上に点 P をとり，点 P を通って AB，AC に平行な直線をひき，AC，AB との交点をそれぞれ R，Q とします。
このとき，PQ＋PR が一定であることを証明しなさい。

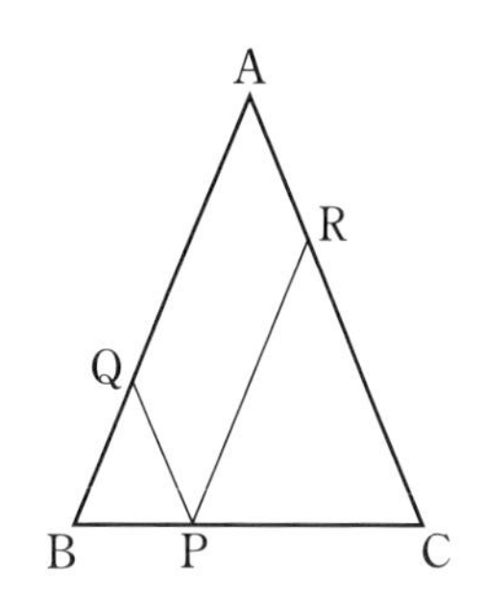

7 右の図の四角形 ABCD において，直線 BC 上に点 P をとります。直線 AP がこの四角形 ABCD の面積を 2 等分するようにするには，点 P をどこにとればよいか，図にかきなさい。

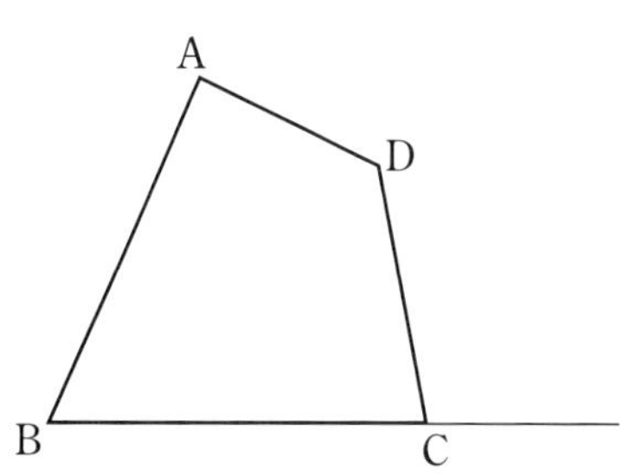

6 四角形 AQPR が平行四辺形であることを証明して，PQ＝AR をいう。
7 まず，四角形 ABCD＝△ABE となるような直線 BC 上の点 E をとる。

解答▶▶ p.31

5章　三角形と四角形

時間30分　／100点　合格70点

1 右の図において，△ABC は AB＝AC である二等辺三角形で，∠ABC の二等分線と辺 AC との交点を D とします。このとき，次の問いに答えなさい。知

(1)　∠A＝52° のとき，∠BDC の大きさを求めなさい。

(2)　BC＝BD のとき，∠A の大きさを求めなさい。

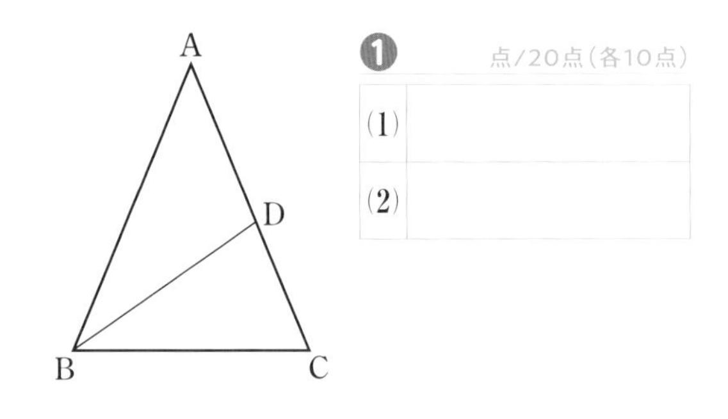

1　点/20点（各10点）

(1)	
(2)	

2 下の図において，△ABC，△ADE はともに正三角形です。このとき，BD＝CE であることを証明しなさい。考

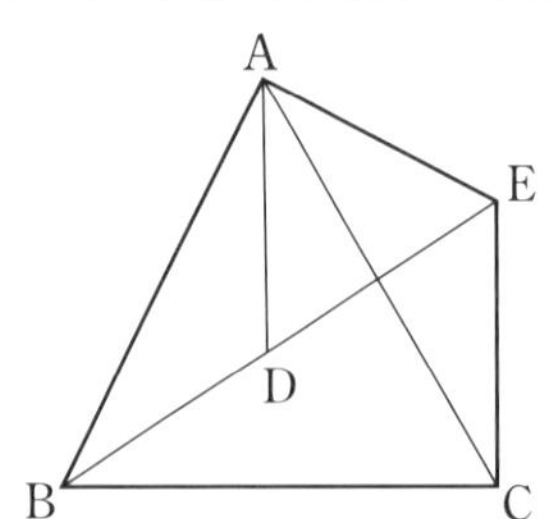

2　点/12点

3 下の図の ∠XOY において，辺 OX，OY 上に OA＝OB となる点 A，B をとります。また，点 A，B から辺 OY，OX に垂線をひき，その交点をそれぞれ C，D とします。このとき，AC＝BD であることを証明しなさい。考

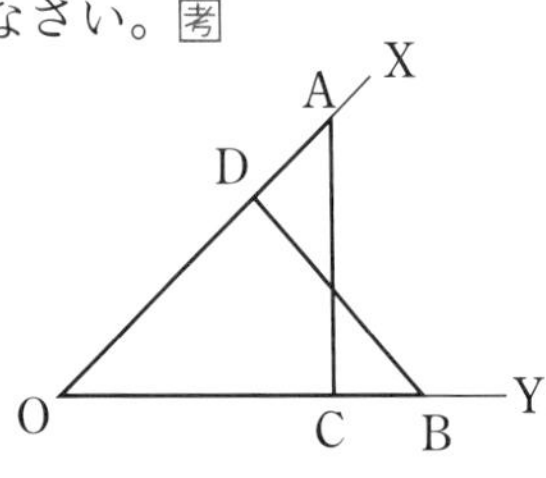

3　点/12点

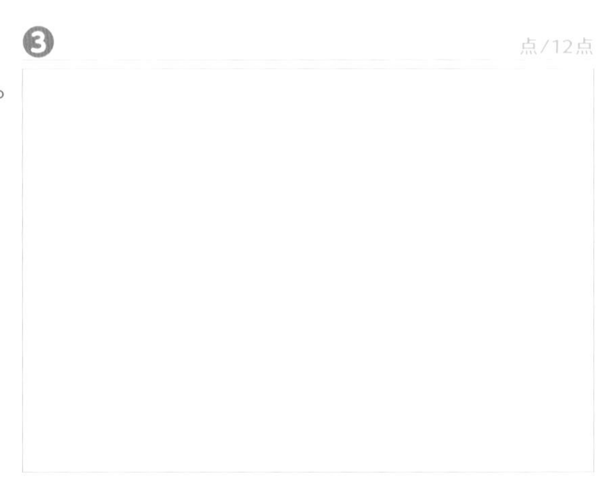

4 右の図において，四角形 ABCD は平行四辺形です。∠ABC の二等分線と辺 AD との交点を E とし，C と E を結びます。CE＝CD のとき，∠x，∠y の大きさを求めなさい。知

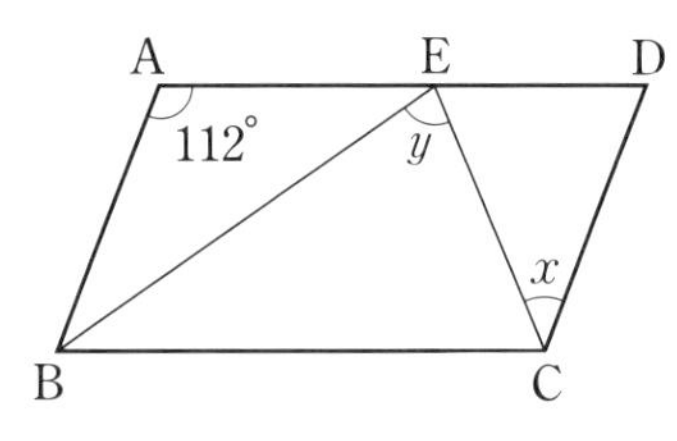

4　点/20点（各10点）

∠x の大きさ
∠y の大きさ

成績評価の観点　知…数量や図形などについての知識・技能　考…数学的な思考・判断・表現

5 △ABC の辺 AB，BC の中点をそれぞれ L，M，線分 BM の中点を N とします。
NL の延長上に LD＝NL となるような点 D をとり，D と A を結びます。このとき，四角形 ADNM は平行四辺形であることを証明しなさい。考

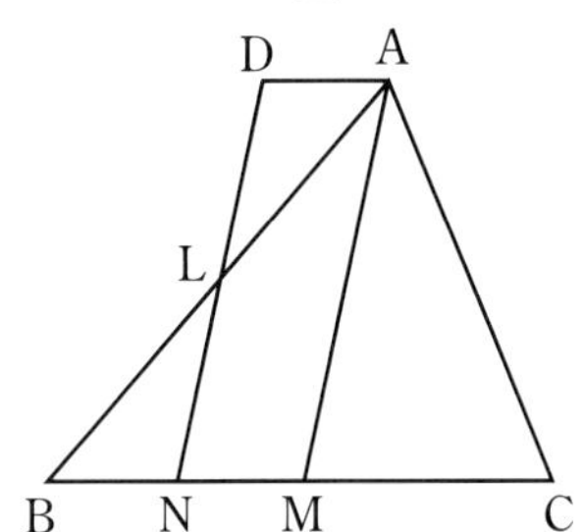

5 点/12点

6 下の図の直角三角形 ABC において，∠C の二等分線と辺 AB の交点を D とします。
また，D から AC，BC に垂線をひき，AC，BC との交点をそれぞれ E，F とします。このとき，四角形 CEDF は正方形であることを証明しなさい。考

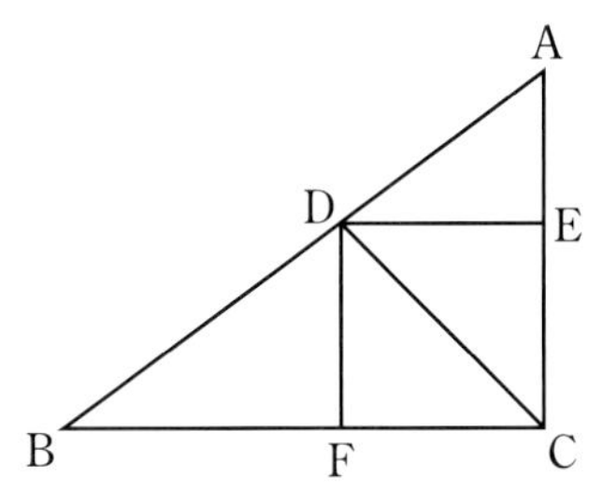

6 点/12点

7 下の図のように，▱ABCD の対角線 AC に平行な直線 EF をひきます。このとき，△ADE＝△CDF であることを証明しなさい。考

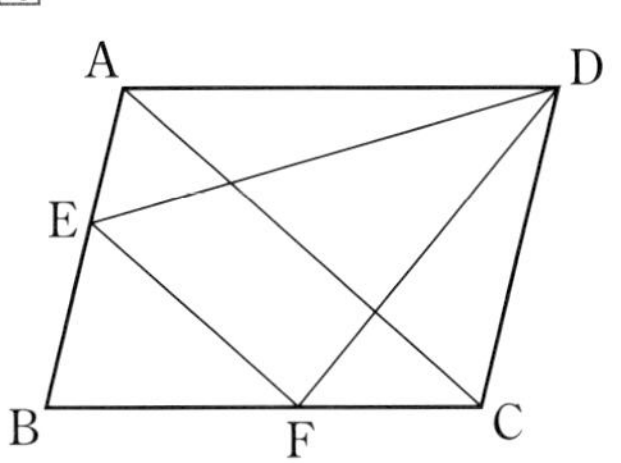

7 点/12点

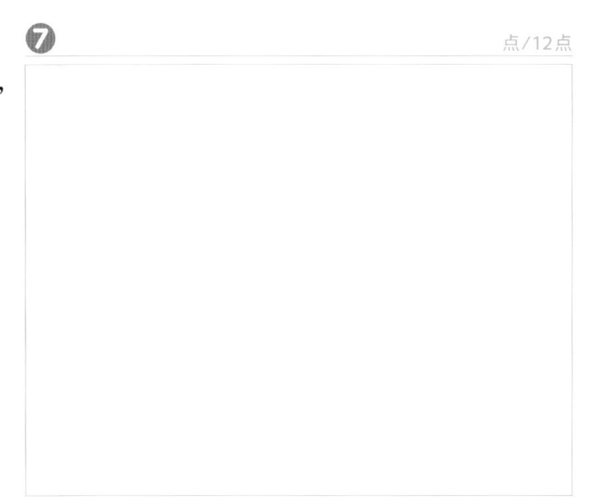

教科書のまとめ〈5章　三角形と四角形〉

●二等辺三角形の定義

2辺が等しい三角形を**二等辺三角形**という。

●二等辺三角形の性質

1　2つの底角は等しい。

2　頂角の二等分線は，底辺を垂直に2等分する。

●二等辺三角形になるための条件

2つの角が等しい三角形は，二等辺三角形である。

●正三角形の定義

3辺が等しい三角形を**正三角形**という。

●直角三角形の合同条件

2つの直角三角形は，次のどちらかが成り立つとき合同である。

1　斜辺と1つの鋭角がそれぞれ等しい。

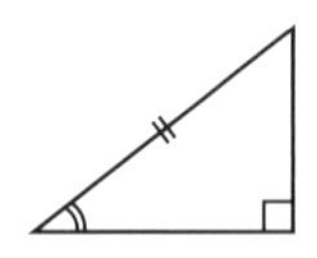
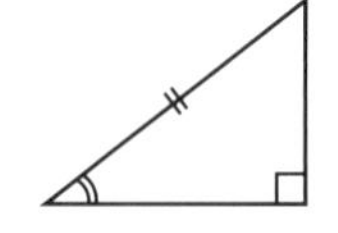

2　斜辺と他の1辺がそれぞれ等しい。

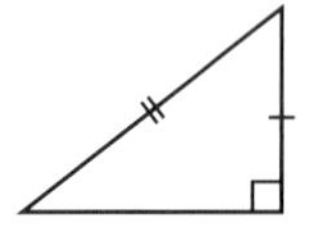
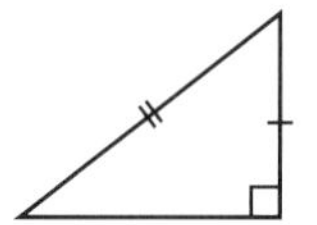

●ことがらの逆と反例

・あることがらの仮定と結論を入れかえたものを，もとのことがらの**逆**という。

・あることがらについて，仮定は成り立つが結論が成り立たないという例を**反例**という。

(例)「$x=1$ ならば $x^2=1$ である。」ということがらの逆は，
「$x^2=1$ ならば $x=1$ である。」

●平行四辺形の定義

2組の対辺がそれぞれ平行な四角形を**平行四辺形**という。

●平行四辺形の性質

1　2組の対辺はそれぞれ等しい。

2　2組の対角はそれぞれ等しい。

3　対角線はそれぞれの中点で交わる。

●平行四辺形になるための条件

1　2組の対辺がそれぞれ等しい。

2　2組の対角がそれぞれ等しい。

3　対角線がそれぞれの中点で交わる。

4　1組の対辺が平行でその長さが等しい。

●特別な平行四辺形

1　4つの角が等しい四角形を**長方形**という。

2　4つの辺が等しい四角形を**ひし形**という。

3　4つの辺が等しく，4つの角が等しい四角形を**正方形**という。

●特別な平行四辺形の対角線の性質

1　長方形の対角線の長さは等しい。

2　ひし形の対角線は垂直に交わる。

3　正方形の対角線は垂直に交わり長さが等しい。

●底辺が等しい三角形の面積

辺BCを共有する△ABCと△DBCにおいてAD∥BCならば△ABC＝△DBC

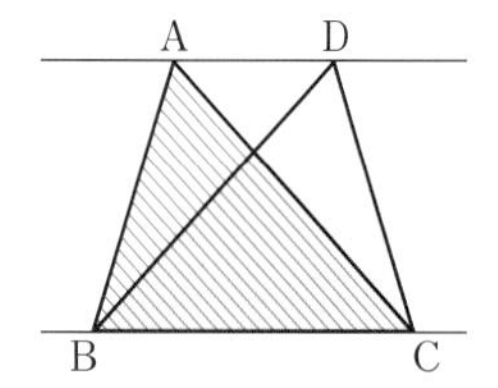

6章　データの活用
7章　確率

次の学習に入る前に取り組もう。

□**最小値，最大値，範囲**　◀ 中学1年

データの値の中で，もっとも小さい値を最小値，
もっとも大きい値を最大値といいます。

範囲(はんい)＝最大値－最小値

□**中央値**　◀ 小学6年

データの値を大きさの順に並べたとき，その中央の値を中央値といいます。
データの個数が偶数(ぐうすう)の場合は，中央に並ぶ2つの値の平均をとって中央値とします。

□**場合の数**　◀ 小学6年

図や表を使って，場合を順序よく整理して，落ちや重なりのないように調べます。

1 ある生徒の1日の読書の時間を10日間調べたところ，下のような結果になりました。　◀ 中学1年〈データの活用〉

1日の読書の時間(分)
30，30，20，45，30，90，60，30，60，40

(1) 最小値を求めなさい。

(2) 最大値を求めなさい。

(3) 範囲を求めなさい。

(4) 中央値を求めなさい。

ヒント
データの個数が偶数だから……

2 ぶどう，もも，りんご，みかんが1つずつあります。
この中から2つを選ぶとき，その選び方は何通りありますか。　◀ 小学6年〈場合の数〉

ヒント
図や表に整理して，すべての場合を書き出してみると……

解答▶▶ p.33

●四分位数と四分位範囲

教科書 p.172～176

例題 1

右の表は，あるクラスの男子 10 人の握力(あくりょく)を調べたものです。 ▶▶1

(1) 四分位数(しぶんいすう)を求めなさい。

(2) 四分位範囲(しぶんいはんい)を求めなさい。

握力

30	22	26	34	32
36	35	33	28	29

単位(kg)

考え方 (1) データを値(あたい)の小さい順に並べかえて，データ全体を 4 等分する位置を考えます。

(2) (四分位範囲)=(第 3 四分位数)−(第 1 四分位数) です。

答え (1) データを値の小さい順に並べると，

22　26　28　29　30　32　33　34　35　36

中央値は $\dfrac{30+32}{2}$ = ① □ (kg) よって，第 2 四分位数は ① □ kg

第 1 四分位数は ② □ kg ←22，26，28，29，30 の中央値

第 3 四分位数は ③ □ kg ←32，33，34，35，36 の中央値

(2) ③ □ − ② □ = ④ □ (kg)

プラスワン 四分位数の求め方

1 値の大きさの順に並べたデータを個数が同じになるように半分に分ける。

2 1で半分にしたデータのうち，小さい方のデータの中央値を第 1 四分位数，大きい方のデータの中央値を第 3 四分位数とする。

●データが偶数個

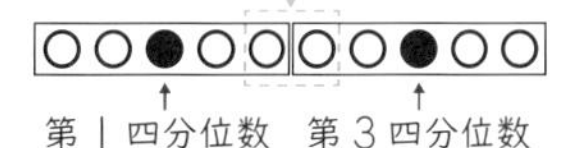

●データが奇数(きすう)個

第 2 四分位数 (中央値)

第 1 四分位数　第 3 四分位数

資料の個数が偶数(ぐうすう)個のときは，資料の中央の 2 つの値の合計を 2 でわった値を中央値とします。

●箱ひげ図

教科書 p.177～181

例題 2

例題1のデータの箱ひげ図は，右の図の㋐，㋑のどちらですか。 ▶▶2 3

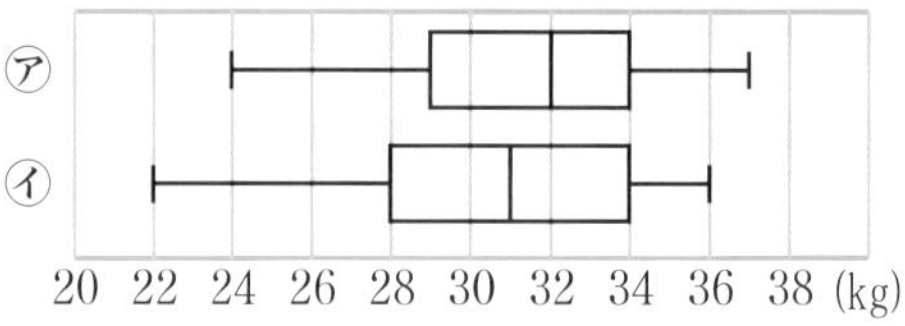

㋐

㋑

20 22 24 26 28 30 32 34 36 38 (kg)

考え方 ひげをふくめた全体の長さが範囲，箱の横の長さが四分位範囲を表しています。

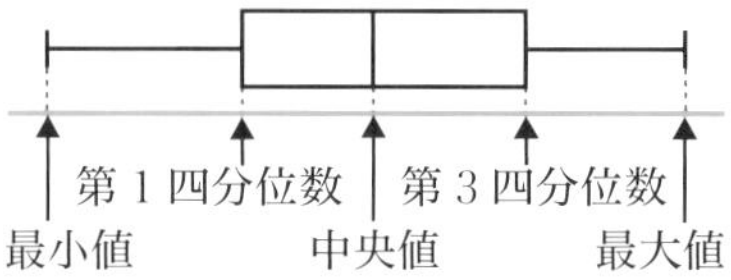

第 1 四分位数　第 3 四分位数

最小値　中央値　最大値

答え □

絶対理解 **1** **【四分位数と四分位範囲】** 次のデータは，ある学級のA班とB班の握力測定の記録を，小さい順に並べたものです。

教科書 p.175～176 問 2,3,4,5

A班　9人

23	27	31	32	36
37	41	45	48	

単位(kg)

B班　8人

25	28	30	35
35	40	44	46

単位(kg)

□(1)　A班とB班の握力測定の記録について，四分位数をそれぞれ求めなさい。

□(2)　A班，B班の握力測定の記録について，四分位範囲をそれぞれ求めなさい。

□(3)　四分位範囲をもとに，中央値のまわりの散らばりの程度が大きいのはどちらの班か答えなさい。

●キーポイント
四分位範囲が大きいほど，データの中央値のまわりの散らばりの程度が大きいといえます。

よく出る **2** **【箱ひげ図】** 上の**1**のA班，B班の握力測定の記録について，箱ひげ図をそれぞれかきなさい。

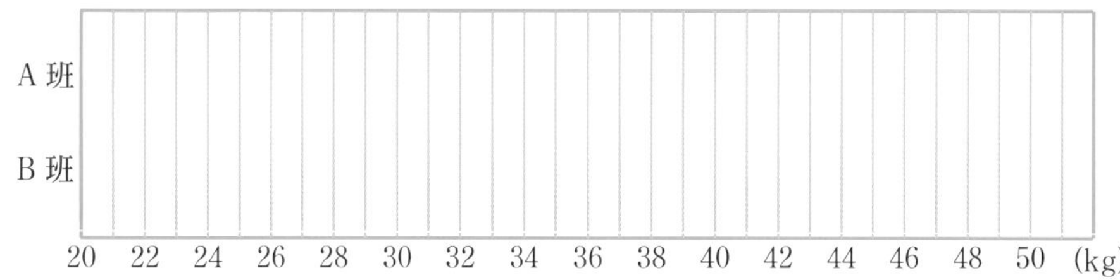

3 **【データの傾向と調査】** 右の図は，あるクラスの国語，数学，英語の小テストの得点について，箱ひげ図に表したものです。4点未満の生徒がいないのは，どの教科のテストですか。

国語
数学
英語
0　2　4　6　8　10　(点)

教科書 p.182 TRY1

例題の答え　**1** ①31　②28　③34　④6　**2** ㋑

6章　教科書172～183ページ

1 下の表は，ある中学校の2年生2クラスの女子について，上体起こしの記録をまとめたものです。次の問いに答えなさい。

1組の記録　女子15人

21	22	22	23	24
24	25	25	25	25
26	26	26	27	28

単位(回)

2組の記録　女子12人

20	21	21	23	23
24	24	25	26	26
26	27			

単位(回)

□(1) 1組のデータと2組のデータの四分位数をそれぞれ求めなさい。

□(2) 1組のデータと2組のデータの四分位範囲をそれぞれ求めなさい。

よく出る **2** 次のデータは，A店，B店のある時間帯における入店者数を7日間調べた結果です。

A店　58,　65,　45,　85,　73,　75,　55

B店　61,　80,　65,　45,　55,　53,　50　単位(人)

□(1) これらのデータについて，A店，B店の箱ひげ図を並べてかきなさい。

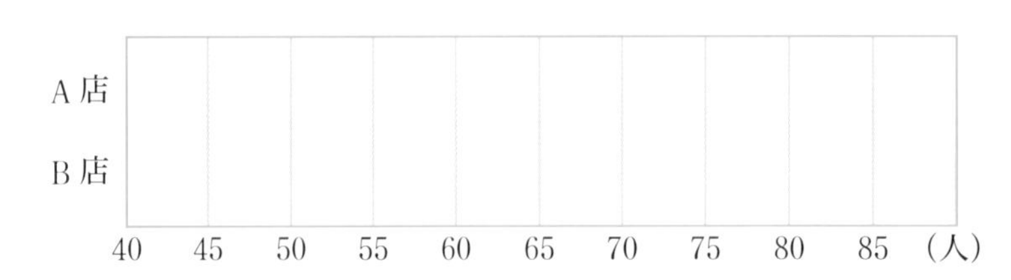

□(2) データの散らばりの程度が大きいのは，A店，B店のどちらであると考えられるか，答えなさい。

3 次のデータは，10人の生徒に10点満点の漢字の小テストを行った結果です。

□　5,　9,　3,　7,　2,　7,　3,　9,　10,　5　単位(点)

このデータの箱ひげ図を，下の㋐～㋒から選びなさい。

㋐
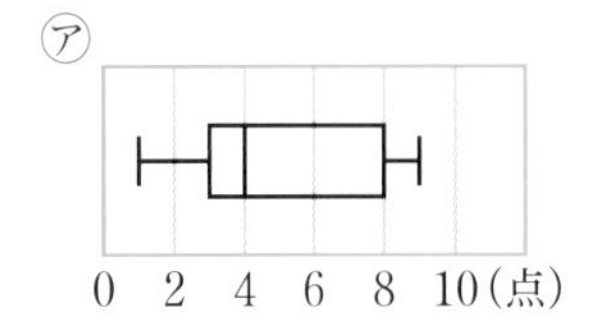

㋑
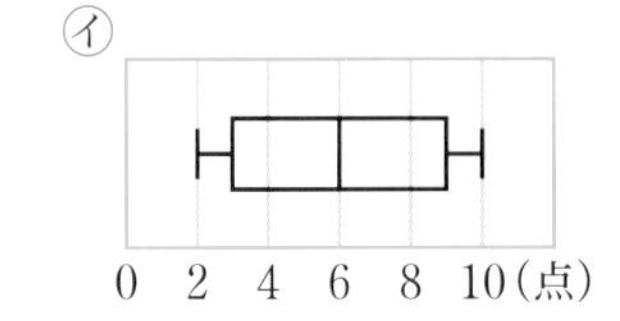

㋒
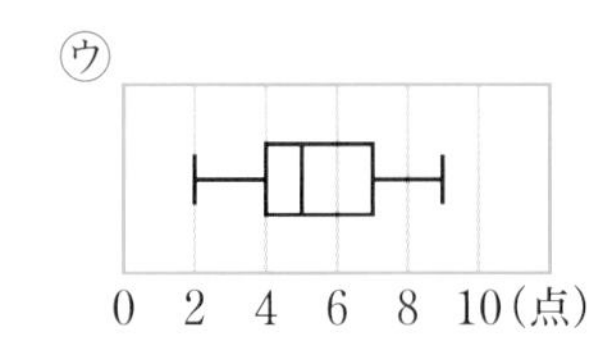

ヒント **1** (2)(1)で求めた第1四分位数と第3四分位数の差を求める。

2 (1)それぞれのデータを値(あたい)の小さい順に並べて，最小値，最大値，四分位数を求める。

解答▶▶ p.34

6章　データの活用

時間15分　／100点　合格70点

❶ 次のデータは，ある生徒８人でゲームをしたときの得点です。

8,　2,　4,　5,　3,　3,　9,　a　単位(点)

このデータの平均値が５点であるとき，次の問いに答えなさい。ただし，a は自然数とします。知

(1)　a の値を求めなさい。

(2)　このデータの四分位範囲を求めなさい。

❶　点/30点(各15点)

(1)	
(2)	

❷ 右の図は，ある店の商品 A, B, C, D の１日の販売数について，30日間調べたデータの箱ひげ図です。次の問いに答えなさい。考

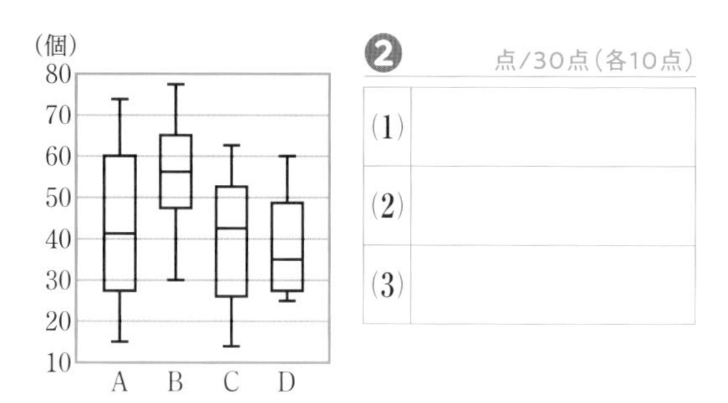

(1)　範囲がもっとも大きいのはどの商品であるか答えなさい。

(2)　四分位範囲がもっとも小さいのはどの商品であるか答えなさい。

(3)　１日の販売数が50個を超えた日が16日以上あったのはどの商品であるか答えなさい。

❸ 次のヒストグラムは，２クラスに小テストを行った結果です。

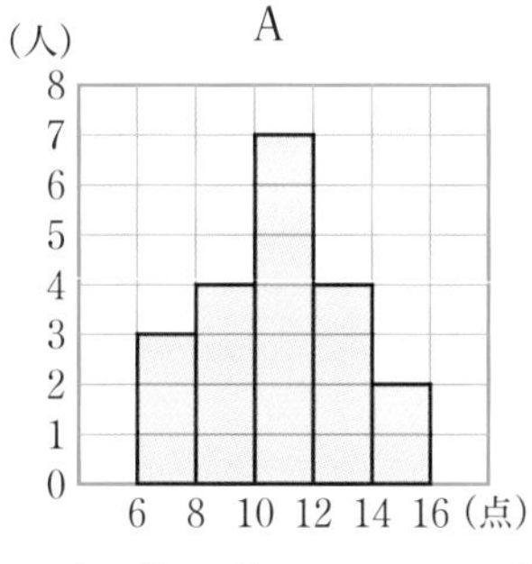

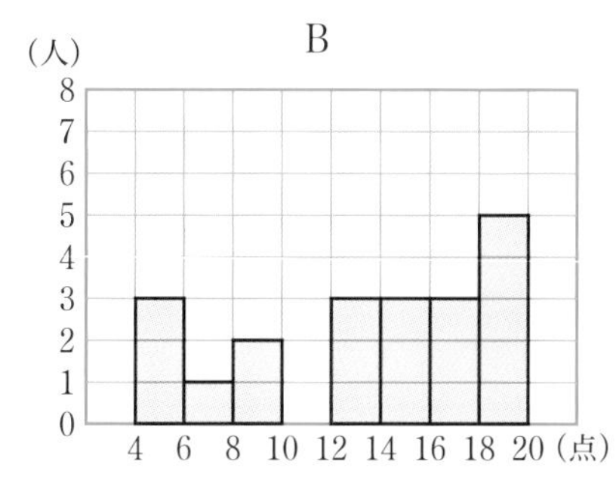

下の①～⑤は A, B のクラスをふくむ５つのクラスに対応する箱ひげ図です。A, B のクラスのものはどれであるか選びなさい。考

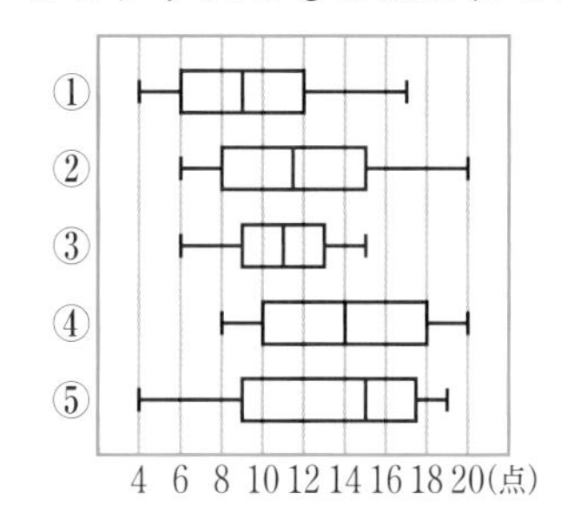

❸　点/40点(各20点)

知　/30点　考　/70点

解答▶▶ p.35

ぴたトレ 1 要点チェック

7章 確率

1 確率

1 確率—(1)

●確率

教科書 p.188〜197

例題1 1から6までの数字を1つずつ書いた6枚のカードをよくきって，その中から1枚を引くとき，同様に確からしいといえるのは，次の㋐，㋑のことがらのうち，どちらですか。 ▸▸1

㋐ 1のカードであることと3の倍数のカードであること。

㋑ 奇数(きすう)のカードであることと偶数(ぐうすう)のカードであること。

考え方 ㋐ 3の倍数のカードは，3と6の2枚です。

㋑ 奇数のカードは，1，3，5の3枚，偶数のカードは，2，4，6の3枚です。

答え □

プラスワン 同様に確からしい

正しく作られているサイコロでは，1から6までのどの目が出ることも同じ程度に期待することができます。このようなとき，さいころの1から6のどの目が出ることも同様に確からしいといいます。

例題2 1個のさいころを投げるとき，次の確率を求めなさい。 ▸▸2 3

(1) 6の目が出る確率　　(2) 奇数の目が出る確率

考え方 起こりうるすべての場合が n 通りで，そのどれが起こることも同様に確からしいとします。そのうち，ことがらAの起こる場合が a 通りあるとき，ことがらAの起こる確率 p は，$p=\frac{a}{n}$ となります。

答え (1) 正しく作られたさいころを投げるとき，

出る目は ① □ 通りあり，目の出方は同様に確からしい。

6の目が出る出方は ② □ 通りある。

よって，求める確率は

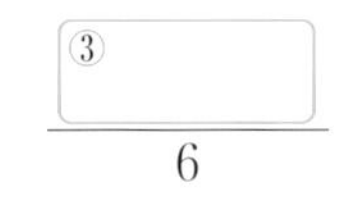

$\frac{③\square}{6}$

(2) 奇数の目は1，3，5の ④ □ 通りある。

よって，求める確率は

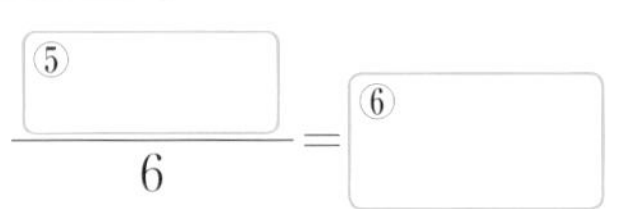

$\frac{⑤\square}{6}$ ＝ ⑥ □

あることがらの起こる確率 p は，$0 \leqq p \leqq 1$ の範囲(はんい)にあります。

絶対理解 **1** 【確率】次の㋐～㋒のことがらで，同様に確からしいといえるものを選び，記号で答えなさい。 教科書 p.188 Q

□

㋐ 明日，雨が降ることと晴れること。

㋑ 1 枚の 100 円硬貨（こうか）を投げるとき，表が出ることと裏が出ること。

㋒ 赤，白，青の同じ大きさの 3 個の玉が入った袋（ふくろ）から玉を 1 個取り出すとき，赤玉が出ることと白玉が出ること。

よく出る **2** 【確率】1 個のさいころを投げるとき，次の確率を求めなさい。 教科書 p.190 例 2, 問 2

□(1) 5 以上の目が出る確率

□(2) 3 の倍数の目が出る確率

●キーポイント
さいころの目の出方は6通りあります。

□(3) 4 以下の目が出る確率

3 【確率】白玉 2 個，赤玉 3 個，青玉 5 個の入った袋から玉を 1 個取り出すとき，次の確率を求めなさい。 教科書 p.190 問 3

□(1) 白玉を取り出す確率

□(2) 青玉を取り出す確率

⚠ミスに注意
約分を忘れないようにしましょう。

□(3) 赤玉を取り出す確率

例題の答え **1** ㋑ **2** ①6 ②1 ③1 ④3 ⑤3 ⑥$\frac{1}{2}$

解答▶▶ p.35

●起こらない確率

教科書 p.191

1個のさいころを投げるとき，3の目が出ない確率を求めなさい。 ▶▶1

考え方　3の目が出ない確率は，1−(3の目が出る確率)で求められます。

答え　さいころの目の出方は ① 　通りあり，それらは同様に確からしい。

このうち，3の目が出るのは， ② 　通りである。

よって，求める確率は $1-\dfrac{②}{①}=\dfrac{③}{①}$

プラスワン　Aの起こらない確率

$\left(\text{Aの起こらない確率}\right)=1-\left(\text{Aの起こる確率}\right)$

●いろいろな確率

教科書 p.192～197

3枚の100円硬貨(こうか)を同時に投げるとき，次の確率をそれぞれ求めなさい。 ▶▶23

(1)　3枚とも裏になる確率

(2)　2枚が表で1枚が裏になる確率

考え方　起こりうるすべての場合を，樹形図(じゅけいず)を使って整理します。

答え　3枚の硬貨をそれぞれA，B，Cと区別して考える。

表をㇿお，裏をㇿうと表して樹形図に整理すると，右のようになる。

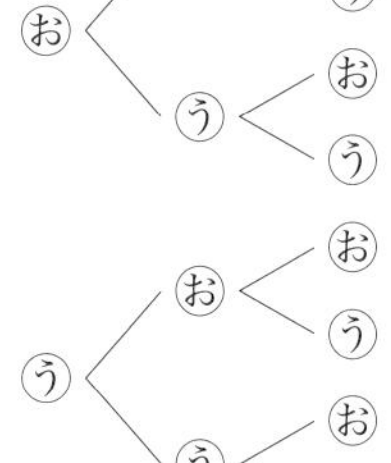

起こりうるすべての場合は ① 　通りあり，そのどれが起こることも同様に確からしい。

(1)　3枚とも裏になる場合は， ② 　通りだから，

その確率は $\dfrac{②}{①}$

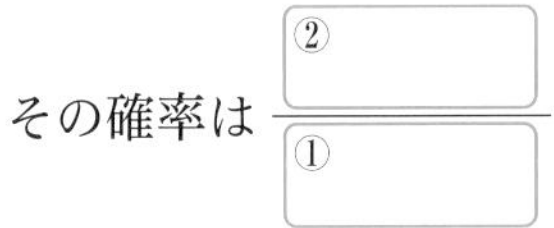

(2)　2枚が表で1枚が裏になる場合は， ③ 　通りだから，

その確率は $\dfrac{③}{①}$

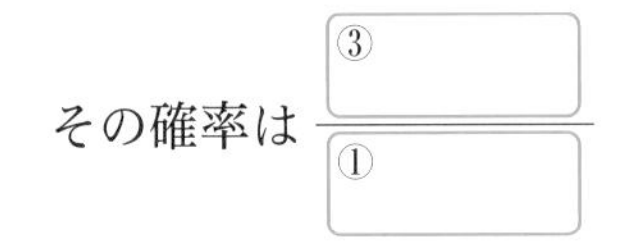

1【起こらない確率】1，2，3，4 の数を 1 つずつ書いた 4 枚のカードの中から，カードを 1 枚引くとき，次の確率を求めなさい。 教科書 p.191 問 4

□(1) 2 を引く確率

□(2) 2 を引かない確率

絶対理解 **2**【2 個のさいころを投げるときの確率】大小 2 個のさいころを同時に投げるとき，次の問いに答えなさい。 教科書 p.194 例 1, 問 3

□(1) 出る目の和が 6 になる場合は何通りあるか答えなさい。

□(2) 出る目の和が 6 になる確率を求めなさい。

●キーポイント
起こりうるすべての場合を表にまとめて整理します。

よく出る **3**【同時に 2 個の玉を取り出すときの確率】白玉 2 個，赤玉 2 個，青玉 1 個が入った袋（ふくろ）から，同時に 2 個の玉を取り出すとき，次の問いに答えなさい。 教科書 p.195 例 2, p.196 問 5,6

□(1) 玉の取り出し方は全部で何通りありますか。

(2) 次の確率を求めなさい。

□① 1 個が白玉で，1 個が赤玉である確率

□② 2 個の玉が同じ色である確率

□③ 白玉を取り出す確率

例題の答え **1** ①6 ②1 ③5 **2** ①8 ②1 ③3

1 確率 1, 2

1 40本の中に当たりくじが8本入っているくじAと，70本の中に当たりくじが16本入っているくじBがあります。次の問いに答えなさい。

□(1) くじAから1本引くとき，当たる確率を求めなさい。

□(2) くじBから1本引くとき，当たる確率を求めなさい。

□(3) それぞれのくじから1本ずつ引くとき，くじAとくじBでは，どちらのくじの方が当たりやすいといえますか。

2 大小2個のさいころを同時に投げるとき，次の確率を求めなさい。

□(1) 出る目の和が5になる確率

□(2) 出る目の差が4になる確率

□(3) 奇数と偶数の目が1つずつ出る確率

3 3枚の硬貨（こうか）A，B，Cを同時に投げるとき，次の確率を求めなさい。

□(1) 3枚とも表になる確率

□(2) 1枚が表になる確率

□(3) 少なくとも1枚は表になる確率

ヒント　**2** さいころの目の出方を表にして考える。
3 (3)「少なくとも1枚は表」とは，「3枚とも裏」でないということ。

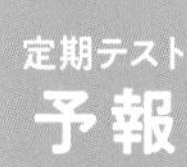

●確率の求め方を，しっかりと理解しておこう。
確率を求める問題は，全部で何通りあるかを見きわめることが大切だよ。
もれのないように，表や樹形図でわかりやすくかこう。

4 3人の男子A，B，Cと，2人の女子D，Eの5人から委員を2人選びます。次の確率を求めなさい。

□(1) 男女1人ずつを選ぶ確率

□(2) 2人とも女子を選ぶ確率

5 8本の中に当たりが3本入っているくじがあります。このくじを，同時に2本引くとき，次の確率を求めなさい。

□(1) 2本とも当たりである確率

□(2) 2本ともはずれである確率

□(3) 少なくとも1本が当たりである確率

6 右の図のような正方形ABCDがあります。1つの石を頂点Aに置き，1から6までの目のついた1個のさいころを2回だけ投げます。出た目の数の和と同じ数だけ，頂点Aに置いた石を頂点B，C，D，A，……の順に矢印の向きに先へ進めます。このとき，次の問いに答えなさい。

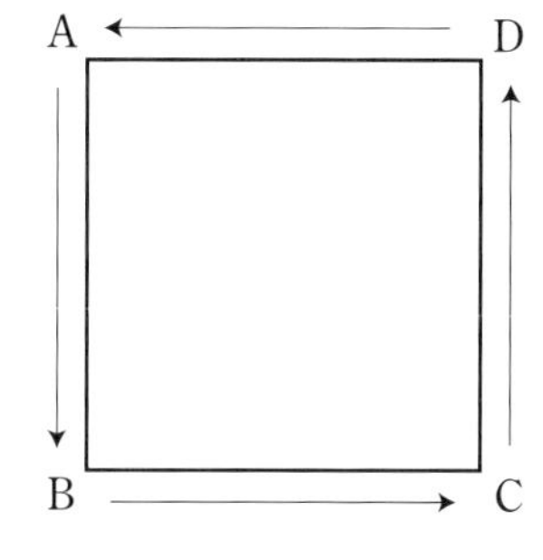

□(1) この石が1周して，ちょうど頂点Aに止まる確率を求めなさい。

□(2) この石がちょうど頂点Bに止まる確率を求めなさい。

5 (3)「少なくとも1本が当たり」であるのは，「2本ともはずれ」ではないということ。
6 (1)1周してAに止まるのは，出た目の数の和が4のとき。

7章
教科書188〜197ページ

解答▶▶ p.36

ぴたトレ 3 確認テスト

7章　確率

❶ 1から30までの数を1つずつ書いた30枚のカードがあります。この中から1枚を取り出すとき，次の確率を求めなさい。知

(1)　カードの数が1けたである確率

(2)　カードの数が5の倍数である確率

❶	点/10点(各5点)
(1)	
(2)	

❷ A，Bの2人でじゃんけんをします。このとき，次の問いに答えなさい。知

(1)　Bさんが勝つ確率を求めなさい。

(2)　あいこになる確率を求めなさい。

❷	点/12点(各6点)
(1)	
(2)	

❸ [1]，[1]，[2]，[3]の4枚のカードから，もとにもどさずに続けて3枚を取り出します。1枚目のカードを百の位の数，2枚目のカードを十の位の数，3枚目のカードを一の位とする3けたの整数をつくります。次の確率を求めなさい。知

(1)　一の位の数が1である確率

(2)　3けたの整数が奇数である確率

(3)　3けたの整数が230以上になる確率

❸	点/15点(各5点)
(1)	
(2)	
(3)	

❹ 3つの袋(ふくろ)A，B，Cがあり，どの袋にも白玉1個，黒玉1個の計2個の玉が入っています。このとき，次の問いに答えなさい。知

(1)　A，B，Cの袋からそれぞれ1個ずつ，合わせて3個の玉を取り出すとき，3個とも白玉が出る確率を求めなさい。

(2)　A，Bの袋には白玉をもう1個ずつ入れて玉の数を3個にし，A，B，Cの袋からそれぞれ1個ずつ，合わせて3個の玉を取り出すとき，3個とも同じ色の玉が出る確率を求めなさい。

❹	点/14点(各7点)
(1)	
(2)	

　成績評価の観点　知…数量や図形などについての知識・技能　考…数学的な思考・判断・表現

5 当たりくじが 3 本，はずれくじが 7 本入った 10 本のくじを同時に 2 本引くとき，次の確率を求めなさい。知

(1)　1 本が当たりでもう 1 本がはずれである確率

(2)　少なくとも 1 本が当たりである確率

5	点/14点（各7点）
(1)	
(2)	

6 A，B 2 つの箱があり，A の箱には 4，5，−6 の数を 1 つずつ書いた 3 枚のカードが，B の箱には 1，2，−3 の数を 1 つずつ書いた 3 枚のカードが入っています。

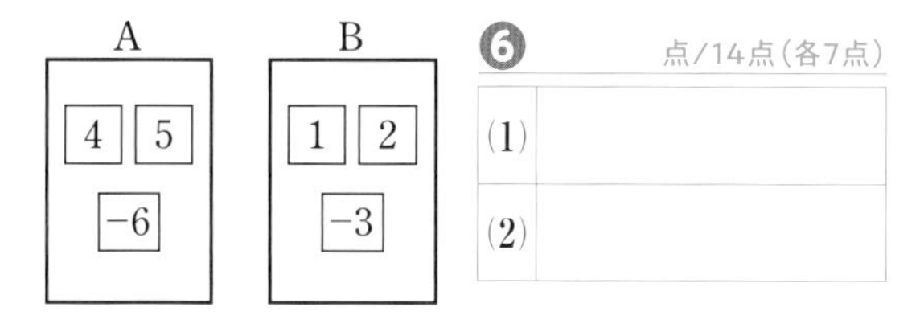

それぞれの箱からカードを 1 枚ずつ取り出し，A÷B の結果を n とします。

ただし，式の A には A の箱から取り出したカードの数を，B には B の箱から取り出したカードの数をあてはめるものとします。

考

(1)　n が正の数になる確率を求めなさい。

(2)　n が整数になる確率を求めなさい。

6	点/14点（各7点）
(1)	
(2)	

点UP

7 座標平面上に，2 点 P (0，6)，Q (6，0) があります。いま，A，B 2 個のさいころを同時に投げて，A の目の数を a，B の目の数を b として，(a, b) を座標とする点 R をとり，3 点 P，Q，R を結んで三角形をつくります。このとき，次の確率を求めなさい。考

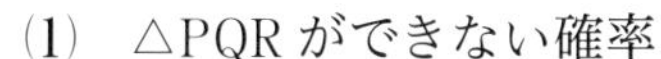

(1)　△PQR ができない確率

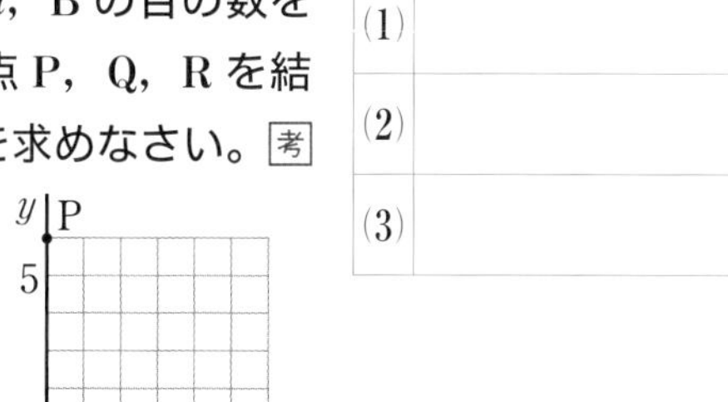

(2)　△PQR が二等辺三角形になる確率

(3)　△PQR の面積が 3 になる確率

7	点/21点（各7点）
(1)	
(2)	
(3)	

7章

教科書187〜198ページ

知 /65点	考 /35点

解答 ▶▶ p.37

教科書のまとめ 〈6章　データの活用〉〈7章　確率〉

●四分位数

・データを大きさの順に並べて，4つに等しく分けたとき，4等分する位置にくる値(あたい)を**四分位数**という。

・四分位数は3つあり，小さい方から順に，第1四分位数，第2四分位数，第3四分位数という。

・第2四分位数は中央値のことである。

●第1四分位数と第3四分位数の求め方

1. 値の大きさの順に並べたデータを，個数が同じになるように半分に分ける。ただし，データの個数が奇数(きすう)のときは，中央値を除いてデータを2つに分ける。
2. 1で半分にしたデータのうち，小さい方のデータの中央値が第1四分位数，大きい方のデータの中央値が第3四分位数となる。

●四分位範囲

・(四分位範囲(はんい))
＝(第3四分位数)－(第1四分位数)

・四分位範囲を使うと，中央値まわりのデータの散らばりを調べることができる。四分位範囲が大きいほど，中央値のまわりの散らばりの程度が大きいといえる。

・データの中に極端(きょくたん)にかけ離れた値があるとき，範囲はその影響(えいきょう)を大きく受けるが，四分位範囲はその影響を受けにくい。

●箱ひげ図

・最小値，最大値，四分位数を使ってかいた図を**箱ひげ図**という。

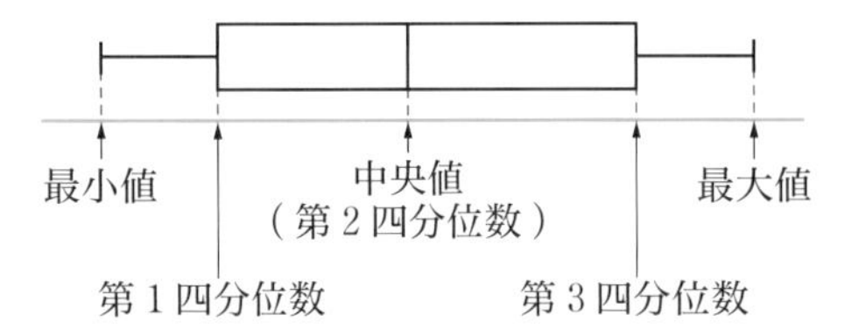

・箱ひげ図のかき方

1. 横軸(じく)にデータのめもりをとる。
2. 第1四分位数を左端，第3四分位数を右端とする長方形(箱)をかく。
3. 箱の中に中央値(第2四分位数)を示す縦線をひく。
4. 最小値，最大値を表す縦線をひき，箱の左端から最小値までと，箱の右端から最大値まで，線分(ひげ)をひく。

・ひげをふくめた全体の長さが範囲を表し，箱の横の長さが四分位範囲を表す。

●同様に確からしい

起こりうるすべての場合について，どの場合が起こることも同じ程度に期待することができるとき，そのどれが起こることも**同様に確からしい**という。

●確率の求め方

起こりうるすべての場合がn通りあり，そのどれが起こることも同様に確からしいとする。そのうち，ことがらAの起こる場合がa通りあるとき，ことがらAの起こる確率pは，

$$p=\frac{a}{n}$$

(例)　箱の中に，白玉が2個，赤玉が3個入っている。この箱の中から玉を1個取り出すとき，それが白玉である確率は，$\frac{2}{5}$

●確率のとりうる値の範囲

あることがらの起こる確率をpとすると，pのとりうる値の範囲は，$0 \leqq p \leqq 1$

●あることがらの起こらない確率

あることがらAについて，次の関係が成り立つ。

(Aの起こらない確率)＝1－(Aの起こる確率)

テスト前に役立つ!

定期テスト

予想問題

- テスト本番を意識し，時間を計って解きましょう。
- 取り組んだあとは，必ず答え合わせを行い，まちがえたところを復習しましょう。
- 観点別評価を活用して，自分の苦手なところを確認しましょう。

テスト前に解いて，わからない問題やまちがえた問題は，もう一度確認しておこう!

定期テスト
予想問題
1

1章　式の計算

時間30分　／100点　合格70点

❶ 次の式は何次式か答えなさい。［知］

教科書 p.18

(1) $3x-1$　　(2) x^2y+2y^2

❶ 点/6点（各3点）

(1)	
(2)	

❷ 次の計算をしなさい。［知］

教科書 p.19〜20

(1) $5a+2b-3a+7b$　　(2) $6x-4y-2y-8x$

(3) $(2a+b-c)+(a-3b+2c)$　　(4) $(3x-5y+9)-(-2x-4y+5)$

❷ 点/16点（各4点）

(1)	
(2)	
(3)	
(4)	

❸ 次の計算をしなさい。［知］

教科書 p.21〜23

(1) $-7(2x-5y)$　　(2) $(18x-24y)\div 6$

(3) $3(2a-4b)+4(-a+2b)$　　(4) $\dfrac{2x-y}{5}-\dfrac{x-3y}{4}$

❸ 点/16点（各4点）

(1)	
(2)	
(3)	
(4)	

❹ 次の計算をしなさい。［知］

教科書 p.24〜27

(1) $(-4x)^3$　　(2) $28ab^2\div(-4a^2b)$

(3) $6xy^2\times\left(-\dfrac{1}{3}xy\right)\div x^2y$　　(4) $18a^2b^2\div\left(-\dfrac{2}{3}a\right)\div\dfrac{3}{4}b^2$

❹ 点/16点（各4点）

(1)	
(2)	
(3)	
(4)	

　成績評価の観点　［知］…数量や図形などについての知識・技能　［考］…数学的な思考・判断・表現

5 $x=2$，$y=-5$ のとき，次の式の値を求めなさい。知

(1) $7(3x+2y)-5(4x+3y)$ (2) $(6xy)^2\div3x\div2y$

教科書 p.28

5 点/8点（各4点）

(1)	
(2)	

6 連続する３つの偶数（ぐうすう）の和は，６の倍数になります。このことを，文字を使って説明しなさい。考

教科書 p.31

6 点/10点

7 ３けたの自然数と，その数の百の位の数と一の位の数を入れかえた自然数の差は，９の倍数になります。このことを，文字を使って説明しなさい。考

教科書 p.32～33

7 点/10点

8 次の等式を〔 〕内の文字について解きなさい。知

(1) $ax-3y+4=0$ 〔y〕 (2) $S=2(a-b)h$ 〔a〕

教科書 p.35～36

8 点/8点（各4点）

(1)	
(2)	

9 下の図において，㋐の円錐の体積は，㋑の円錐の体積の何倍になるかを，文字を使って説明しなさい。考

㋐ (高さ a，底面の半径 b)　㋑ (高さ b，底面の半径 a)

教科書 p.33～34

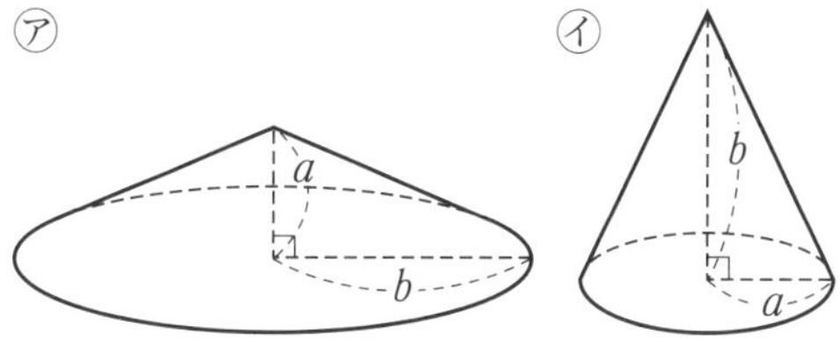

9 点/10点

知 /70点　考 /30点

解答▶▶ p.39

定期テスト
予想問題
2

2章　連立方程式

1 次の中から，連立方程式 $\begin{cases} 2x+y=18 \\ x-3y=2 \end{cases}$ の解を選びなさい。知

教科書 p.45

㋐ $x=5$，$y=1$　㋑ $x=6$，$y=6$　㋒ $x=8$，$y=2$

1　点/4点

2 次の連立方程式を解きなさい。知

教科書 p.49〜53

(1) $\begin{cases} 7x-y=-16 \\ 2x+3y=-21 \end{cases}$　(2) $\begin{cases} 5x+3y-7=0 \\ 6x-2y-14=0 \end{cases}$

(3) $\begin{cases} x=3y+5 \\ x+y=-7 \end{cases}$　(4) $\begin{cases} x-2y=12 \\ y=x-8 \end{cases}$

2　点/20点(各5点)

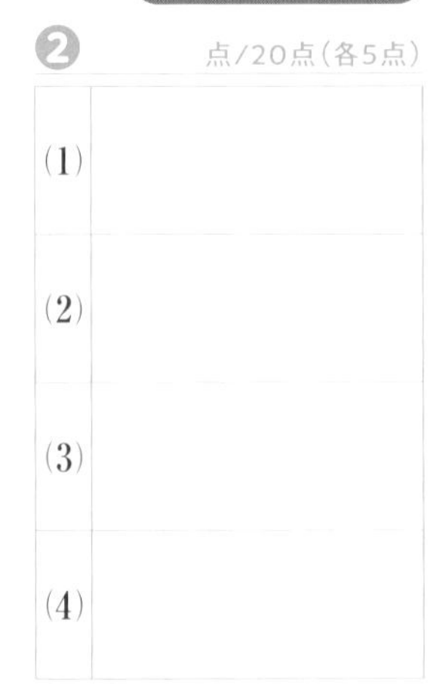

3 次の連立方程式，方程式を解きなさい。知

教科書 p.54〜56

(1) $\begin{cases} 2x-3(x-2y)=4 \\ 4x-2(x+5y)=-6 \end{cases}$　(2) $\begin{cases} 2(x-2)=4(y+1) \\ 4(x-1)=2(y-2) \end{cases}$

(3) $\begin{cases} \dfrac{x}{2}+y=4 \\ \dfrac{2}{5}x+\dfrac{y}{4}=-\dfrac{1}{10} \end{cases}$　(4) $\begin{cases} 0.4x-0.3y=3.8 \\ 0.6x+1.5y=1.8 \end{cases}$

(5) $7x+2y=x-2y=8$　(6) $5x+2y=3x+2=-y+1$

3　点/36点(各6点)

成績評価の観点　知…数量や図形などについての知識・技能　考…数学的な思考・判断・表現

4 連立方程式 $\begin{cases} 2ax+by=9 \\ bx+3ay=-7 \end{cases}$ の解が $x=4$，$y=-3$ であるとき，a，b の値(あたい)を求めなさい。考

教科書 p.42～56

4 点/6点

a の値

b の値

5 ショートケーキとドーナツがあります。ショートケーキ2個とドーナツ2個を買うと，代金は740円です。また，ショートケーキ1個とドーナツ3個を買うと，代金は610円です。ショートケーキ1個とドーナツ1個の値段をそれぞれ求めなさい。考

教科書 p.59

5 点/8点

ショートケーキ1個

ドーナツ1個

6 A地点からB地点を経てC地点まで，80 km の道のりを自動車で行きました。AからBまでは高速道路を時速80 km で走り，BからCまでは一般道路を時速40 km で走ったところ，1時間30分かかりました。AからBまでの道のりと，BからCまでの道のりを，それぞれ求めなさい。考

6 点/8点

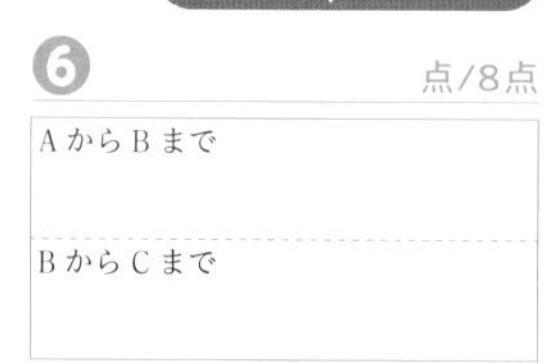

7 ある学校の昨年度の生徒数は，男女合わせて525人でした。本年度は昨年度に比べると，男子は8％増え，女子は4％減り，全体で534人になりました。本年度の男子，女子の生徒数を，それぞれ求めなさい。考

7 点/8点

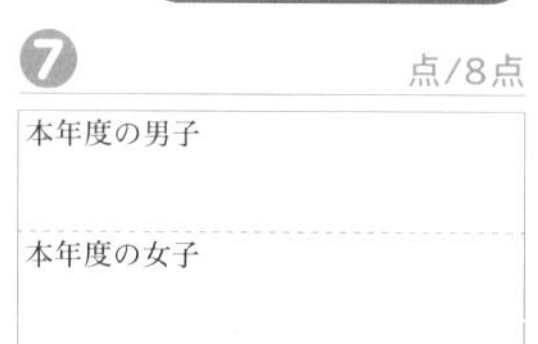

8 十の位の数が7である3けたの整数があります。その整数の百の位の数と十の位の数との和の2倍は，一の位の数より11大きくなります。また，もとの整数の百の位の数と一の位の数を入れかえてできる整数は，もとの整数を2倍した数より215大きくなります。もとの整数を求めなさい。考

教科書 p.58～65

8 点/10点

3章 1次関数

1 1次関数 $y=-\frac{4}{3}x+3$ について，次の問いに答えなさい。知

教科書 p.70~74

(1) 変化の割合を求めなさい。

(2) x の値(あたい)が 9 増加するとき，y の増加量を求めなさい。

1	点/8点(各4点)
(1)	
(2)	

2 次の1次関数のグラフをかきなさい。知

教科書 p.75~82

(1) $y=2x-4$

(2) $y=-\frac{1}{3}x+5$

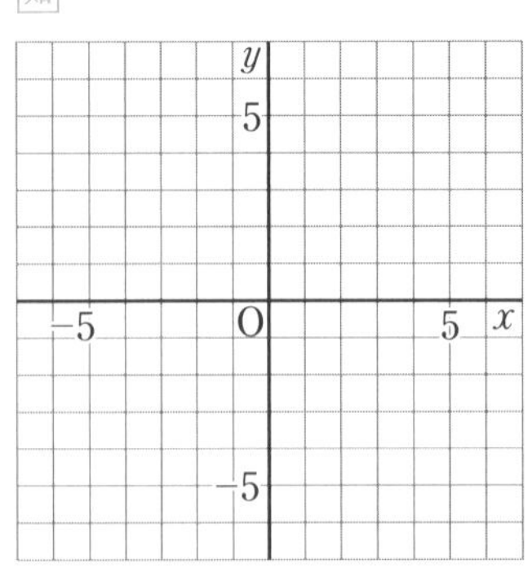

2 点/12点(各6点)

3 次の1次関数や直線の式を求めなさい。知

教科書 p.84~86

(1) グラフが下の図の㋐の直線になる1次関数

(2) グラフの切片が5で，点 (4, 1) を通る1次関数

(3) 2点 (6, −2), (−3, 4) を通る直線

(4) 直線 $y=\frac{2}{5}x+4$ に平行で，点 (5, −1) を通る直線

3	点/24点(各6点)
(1)	
(2)	
(3)	
(4)	

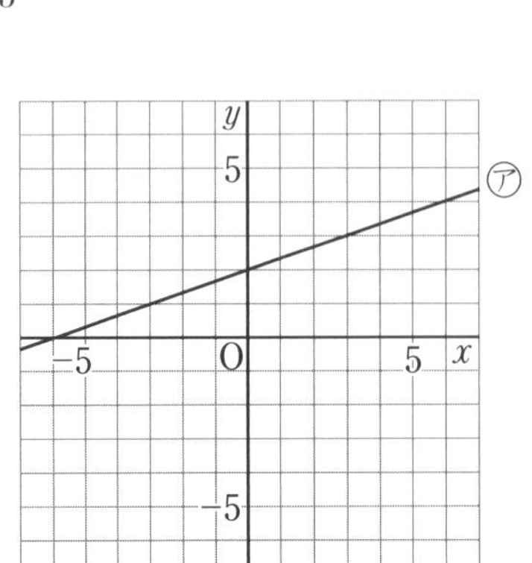

4 x の変域が $-4 \leqq x \leqq 4$ のとき，y の変域が $-1 \leqq y \leqq 3$ となる1次関数のうち，グラフが右下がりであるものの式を求めなさい。考

教科書 p.83~86

4	点/6点

成績評価の観点　知…数量や図形などについての知識・技能　考…数学的な思考・判断・表現

❺ 次の問いに答えなさい。((1)(2)知(3)考)

教科書 p.88〜93

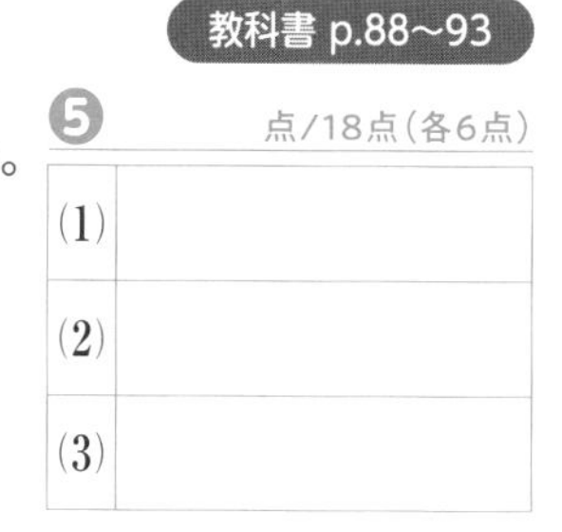

(1) グラフを利用して，連立方程式 $\begin{cases} x-y=2 \\ x-3y=12 \end{cases}$ の解を求めなさい。

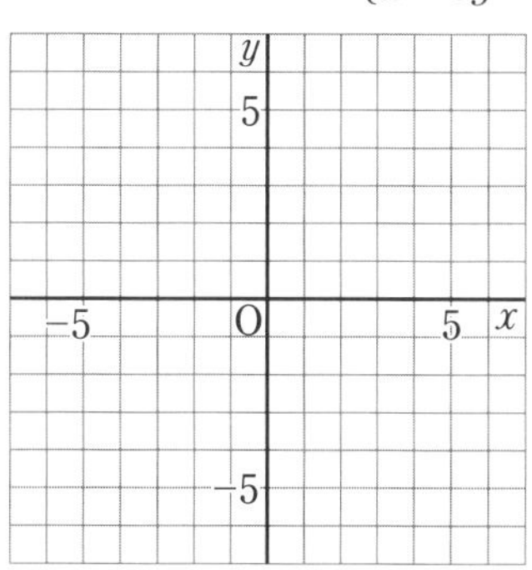

(2) 2直線 $5x-3y+3=0$，$4x+3y+12=0$ の交点の座標を求めなさい。

(3) 3直線 $ax-y=12$，$2x-y=8$，$3x+2y=5$ が1点で交わるとき，a の値を求めなさい。

❻ 容積が $80\ \mathrm{m}^3$ の水そうに水が $32\ \mathrm{m}^3$ 入っています。水そうがいっぱいになるまで1分間に $3\ \mathrm{m}^3$ の割合で水を入れます。水を入れ始めてから x 分後における水そうの中の水の量を $y\ \mathrm{m}^3$ とするとき，次の問いに答えなさい。考

教科書 p.95〜97

(1) y を x の式で表しなさい。

(2) x の変域を求めなさい。

❼ 右下の図の長方形ABCDにおいて，点Pは頂点Dを出発して，秒速1cmで長方形の辺上をCを通り，Bまで動きます。点Pが頂点Dを出発してから x 秒後の台形ABPDの面積を $y\ \mathrm{cm}^2$ とします。次の問いに答えなさい。考

教科書 p.98

❼	点/16点(各8点)
(1)	
(2)	

(1) 点Pが辺CD上にあるとき，y を x の式で表しなさい。

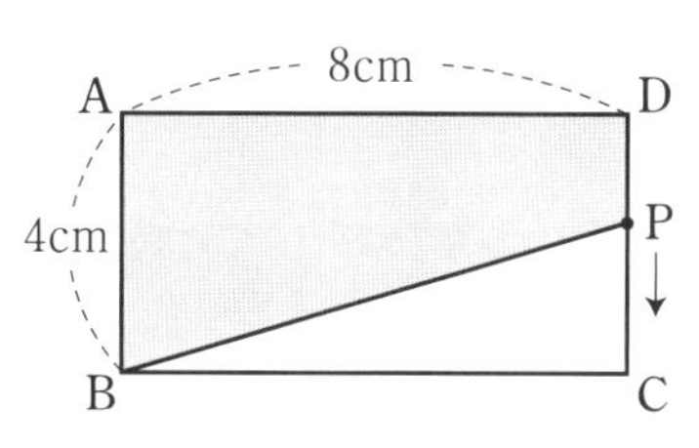

(2) 台形ABPDの面積が $28\ \mathrm{cm}^2$ になるのは，点Pが頂点Dを出発してから何秒後ですか。ただし，点Pは辺BC上にあるものとします。

知 /56点	考 /44点

4章　図形の性質と合同

1 次の図において，$\ell \parallel m$ のとき，$\angle x$ の大きさを求めなさい。知

教科書 p.106～116

(1)

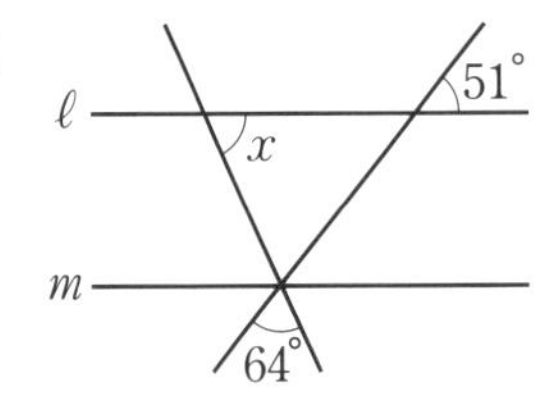

(2)

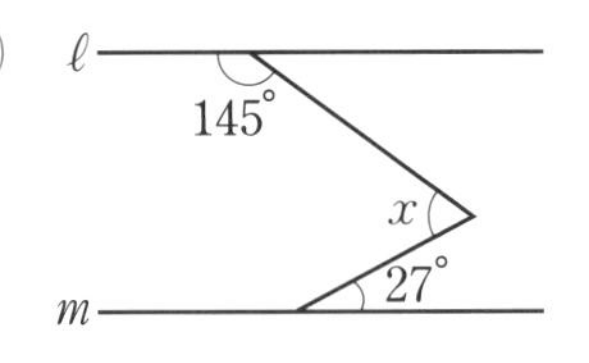

(3) ℓ 43° 86° 64° x m

(4)

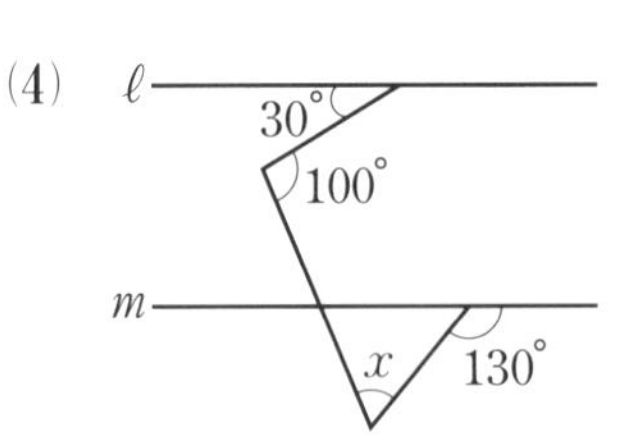

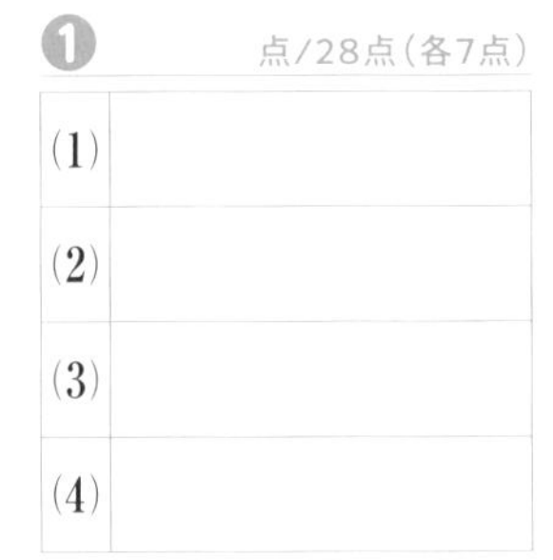

2 次の図において，$\angle x$ の大きさを求めなさい。ただし，(3)で，同じ印がついた角は等しいものとします。知

教科書 p.112～116

(1)

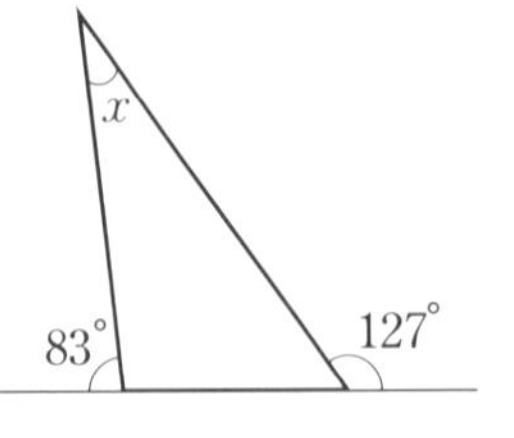

(2)

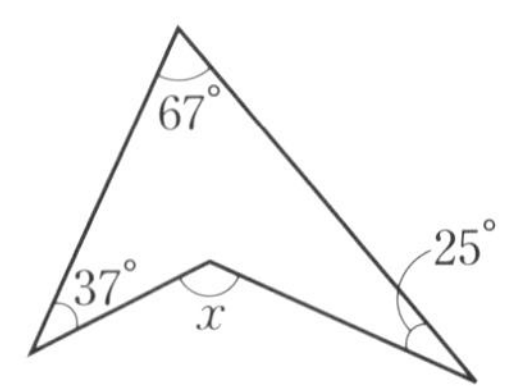

(3)

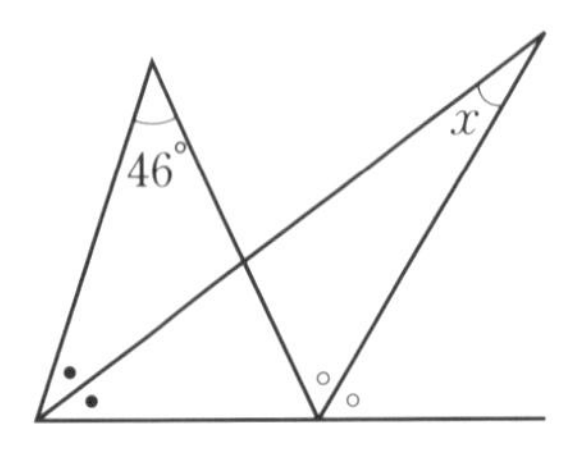

(4)

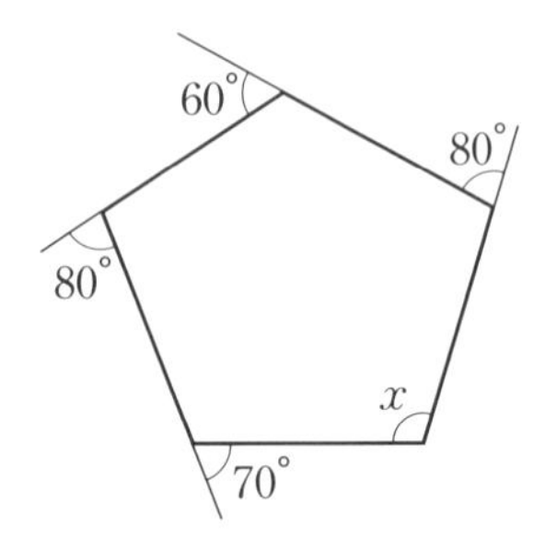

3 次の問いに答えなさい。知

教科書 p.117～121

(1) 内角の和が 1620° である多角形の辺の数を求めなさい。

(2) 1つの外角の大きさが 24° である正多角形は，正何角形ですか。

(3) 1つの内角の大きさが，その外角の大きさの5倍である正多角形は，正何角形ですか。

3	点/18点（各6点）
(1)	
(2)	
(3)	

 成績評価の観点　知…数量や図形などについての知識・技能　考…数学的な思考・判断・表現

4 △ABC と △DEF は，次のどの場合に合同といえますか。すべて選びなさい。知

教科書 p.122〜127

㋐ AB＝DE，　BC＝EF，　AC＝DF

㋑ ∠A＝∠D，∠B＝∠E，∠C＝∠F

㋒ AB＝DE，　AC＝DF，　∠B＝∠E

㋓ AB＝DE，　∠A＝∠D，∠C＝∠F

4　　点/6点

5 下の図は，直線 ℓ 上にない点 P を通り，直線 ℓ に平行な直線 PQ を，次の①〜④の手順で作図したものです。この作図が正しいことを証明しなさい。考

教科書 p.128〜134

5　　点/10点

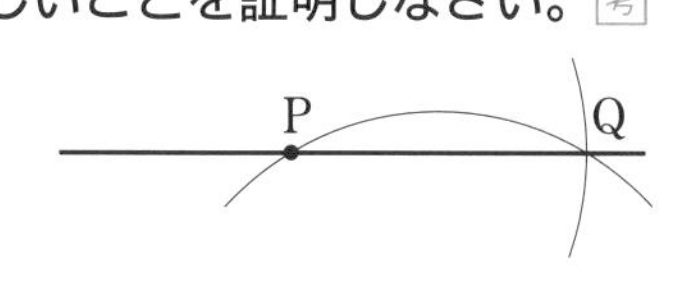

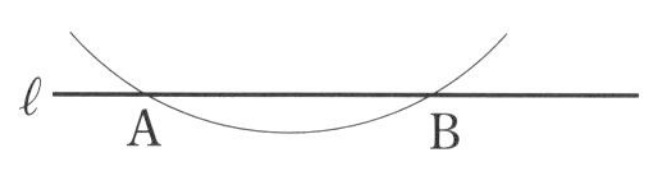

① 点 P を中心とする円をかき，直線 ℓ との交点をそれぞれ A，B とする。

② 点 B を中心として，線分 BP を半径とする円をかく。

③ 点 P を中心として，線分 AB を半径とする円をかき，②でかいた円との交点を Q とする。

④ 直線 PQ をひく。

6 下の図において，△ABC と △EBD はともに正三角形です。それぞれの頂点 A と E，C と D を結びます。このとき，AE＝CD であることを証明しなさい。考

教科書 p.128〜134

6　　点/10点

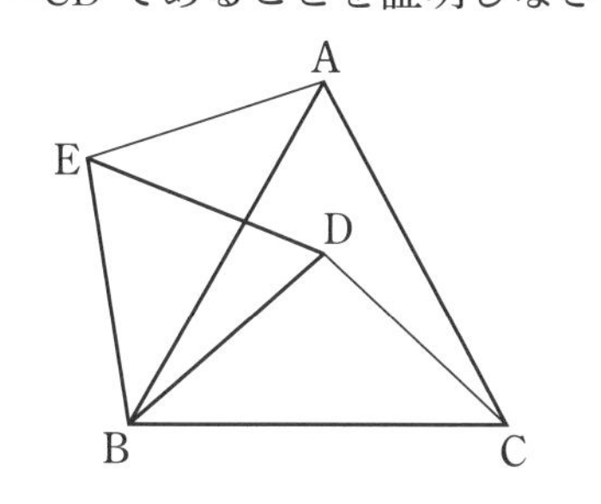

5章　三角形と四角形

❶ 次の問いに答えなさい。知

教科書 p.140〜144

(1) 右の図において，AD＝BD＝CD です。∠ABC＝25° であるとき，∠BAC の大きさを求めなさい。

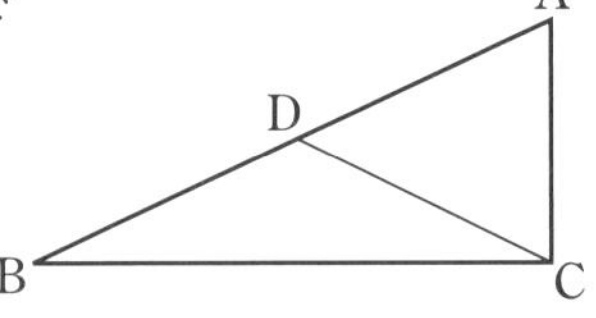

(2) 右の図において，AB＝AC，∠ACD＝∠BCD です。∠BAC＝52° であるとき，∠BDC の大きさを求めなさい。

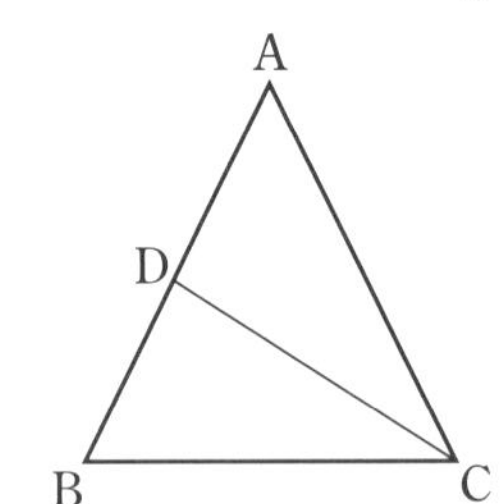

❶ 点/16点（各8点）

(1)	
(2)	

❷ 直角三角形 ABC の斜辺 BC 上に，AB＝PB となる点 P をとり，辺 AC 上に BC⊥PQ となる点 Q をとります。このとき，BQ は ∠ABC を 2 等分することを証明しなさい。考

教科書 p.146〜149

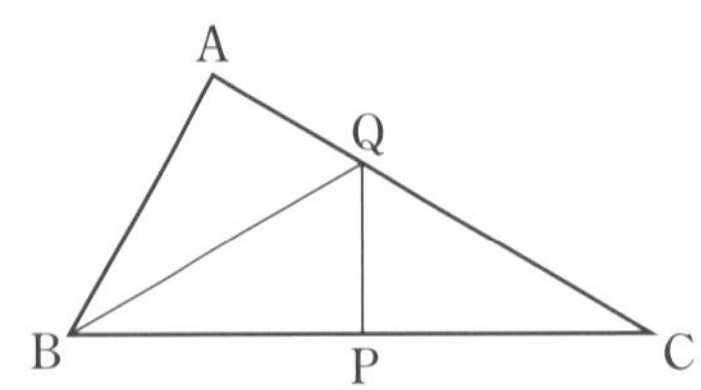

❷ 点/10点

❸ 次のことがらの逆を答えなさい。また，それが正しいかどうか答えなさい。知

教科書 p.150〜151

(1) $a<0$，$b<0$ ならば $ab>0$ である。

(2) 12 の約数は 36 の約数である。

❸ 点/20点（各10点）

(1)	逆
(2)	逆

❹ 次の図の ▱ABCD において，∠x の大きさを求めなさい。知

教科書 p.153〜155

(1)

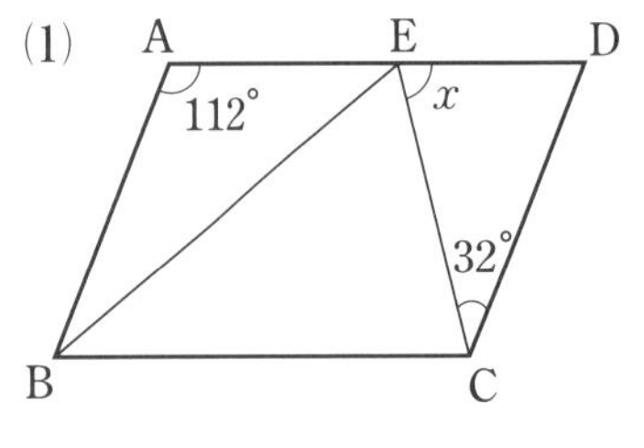

(2)

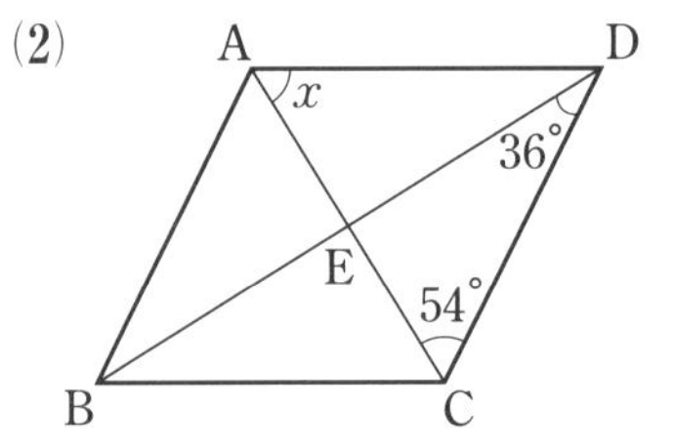

成績評価の観点　知…数量や図形などについての知識・技能　考…数学的な思考・判断・表現

5 ▱ABCD の対角線 BD 上に，BE＝DF となるように，点 E，F をとるとき，AE＝CF であることを証明しなさい。考

教科書 p.156

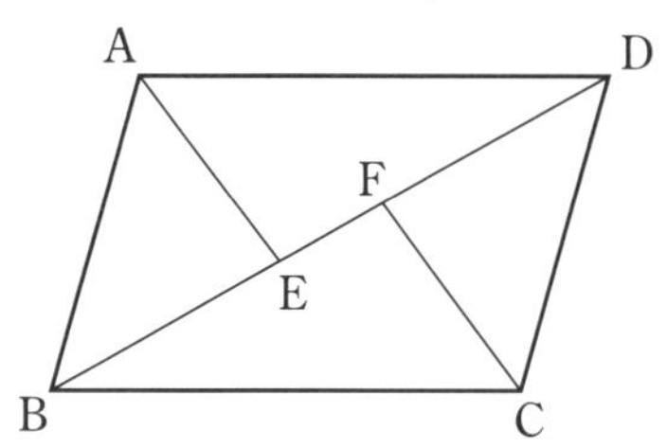

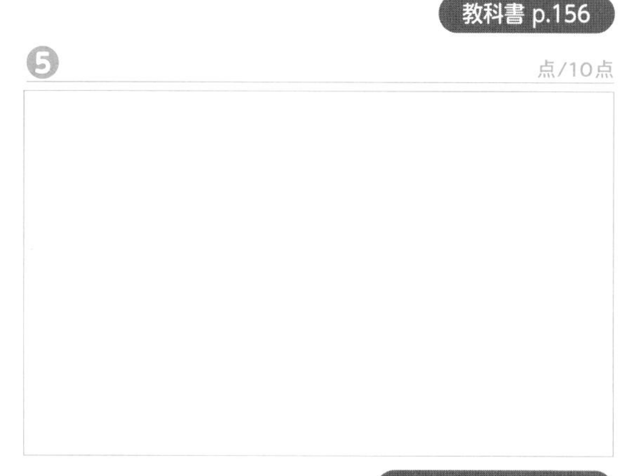

6 下の図のような，AD∥BC の台形 ABCD があります。対角線 BD の中点を E とし，AE の延長と辺 BC との交点を F とします。このとき，四角形 ABFD は平行四辺形であることを証明しなさい。考

教科書 p.157～160

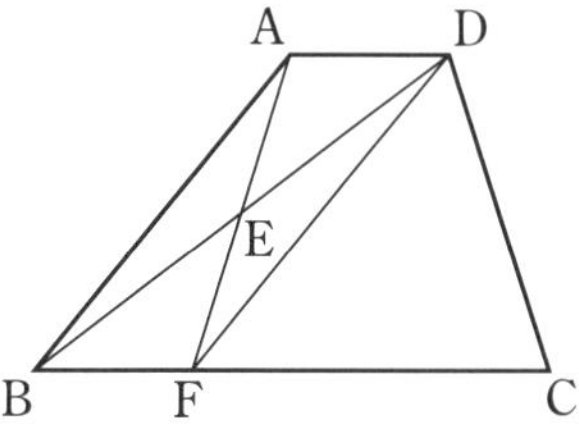

6 点/10点

7 下の図のように，▱ABCD の 4 つの角の二等分線で囲まれた四角形を四角形 EFGH とします。このとき，四角形 EFGH は長方形であることを証明しなさい。考

教科書 p.162～164

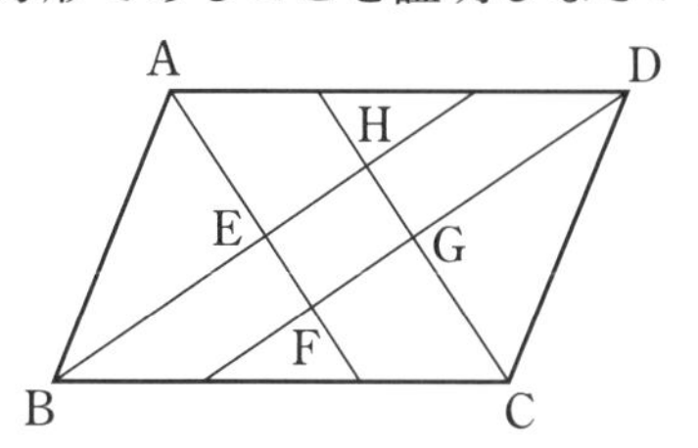

7 点/10点

8 右の図のように，∠A＝90° の直角三角形 ABC のまわりに，辺 AB，BC をそれぞれ 1 辺とする正方形 ADEB，BFGC をつくります。点 A を通り，辺 BF と平行な直線が辺 BC，FG と交わる点をそれぞれ H，I とするとき，△AEB と面積が等しい三角形をすべて答えなさい。考

教科書 p.165～166

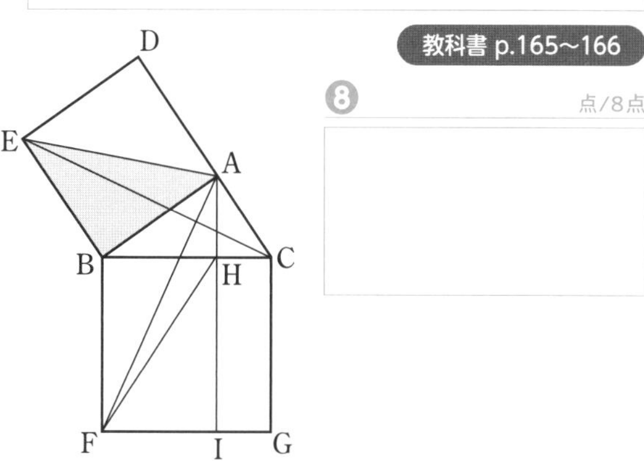

知 /52点　考 /48点

定期テスト予想問題　教科書139～169ページ

解答▶▶ p.44

定期テスト予想問題 6

6章　データの活用

時間30分　／100点　合格70点

1 次の表は，生徒35人に対して，1か月に何回保健室を利用したかを調べた結果です。次の問いに答えなさい。知

利用回数	0	1	2	3	4	5	6
人数	5	9	8	5	3	4	1

単位(人)

(1) 利用回数の中央値を求めなさい。

(2) 利用回数の四分位範囲(はんい)を求めなさい。

教科書 p.172〜176

1 点/8点(各4点)

(1)

(2)

2 次のデータは，ある年のA市における月別の降水日数です。

A市　8　7　12　11　12　20　13　12　18　15　11　9　(日)

次の問いに答えなさい。知

(1) 四分位数を求めなさい。

(2) 四分位範囲を求めなさい。

教科書 p.172〜176

2 点/20点(各5点)

3 次のデータは，ある生徒11人でゲームをしたときの得点です。

6,　3,　9,　3,　6,　3,　10,　5,　7,　a,　b　単位(点)

このデータの平均値が5点，第1四分位数が3点であるとき，次の問いに答えなさい。知

ただし，a，bは自然数で，$a<b$とします。

(1) a，bの値を求めなさい。

(2) このデータの中央値，第3四分位数を求めなさい。

教科書 p.172〜176

3 点/24点(各6点)

(1) aの値　bの値

(2) 中央値　第3四分位数

4 次のデータは，A店，B店におけるチョコレートの販売数を10日間調べた結果です。

A店　15　20　30　33　35　27　15　40　30　37

B店　32　16　38　40　25　29　10　47　39　50　単位(個)

次の問いに答えなさい。知

(1) A店の箱ひげ図をかきなさい。

(2) B店の箱ひげ図をかきなさい。

A店

B店

0　10　20　30　40　50(個)

教科書 p.177〜181

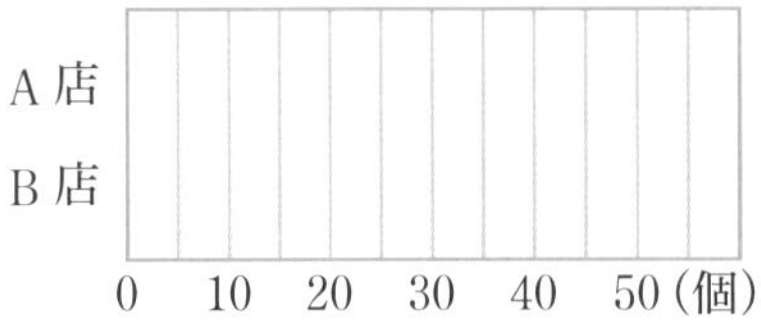

4 点/10点(各5点)

左の図にかきなさい。

成績評価の観点　知…数量や図形などについての知識・技能　考…数学的な思考・判断・表現

5 次のデータは，中学２年生の男子10人が長座体前屈(ぜんくつ)をしたときの記録です。

43，29，61，38，49，54，62，57，51，33　単位(cm)

このデータの箱ひげ図を，下の㋐～㋒から選びなさい。知

㋐
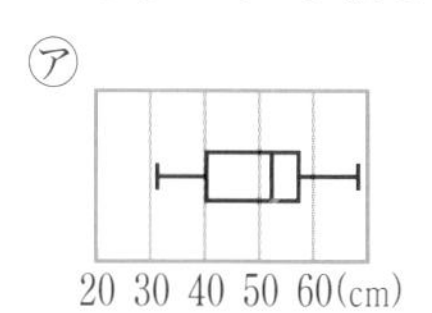

㋑
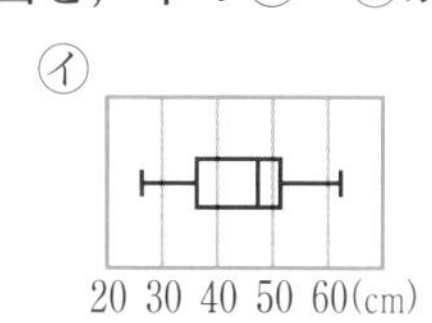

㋒
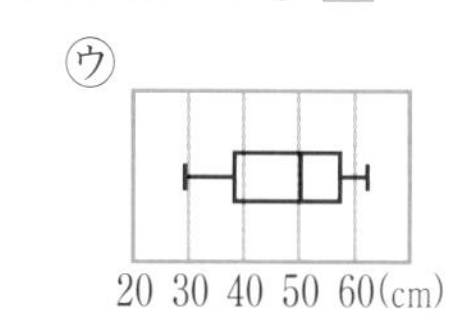

教科書 p.177～178

5　/6点

6 右の図は，A市，B市，C市，D市のある月の日ごとの最高気温を31日間調べたデータの箱ひげ図です。
次の問いに答えなさい。考

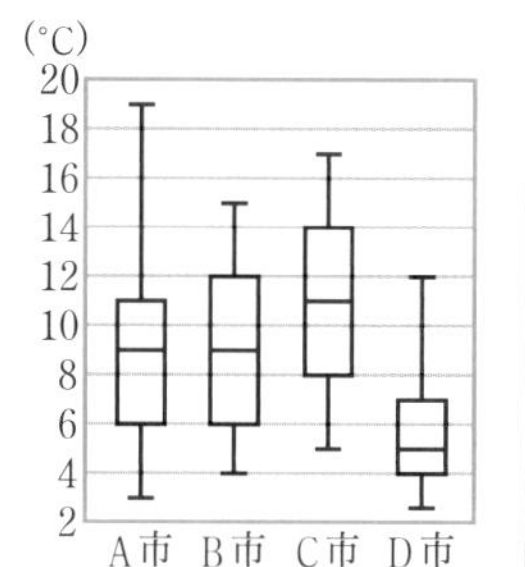

(1) 範囲がもっとも大きいのはどの市であるか答えなさい。

(2) 四分位範囲がもっとも小さいのはどの市であるか答えなさい。

(3) 最高気温が10 °Cを超えた日が16日以上あったのはどの市であるか答えなさい。

(4) 最高気温が5 °Cを下回る日が8日以上あったのはどの市であるか答えなさい。

教科書 p.179

6　点/24点(各6点)

(1)	
(2)	
(3)	
(4)	

7 右の図は，38人の生徒の立ち幅(はば)跳(と)びのデータをヒストグラムにしたものです。ただし，各階級は150 cm以上165 cm未満のように区切っています。このデータに対応する箱ひげ図として誤っていないものを，下の図の㋐～㋒から選びなさい。考

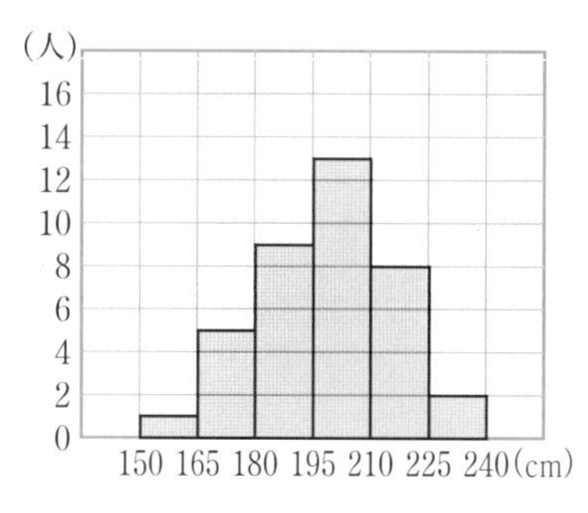

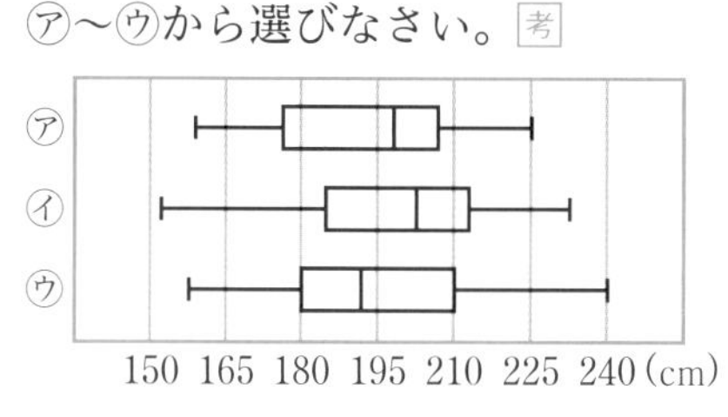

教科書 p.180～181

7　点/8点

知　/68点　考　/32点

解答▶▶ p.45

7章　確率

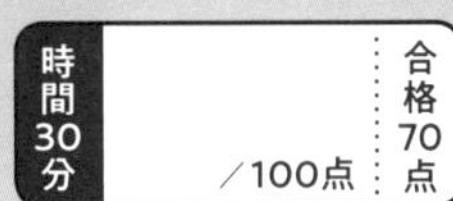

1 次のことがらの中から，同様に確からしいといえないものを答えなさい。知

教科書 p.188〜190

㋐　1個のさいころを投げるとき，3の目が出ることと6の目が出ること

㋑　1から20までの数を1つずつ書いた20枚のカードの中から1枚取り出すとき，カードの数が偶数(ぐうすう)であることと奇数(きすう)であること

㋒　1枚の硬貨(こうか)を投げるとき，表が出ることと裏が出ること

㋓　30本の中に当たりくじが4本入っているくじから1本引くとき，それが当たりくじであることとはずれくじであること

1	/6点

2 1個のさいころを投げるとき，次の確率を求めなさい。知

教科書 p.188〜190

(1)　偶数の目が出る確率

(2)　6の約数の目が出る確率

2	点/12点（各6点）
(1)	
(2)	

3 赤玉1個，白玉2個，青玉3個が入った袋(ふくろ)から，同時に2個の玉を取り出すとき，次の確率を求めなさい。知

教科書 p.191〜196

(1)　2個とも白玉を取り出す確率

(2)　少なくとも1個は青玉を取り出す確率

3	点/12点（各6点）
(1)	
(2)	

4 大小2個のさいころを投げるとき，次の確率を求めなさい。知

教科書 p.192〜196

(1)　2つとも1の目が出る確率

(2)　出る目の差が3になる確率

(3)　出る目の積が4になる確率

4	点/18点（各6点）
(1)	
(2)	
(3)	

成績評価の観点　知…数量や図形などについての知識・技能　考…数学的な思考・判断・表現

5 1，2，3，4，5の数を1つずつ書いた5枚のカードがあります。このカードをよくきって，1枚ずつ2枚を引き，順に十の位，一の位と並べて2けたの整数をつくります。このとき，次の確率を求めなさい。知

(1) その整数が偶数である確率

(2) その整数が4の倍数である確率

教科書 p.192〜195

5 点/12点（各6点）

(1)	
(2)	

6 A，B，C，Dの4人がリレーの走る順番をくじで決めることにしました。このとき，次の確率を求めなさい。知

(1) Aが第1走者になる確率

(2) Bのすぐ次にCが走る確率

教科書 p.192〜196

6 点/12点（各6点）

(1)	
(2)	

7 当たり2本，はずれ3本の入った5本のくじを2本引くとき，次の確率を求めなさい。知

(1) 同時に2本引くとき，2本とも当たる確率

(2) 1本引き，それをもとにもどしてから，2回目を引くとき，2本とも当たる確率

教科書 p.196〜197

7 点/14点（各7点）

(1)	
(2)	

8 右下の図のように，円周上のA，B，C，D，Eの上を矢印の方向に1つずつ移動する硬貨があります。この硬貨をはじめにAに置き，大小2個のさいころを投げて，出た目の数の和だけ硬貨を移動させます。このとき，次の確率を求めなさい。考

(1) 硬貨がDで止まる確率

(2) 硬貨がCで止まる確率

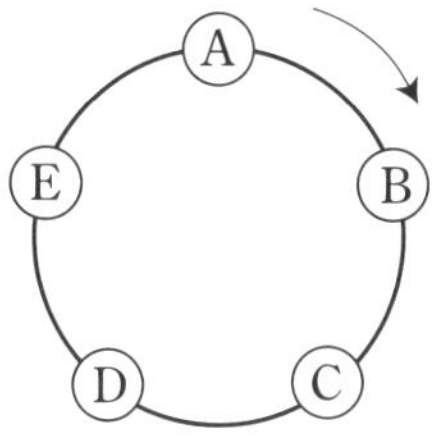

A B C D E

教科書 p.192〜196

8 点/14点（各7点）

(1)	
(2)	

知 /86点	考 /14点

教科書ぴったりトレーニング
〈数研出版版・中学数学２年〉
この解答集は取り外してお使いください。

解答集

1章　式の計算

p.6～7　ぴたトレ0

1 (1)$1000-100x$(円)　(2)$5a+3b$(円)

(3)$\dfrac{x}{120}$(分)

解き方
(3)時間＝道のり÷速さだから，
$x\div120=\dfrac{x}{120}$(分)

2 (1)$3a+3$　(2)$-\dfrac{5}{12}x$　(3)$3a+8$

(4)$-5x-4$　(5)$7x-8$　(6)$-2x+6$

解き方
(6)$(-3x-2)-(-x-8)$
$=-3x-2+x+8$
$=-3x+x-2+8$
$=-2x+6$

3 (1)$48a$　(2)$-6x$　(3)$8x+14$
(4)$-9y+60$　(5)$3a-2$　(6)$20x-5$
(7)$6x+10$　(8)$-4x+12$

解き方
(6)$(-16x+4)\div\left(-\dfrac{4}{5}\right)$
$=(-16x+4)\times\left(-\dfrac{5}{4}\right)$
$=-16x\times\left(-\dfrac{5}{4}\right)+4\times\left(-\dfrac{5}{4}\right)$
$=20x-5$
(8)$-10\times\dfrac{2x-6}{5}$
$=-2\times(2x-6)$
$=-2\times2x-2\times(-6)$
$=-4x+12$

4 (1)$7x+2$　(2)$3y-27$　(3)$7x-13$　(4)$-4y-4$

解き方
(2)$5(3y-6)-3(4y-1)$
$=15y-30-12y+3$
$=15y-12y-30+3$
$=3y-27$
(4)$-\dfrac{1}{3}(6y+3)-\dfrac{1}{4}(8y+12)$
$=-2y-1-2y-3$
$=-2y-2y-1-3$
$=-4y-4$

5 (1)14　(2)2　(3)-20　(4)-19

解き方
負の数はかっこをつけて代入します。
(3)$-5x^2=-5\times(-2)^2=-5\times4=-20$
(4)$5x-3y=5\times(-2)-3\times3=-10-9=-19$

p.8～9　ぴたトレ1

1 (1)単項式　(2)多項式　(3)単項式　(4)多項式

解き方
数や文字をかけ合わせてできる式を単項式，単項式の和の形で表される式を多項式といいます。
(1)$5x=5\times x$
(3)$3ab=3\times a\times b$

2 (1)$8x$，$-y$，-3
(2)$-a$，$4b$，$-9c$，-4
(3)$3a$，$-6b^2$，7
(4)$\dfrac{1}{2}x^2$，xy，$-\dfrac{3}{5}y$

解き方
＋でつないだ式になおして考えます。
(1)$8x+(-y)+(-3)$
(2)$-a+4b+(-9c)+(-4)$
(3)$3a+(-6b^2)+7$
(4)$\dfrac{1}{2}x^2+xy+\left(-\dfrac{3}{5}y\right)$

3 (1)3　(2)5

解き方
×を使って表して考えます。
(1)$7ab^2=7\times a\times b\times b$
　文字が3個であるから，次数は3
(2)$-\dfrac{1}{5}xyz^3=-\dfrac{1}{5}\times x\times y\times z\times z\times z$
　文字が5個であるから，次数は5

4 (1)2次式　(2)4次式　(3)1次式　(4)3次式
(5)3次式　(6)3次式

解き方
多項式では，各項の次数のうち，もっとも大きいものを，その多項式の次数といいます。単項式や多項式で，次数が1の式を1次式，次数が2の式を2次式，次数が3の式を3次式といいます。
(注意)多項式の次数を，各項の次数の和としないように気をつけましょう。
(5)もっとも次数が大きい項は$\dfrac{2}{3}a^2b$で，次数は3であるから，3次式です。

p.10~11 ぴたトレ1

1 (1)$\boldsymbol{6m-n}$ (2)$\boldsymbol{-5a^2-7a}$ (3)$\boldsymbol{2ab-7b}$
(4)$\boldsymbol{-5x^2-4x+2}$

解き方 同類項(文字の部分が同じである項)を，分配法則 $ax+bx=(a+b)x$ を使って1つの項にまとめます。

(1)$2m-3n+4m+2n$
$=(2+4)m+(-3+2)n$
$=6m-n$

(2)a^2 と a のように，文字は同じでも次数がちがう項は同類項ではありません。
$-6a^2+2a+a^2-9a$
$=(-6+1)a^2+(2-9)a$
$=-5a^2-7a$

(3)$-5ab+3b-10b+7ab$
$=(-5+7)ab+(3-10)b$
$=2ab-7b$

(4)$4x^2-x+2-9x^2-3x$
$=(4-9)x^2+(-1-3)x+2$
$=-5x^2-4x+2$

2 (1)和…$\boldsymbol{7a+b}$ 差…$\boldsymbol{3a-5b}$
(2)和…$\boldsymbol{8a-7b+5}$ 差…$\boldsymbol{-2a+5b+11}$

解き方 多項式をひく計算では，ひく式の各項の符号を変えます。

(1)和 $(5a-2b)+(2a+3b)$
$=5a-2b+2a+3b=7a+b$
差 $(5a-2b)-(2a+3b)$
$=5a-2b-2a-3b=3a-5b$

(2)和 $(3a-b+8)+(5a-6b-3)$
$=3a-b+8+5a-6b-3=8a-7b+5$
差 $(3a-b+8)-(5a-6b-3)$
$=3a-b+8-5a+6b+3=-2a+5b+11$

3 (1)$\boldsymbol{-x}$ (2)$\boldsymbol{4a-2b}$ (3)$\boldsymbol{5x+3y}$
(4)$\boldsymbol{4a+2b-4}$

解き方 縦書きの計算では，同類項どうしを縦にそろえて，係数どうしを計算します。

(1)$(3x-2y)+(-4x+2y)$
$=3x-2y-4x+2y=-x$

(2)$(-4a+5b)+(8a-7b)$
$=-4a+5b+8a-7b=4a-2b$

(3)
$$\begin{array}{rr} & 2x-\ \ y \\ +) & 3x+4y \\ \hline & 5x+3y \end{array}$$

(4)
$$\begin{array}{rr} & 3a-4b+5 \\ +) & a+6b-9 \\ \hline & 4a+2b-4 \end{array}$$

4 (1)$\boldsymbol{x-5y}$ (2)$\boldsymbol{-2a+2b}$ (3)$\boldsymbol{a}$
(4)$\boldsymbol{-6x+11y-6}$

解き方 かっこをはずすとき，ひく多項式の各項の符号が変わります。

(1)$(2x-3y)-(x+2y)$
$=2x-3y-x-2y=x-5y$

(2)$(3a-2b)-(5a-4b)$
$=3a-2b-5a+4b=-2a+2b$

(3)
$$\begin{array}{rr} & 2a-b \\ -) & a-b \\ \hline & a \end{array}$$

(4)
$$\begin{array}{rr} & -x+\ 7y-4 \\ -) & 5x-\ 4y+2 \\ \hline & -6x+11y-6 \end{array}$$

p.12~13 ぴたトレ1

1 (1)$\boldsymbol{-6x+4y}$ (2)$\boldsymbol{45a-20b-35}$
(3)$\boldsymbol{7a-2b}$ (4)$\boldsymbol{-6x+3y+12}$

解き方 多項式と数の乗法は，分配法則を使ってかっこをはずします。

(1)$-2(3x-2y)=-2\times3x-2\times(-2y)$
$=-6x+4y$

(2)$5(9a-4b-7)$
$=5\times9a+5\times(-4b)+5\times(-7)$
$=45a-20b-35$

(3)$14\left(\dfrac{1}{2}a-\dfrac{1}{7}b\right)$
$=14\times\dfrac{1}{2}a+14\times\left(-\dfrac{1}{7}b\right)$
$=7a-2b$

(4)$(-8x+4y+16)\times\dfrac{3}{4}$
$=-8x\times\dfrac{3}{4}+4y\times\dfrac{3}{4}+16\times\dfrac{3}{4}$
$=-6x+3y+12$

2 (1)$\boldsymbol{2x+3y}$ (2)$\boldsymbol{-a+2b}$
(3)$\boldsymbol{3x^2+2x+1}$ (4)$\boldsymbol{18x-27y-9}$

解き方 多項式と数の除法は，除法を乗法になおして分配法則を利用します。
わる数が整数のときは，分数の形にして計算することもできます。

(1)$(6x+9y)\div3=\dfrac{6x}{3}+\dfrac{9y}{3}=2x+3y$

(2)$(4a-8b)\div(-4)=\dfrac{4a}{-4}-\dfrac{8b}{-4}=-a+2b$

(3)$(-24x^2-16x-8)\div(-8)$
$=-\dfrac{24x^2}{-8}-\dfrac{16x}{-8}-\dfrac{8}{-8}=3x^2+2x+1$

(4)$(12x-18y-6)\div\dfrac{2}{3}$
$=(12x-18y-6)\times\dfrac{3}{2}=18x-27y-9$

(1)$14x+3y$　(2)$4x-13y$　(3)$8a-26b$
(4)$-10x^2+12x+10$

分配法則を使ってかっこをはずし，同類項をまとめます。

(1)$2(4x+6y)+3(2x-3y)$
$=8x+12y+6x-9y=14x+3y$

(2)$-2(3x+4y)+5(2x-y)$
$=-6x-8y+10x-5y=4x-13y$

(3)$3(4a-2b)-4(a+5b)$
$=12a-6b-4a-20b=8a-26b$

(4)$-2(5x^2-2x+1)-4(-2x-3)$
$=-10x^2+4x-2+8x+12$
$=-10x^2+12x+10$

(1)$\dfrac{3x-y}{8}$　(2)$\dfrac{9a-b}{15}$　(3)$\dfrac{-32x-17y}{12}$
(4)$\dfrac{-x+5y}{6}$

分母の最小公倍数で通分します。

(1)$\dfrac{y}{2}+\dfrac{3x-5y}{8}=\dfrac{4y+3x-5y}{8}=\dfrac{3x-y}{8}$

(2)$\dfrac{3a-2b}{3}-\dfrac{2a-3b}{5}=\dfrac{5(3a-2b)-3(2a-3b)}{15}$
$=\dfrac{15a-10b-6a+9b}{15}=\dfrac{9a-b}{15}$

(3)$-\dfrac{4x+3y}{4}-\dfrac{5x+2y}{3}$
$=\dfrac{-3(4x+3y)-4(5x+2y)}{12}$
$=\dfrac{-12x-9y-20x-8y}{12}=\dfrac{-32x-17y}{12}$

(4)$\dfrac{5x-7y}{6}-(x-2y)=\dfrac{5x-7y-6(x-2y)}{6}$
$=\dfrac{5x-7y-6x+12y}{6}=\dfrac{-x+5y}{6}$

[p.]14~15　ぴたトレ1

(1)$-24ab$　(2)$2xy$　(3)$14x^2$　(4)$25a^2b^2$

単項式と単項式の乗法は，それぞれの単項式の係数の積に，文字の積をかけます。

(1)$3a\times(-8b)=3\times a\times(-8)\times b$
$=-24ab$

(2)$\dfrac{1}{3}x\times 6y=\dfrac{1}{3}\times 6\times x\times y=2xy$

(3)$2x\times 7x=2\times 7\times x\times x=14x^2$

(4)$(-5ab)^2$
$=(-5)\times(-5)\times a\times a\times b\times b=25a^2b^2$

(1)$5b$　(2)$-2y^2$　(3)$-12y$　(4)$12a^2$

単項式どうしの除法は，分数の形にするか，乗法になおして計算します。

(1)$(-15ab)\div(-3a)=\dfrac{15\times a\times b}{3\times a}$
$=5b$

(2)$(-6y^3)\div 3y=-\dfrac{6\times y\times y\times y}{3\times y}$
$=-2y^2$

(3)$8xy\div\left(-\dfrac{2}{3}x\right)=8xy\div\left(-\dfrac{2x}{3}\right)$
$=8xy\times\left(-\dfrac{3}{2x}\right)$
$=-\dfrac{8\times x\times y\times 3}{2\times x}=-12y$

(4)$\dfrac{6}{5}a^2b\div\dfrac{1}{10}b=\dfrac{6a^2b}{5}\div\dfrac{b}{10}$
$=\dfrac{6a^2b}{5}\times\dfrac{10}{b}$
$=\dfrac{6\times a\times a\times b\times 10}{5\times b}=12a^2$

3　(1)$-16a$　(2)2　(3)$-15y^2$　(4)$48b$

解き方

乗法と除法の混じった計算は，除法を乗法になおして計算します。

(1)$8a^2b\div(-3ab^2)\times 6b$
$=8a^2b\times\left(-\dfrac{1}{3ab^2}\right)\times 6b$
$=-\dfrac{8\times a\times a\times b\times 6\times b}{3\times a\times b\times b}=-16a$

(2)$(-4x^2)\div(-2x)\div x$
$=(-4x^2)\times\left(-\dfrac{1}{2x}\right)\times\dfrac{1}{x}$
$=\dfrac{4\times x\times x}{2\times x\times x}=2$

(3)$6xy\times 5y\div(-2x)$
$=6xy\times 5y\times\left(-\dfrac{1}{2x}\right)$
$=-\dfrac{6\times x\times y\times 5\times y}{2\times x}=-15y^2$

(4)$4ab^2\div\dfrac{3}{8}a\div\dfrac{2}{9}b$
$=4ab^2\div\dfrac{3a}{8}\div\dfrac{2b}{9}$
$=4ab^2\times\dfrac{8}{3a}\times\dfrac{9}{2b}$
$=\dfrac{4\times a\times b\times b\times 8\times 9}{3\times a\times 2\times b}=48b$

4 (1)1　(2)$-\frac{8}{3}$

解き方 与えられた式を簡単にしてから，文字に式を代入します。

(1)$3(2x-3y)-2(4x-5y)$

$=-2x+y=4-3=1$

(2)$-4xy^2\div(-3y^2)=\frac{4}{3}x=-\frac{8}{3}$

p.16〜17　ぴたトレ2

1 (1)㋐，㋒　(2)㋐，㋑　(3)**$5x$，$2x$**

解き方 (3)㋐の$5x$と㋓の$2x$は，文字の部分が同じになっているので同類項です。㋓のx^2は，次数が違うので同類項ではありません。

2 (1)項…$3x$，$7y$，5　　1次式

(2)項…$4a^2$，$-3a$，-2　　2次式

(3)項…$\frac{1}{2}a$，ab，$-\frac{2}{3}b$　　2次式

解き方 各項の次数のうち，もっとも大きいものが，その多項式の次数です。

(1)もっとも次数の大きい項は$3x$と$7y$で，その次数は1だから，1次式です。

(2)もっとも次数の大きい項は$4a^2$で，その次数は2だから，2次式です。

(3)もっとも次数の大きい項はabで，その次数は2だから，2次式です。

3 (1)和…$5a-2b$　　差…$-13a+8b$

(2)和…$4x+y-12$　　差…$10x-11y+6$

解き方 (1)和　$(-4a+3b)+(9a-5b)$

$=-4a+3b+9a-5b=5a-2b$

差　$(-4a+3b)-(9a-5b)$

$=-4a+3b-9a+5b=-13a+8b$

(2)和　$(7x-5y-3)+(-3x+6y-9)$

$=7x-5y-3-3x+6y-9=4x+y-12$

差　$(7x-5y-3)-(-3x+6y-9)$

$=7x-5y-3+3x-6y+9=10x-11y+6$

4 (1)$-2ab-b$　(2)$-6x^2-2x-5$　(3)$3x-32$

(4)$-2a-b+7$　(5)$-12a^2+9ab-4$

(6)$9x^2-4y-9$　(7)$7a-11b$　(8)$-2x-4y+3$

解き方 かっこの前に−があるときは，かっこをはずすときの符号の変化に注意しましょう。

(1)$-ab-2b+b-ab$

$=-2ab-b$

(2)$x^2-4x+3+2x-7x^2-8$

$=-6x^2-2x-5$

(3)$4x-3y-12-x+3y-20$

$=3x-32$

(4)$(3b-5a-2)+(3a-4b+9)$

$=3b-5a-2+3a-4b+9=-2a-b+7$

(5)$(ab-5a^2-1)-(7a^2-8ab+3)$

$=ab-5a^2-1-7a^2+8ab-3=-12a^2+9ab-4$

(6)$(6x^2-2y-5)-(4+2y-3x^2)$

$=6x^2-2y-5-4-2y+3x^2=9x^2-4y-9$

(7)
$$\begin{array}{rr} & 9a-5b \\ +) & -2a-6b \\ \hline & 7a-11b \end{array}$$

(8)
$$\begin{array}{rr} & 5x-6y \\ -) & 7x-2y-3 \\ \hline & -2x-4y+3 \end{array}$$

5 (1)$24x-13y$　(2)$26a+9b$　(3)$-x^2-4x$

(4)$\frac{1}{6}x-1$　(5)$\frac{5}{4}a-\frac{1}{2}b$　(6)$\frac{8a+2b}{15}$

解き方 (1)$4(x-2y)+5(4x-y)$

$=4x-8y+20x-5y=24x-13y$

(2)$3(6a+5b)-2(3b-4a)$

$=18a+15b-6b+8a=26a+9b$

(3)$-3(3x^2-2x)+2(4x^2-5x)$

$=-9x^2+6x+8x^2-10x=-x^2-4x$

(4)$\left(\frac{1}{2}x-3\right)-\left(\frac{1}{3}x-2\right)$

$=\frac{1}{2}x-3-\frac{1}{3}x+2=\frac{1}{6}x-1$

(5)$\frac{1}{2}(2a+b)+\frac{1}{4}(a-4b)$

$=a+\frac{1}{2}b+\frac{1}{4}a-b=\frac{5}{4}a-\frac{1}{2}b$

(6)$\frac{a+b}{3}+\frac{a-b}{5}=\frac{5(a+b)+3(a-b)}{15}$

$=\frac{5a+5b+3a-3b}{15}=\frac{8a+2b}{15}$

6 (1)$-6xy$　(2)$\frac{ab}{4}$　(3)$\frac{a}{25}$　(4)$-\frac{2}{3}x$

(5)$3x$　(6)$-\frac{3}{2}a$

解き方 (1)$(-8x)\times\frac{3}{4}y=(-8x)\times\frac{3y}{4}$

$=-\frac{8x\times3y}{4}=-6xy$

(2)$\left(-\frac{2}{3}a\right)\times\left(-\frac{3}{8}b\right)=\left(-\frac{2a}{3}\right)\times\left(-\frac{3b}{8}\right)$

$=\frac{2a\times3b}{3\times8}=\frac{ab}{4}$

(3)$\frac{4}{5}a^2\div20a=\frac{4a^2}{5}\times\frac{1}{20a}$

$=\frac{4a^2}{5\times20a}=\frac{a}{25}$

(4)$\frac{4}{9}xy\div\left(-\frac{2}{3}y\right)=\frac{4xy}{9}\times\left(-\frac{3}{2y}\right)$

$=-\frac{4xy\times3}{9\times2y}=-\frac{2}{3}x$

(5) $(-2x)^2\times 9y\div 12xy$

$=4x^2\times 9y\times\dfrac{1}{12xy}=\dfrac{4x^2\times 9y}{12xy}=3x$

(6) $(ab)^2\div\left(-\dfrac{1}{3}b\right)^2\div(-6a)$

$=a^2b^2\div\dfrac{1}{9}b^2\div(-6a)=a^2b^2\times\dfrac{9}{b^2}\times\left(-\dfrac{1}{6a}\right)$

$=-\dfrac{a^2b^2\times 9}{b^2\times 6a}=-\dfrac{3}{2}a$

(1) $\dfrac{1}{6}$　(2) $\dfrac{4}{3}$

与えられた式を簡単にしてから，文字に数を代入します。

(1) $8(2x-3y)-5(3x-5y)$

$=16x-24y-15x+25y=x+y$

$=\dfrac{2}{3}+\left(-\dfrac{1}{2}\right)=\dfrac{1}{6}$

(2) $(-2x)^3\div\dfrac{1}{2}y\div(-4x)^2$

$=-8x^3\times\dfrac{2}{y}\times\dfrac{1}{16x^2}=-\dfrac{8x^3\times 2}{y\times 16x^2}=-\dfrac{x}{y}$

$=-\dfrac{2}{3}\div\left(-\dfrac{1}{2}\right)=\dfrac{2}{3}\times\dfrac{2}{1}=\dfrac{4}{3}$

理解のコツ

式の計算で，ひく式のかっこをはずすとき，符号が変わることに注意する。

乗法と除法の混じった計算では，先に係数の符号を決めるとよい。

式の値を求めるときには，与えられた式を簡単にしてから，文字に数を代入するとよい。

p.18～19　ぴたトレ1

(1) $n-2$，$n-1$，n，$n+1$，$n+2$

(2) 連続する5つの整数のうち，中央の整数を n として，5つの整数を

$n-2$，$n-1$，n，$n+1$，$n+2$

と表す。このとき，これらの和は

$(n-2)+(n-1)+n+(n+1)+(n+2)=5n$

n は整数であるから，$5n$ は5の倍数である。

よって，連続する5つの整数の和は5の倍数である。

(1)連続する5つの整数のうち，もっとも小さい整数は中央の整数より2小さい数，もっとも大きい整数は中央の数より2大きい数です。

(2)ある数 A の倍数であることを説明するには，n を整数として式をつくり，式を整理して，$A\times(n$ の式$)$ の形にします。

n の式が整数ならば，$A\times(n$ の式$)$ は A の倍数です。

2 **a，b をそれぞれ直径とする半円の弧の長さは，それぞれ $\dfrac{1}{2}\pi a$，$\dfrac{1}{2}\pi b$ と表される。**

これらの和は　$\dfrac{1}{2}\pi a+\dfrac{1}{2}\pi b=\dfrac{1}{2}\pi(a+b)$

これは，$a+b$ を直径とする半円の弧の長さと等しい。

解き方　a，b を直径とする半円の弧の長さをそれぞれ文字式で表して，それらの和が，$a+b$ を直径とする半円の弧の長さを表す式になるように変形します。

3 **(1) $y=\dfrac{13-x}{8}$　(2) $x=\dfrac{y+7}{2}$**

(3) $x=\dfrac{y+1}{5}$　(4) $b=\dfrac{5a-8}{3}$

解き方　移項するとき，符号が変わることに注意しよう。

(1) x を移項すると　$8y=13-x$

両辺を8でわると　$y=\dfrac{13-x}{8}$

(2) $-y$ を移項すると　$2x=y+7$

両辺を2でわると　$x=\dfrac{y+7}{2}$

(3)両辺を入れかえると　$5x-1=y$

-1 を移項すると　$5x=y+1$

両辺を5でわると　$x=\dfrac{y+1}{5}$

(4)両辺を入れかえると　$0=5a-3b-8$

$-3b$ を移項すると　$3b=5a-8$

両辺を3でわると　$b=\dfrac{5a-8}{3}$

4 **(1) $c=\dfrac{V}{ab}$　(2) $a=\dfrac{360S}{\pi r^2}$**

解き方

(1)両辺を入れかえると　$abc=V$

両辺を ab でわると　$c=\dfrac{V}{ab}$

(2)両辺を入れかえると　$\dfrac{\pi r^2 a}{360}=S$

両辺に360をかけると　$\pi r^2 a=360S$

両辺を πr^2 でわると　$a=\dfrac{360S}{\pi r^2}$

p.20～21　ぴたトレ2

1 **n を整数として，連続する2つの奇数を $2n-1$，$2n+1$ と表す。このとき，これらの和は**

$(2n-1)+(2n+1)=4n$

n は整数であるから，$4n$ は4の倍数である。

よって，連続する2つの奇数の和は，4の倍数である。

解き方　4の倍数であることを説明するには，文字式を$4\times$(整数)の形にします。

2　もとの自然数の百の位の数をa，十の位の数をb，一の位の数をcとすると
もとの自然数は　$100a+10b+c$
百の位の数と一の位の数を入れかえた自然数は
$100c+10b+a$と表される。
このとき，これらの差は
$(100a+10b+c)-(100c+10b+a)$
$=99a-99c$
$=99(a-c)$
$a-c$は整数であるから，$99(a-c)$は99の倍数である。
よって，3けたの自然数と，その数の百の位と一の位の数を入れかえた自然数との差は，99の倍数になる。

解き方　2つの数の差を文字式で表し，
$99\times$(整数)の形にします。

3　もとの自然数の十の位の数をa，一の位の数をbとすると，2けたの自然数は$10a+b$と表される。
この自然数から十の位の数と一の位の数の和をひくと　$10a+b-(a+b)=9a$
aは整数であるから，$9a$は9の倍数である。
よって，2けたの自然数から，その十の位の数と一の位の数の和をひくと，9の倍数になる。

解き方　2けたの自然数から，その十の位の数と一の位の数の和をひいた差を文字式で表し，
$9\times$(整数)の形にします。

4　3けたの自然数の百の位の数をa，十の位の数をb，一の位の数をcとすると，3けたの自然数は$100a+10b+c$と表される。
各位の数の和が9の倍数であるから，nを整数とすると，$a+b+c=9n$と表される。
$100a+10b+c=99a+9b+(a+b+c)$
$=99a+9b+9n=9(11a+b+n)$
$11a+b+n$は整数であるから，$9(11a+b+n)$は9の倍数である。
よって，各位の数の和が9の倍数である3けたの自然数は9の倍数になる。

解き方　3けたの自然数を文字a，b，cを使って表します。a，b，cの和が9の倍数であることを，nを整数として等式で表し，この等式を利用して，3けたの自然数を表す文字式を変形して，
$9\times$(整数)の形を導きます。

5　3けたの自然数の百の位の数をa，十の位の数をb，一の位の数をcとすると，3けたの自然数は$100a+10b+c$と表される。
また，$a-b+c=11$の関係が成り立つ。
$100a+10b+c=99a+11b+(a-b+c)$
$=99a+11b+11=11(9a+b+1)$
$9a+b+1$は整数であるから，$11(9a+b+1)$は11の倍数である。
よって，3けたの自然数で，各位の数の間に
(百の位の数)$-$(十の位の数)$+$(一の位の数)$=11$
の関係が成り立つとき，この3けたの自然数は11の倍数になる。

解き方　3けたの自然数を文字a，b，cを使って表します。
(百の位の数)$-$(十の位の数)$+$(一の位の数)$=11$
の関係から，a，b，cを使って等式で表し，この等式を利用して，3けたの自然数を表す文字式を変形して，$11\times$(整数)の形を導きます。

6　(1)$r=\dfrac{\ell}{2\pi}-1$　(2)$z=\dfrac{x+y}{3}$　(3)$\ell=\dfrac{2S}{r}$
(4)$a=\dfrac{4c-3b}{5}$

解き方
(1)両辺を入れかえると　$2\pi(r+1)=\ell$
両辺を2πでわると　$r+1=\dfrac{\ell}{2\pi}$
1を移項すると　$r=\dfrac{\ell}{2\pi}-1$
(2)両辺を入れかえると　$0=x+y-3z$
$-3z$を移項すると　$3z=x+y$
両辺を3でわると　$z=\dfrac{x+y}{3}$
(3)両辺を入れかえると　$\dfrac{1}{2}\ell r=S$
両辺に2をかけてrでわると　$\ell=\dfrac{2S}{r}$
(4)両辺を入れかえると　$\dfrac{5a+3b}{4}=c$
両辺に4をかけると　$5a+3b=4c$
$3b$を移項すると　$5a=4c-3b$
両辺を5でわると　$a=\dfrac{4c-3b}{5}$

7 (1)$2x+2\pi r=400$ (2)$r=\dfrac{120}{\pi}$ (3)2π m

解き方

(1)直線部分の長さは　$x\times 2=2x$(m)
曲線部分の長さは，半径 r m の円周の長さに等しいから，$2\pi r$ m となります。
よって，トラックの周の長さは
$(2x+2\pi r)$ m

(2)$2x+2\pi r=400$ に $x=80$ を代入すると
$2\times 80+2\pi r=400$　　$2\pi r=240$　　$r=\dfrac{120}{\pi}$

(3)外側の線の直線部分の長さは変わりません。
また，曲線部分の長さは，半径 $(r+1)$ m の円周の長さに等しいから，$2\pi(r+1)$ m となります。
よって　$2\pi(r+1)-2\pi r=2\pi$(m)

8 (1)8 倍 (2)3 倍

解き方

(1)縦 a，横 b，高さ c の直方体の体積は
$a\times b\times c=abc$
それぞれを 2 倍した直方体の体積は
$2a\times 2b\times 2c=8abc$
よって　$8abc\div abc=8$(倍)

(2)AC を軸にしたときの立体の体積は
$\dfrac{1}{3}\times\pi\times(3a)^2\times a=3\pi a^3$(cm^3)
BC を軸にしたときの立体の体積は
$\dfrac{1}{3}\times\pi\times a^2\times 3a=\pi a^3$(cm^3)
よって　$3\pi a^3\div\pi a^3=3$(倍)

理解のコツ

・偶数，奇数，ある数の倍数，2 けたの自然数や 3 けたの自然数などを，文字を使って表すことができるようにしよう。
・等式の変形は，指定された文字についての方程式を解くと考えるとよい。

p.22〜23　ぴたトレ 3

1 (1)㋑，㋕ (2)㋐，㋒，㋕

解き方

(2)多項式では，各項の次数のうち，もっとも大きいものを，その多項式の次数といいます。
次数が 1 の式を 1 次式といいます。

2 (1)$3a-6b$ (2)$3y^2-y+6$
(3)$10x-3y-9$ (4)$-6a+7b+8$

解き方

基本は同類項をまとめることです。多項式をひく計算では，ひく多項式を各項の符号を変えて加えます。

(1)$2a+3b+a-9b=(2+1)a+(3-9)b$
$=3a-6b$

(2)$(-2y^2+3y-1)-(4y-5y^2-7)$
$=-2y^2+3y-1-4y+5y^2+7$
$=(-2+5)y^2+(3-4)y+(-1+7)$
$=3y^2-y+6$

(3)
$$\begin{array}{rr} & 8x-7y-4 \\ +) & 2x+4y-5 \\ \hline & 10x-3y-9 \end{array}$$

(4)
$$\begin{array}{rr} & 3a+2b \\ -) & 9a-5b-8 \\ \hline & -6a+7b+8 \end{array}$$

3 (1)$-10a-5b+15$ (2)$2x-5y$
(3)$-2x-2y$ (4)$\dfrac{4x+11y}{6}$

解き方

分配法則を使ってかっこをはずし，同類項があればまとめます。かっこの前に−があるときは，符号の変化に注意します。

(1)$-5(2a+b-3)=-5\times 2a-5\times b-5\times(-3)$
$=-10a-5b+15$

(2)$(8x-20y)\div 4=(8x-20y)\times\dfrac{1}{4}$
$=8x\times\dfrac{1}{4}-20y\times\dfrac{1}{4}=2x-5y$

(3)$3(-2x+6y)+4(x-5y)$
$=-6x+18y+4x-20y=-2x-2y$

(4)$\dfrac{2x+y}{2}-\dfrac{x-4y}{3}=\dfrac{3(2x+y)-2(x-4y)}{6}$
$=\dfrac{6x+3y-2x+8y}{6}=\dfrac{4x+11y}{6}$

4 (1)$-125a^3$ (2)$4y$ (3)$2x^2$ (4)$-\dfrac{a}{8}$

解き方

累乗の計算では，符号に注意します。
$(-a)^2=(-a)\times(-a)=a^2$
$-a^2=-(a\times a)$
乗法と除法の混じった計算では，わる式の逆数を使って，乗法だけの式になおして計算します。

(1)$(-5a)^3=(-5a)\times(-5a)\times(-5a)=-125a^3$

(2)$(-32xy)\div(-8x)=\dfrac{32xy}{8x}=4y$

(3)$4xy\times(-9xy)\div(-18y^2)$
$=4xy\times(-9xy)\times\left(-\dfrac{1}{18y^2}\right)=2x^2$

(4)$\left(-\dfrac{a^2b}{6}\right)\div\dfrac{b}{3}\div 4a=\left(-\dfrac{a^2b}{6}\right)\times\dfrac{3}{b}\times\dfrac{1}{4a}$
$=-\dfrac{a}{8}$

5 (1)-16 (2)3

解き方

式を簡単にしてから数を代入します。

(1)$7(4x-5y)-5(6x-8y)$
$=28x-35y-30x+40y$
$=-2x+5y=-2\times 3+5\times(-2)$
$=-6-10=-16$

(2)$3x^2y\div(-6x)=-\dfrac{3x^2y}{6x}=-\dfrac{3\times x\times x\times y}{6\times x}$

$=-\dfrac{xy}{2}=-\dfrac{3\times(-2)}{2}=3$

6 **3けたの自然数の百の位の数を a，十の位の数を b，一の位の数を c とすると，3けたの自然数は $100a+10b+c$ と表される。**
また，各位の数の和が3の倍数であるから，n を整数とすると，$a+b+c=3n$ と表される。
$100a+10b+c=99a+9b+(a+b+c)$
$=99a+9b+3n=3(33a+3b+n)$
$33a+3b+n$ は整数であるから，$3(33a+3b+n)$ は3の倍数である。
よって，各位の数の和が3の倍数である3けたの自然数は，3の倍数になる。

解き方
3けたの自然数を表す文字式を変形して，
3×(整数)の形を導きます。

7 **(1)$y=2x-3$ (2)$b=a+c-2m$**

解き方
(1)$4x$，-6 を移項すると　$-2y=-4x+6$
両辺を -2 でわると　$y=2x-3$
(2)両辺に2をかけると　$2m=a-b+c$
$2m$，$-b$ を移項すると　$b=a+c-2m$

8 **(1)$\dfrac{5}{24}a$ 時間 (2)時速 $\dfrac{48}{5}$ km**

解き方
(1)行きにかかった時間は　$\dfrac{a}{12}$ 時間
帰りにかかった時間は　$\dfrac{a}{8}$ 時間
よって　$\dfrac{a}{12}+\dfrac{a}{8}=\dfrac{5}{24}a$(時間)
(2)往復の道のりは $2a$ km であるから
$2a\div\dfrac{5}{24}a=2a\times\dfrac{24}{5a}=\dfrac{48}{5}$ より　時速 $\dfrac{48}{5}$ km

9 **一定で，長さは変わらない。**

解き方
もとの2つの円の周の和は
$2\pi a+2\pi b$ ……①
円Aの半径を x cm 大きくし，円Bの半径を x cm 小さくすると，2つの円の周の和は
$2\pi(a+x)+2\pi(b-x)$
$=2\pi a+2\pi x+2\pi b-2\pi x$
$=2\pi a+2\pi b$ ……②
円Aの半径を x cm 小さくし，円Bの半径を x cm 大きくすると，2つの円の周の和は
$2\pi(a-x)+2\pi(b+x)$
$=2\pi a-2\pi x+2\pi b+2\pi x$
$=2\pi a+2\pi b$ ……③
①，②，③より，長さは変わりません。

2章　連立方程式

p.25　ぴたトレ0

1 **(1)$x=-15$ (2)$x=5$ (3)$x=14$**
(4)$x=4$ (5)$x=-5$ (6)$x=2$

解き方
(4)両辺に10をかけると，
$7x-26=-4x+18$
$11x=44$，$x=4$
(6)両辺に分母の公倍数20をかけて分母をはらうと，
$\dfrac{x+3}{5}\times20=\dfrac{3x-2}{4}\times20$
$(x+3)\times4=(3x-2)\times5$
$4x+12=15x-10$
$-11x=-22$，$x=2$

2 **9人**

解き方
色紙の枚数を，2通りの配り方で，それぞれ式に表します。
生徒の人数を x 人とすると，
$4x+15=6x-3$
$4x-6x=-3-15$
$-2x=-18$，$x=9$
この解は問題にあっています。

3 **プリン 8個，シュークリーム 4個**

解き方
プリンを x 個とするとシュークリームの個数は $12-x$(個)となります。
代金について式をつくると，
$120x+150(12-x)+100=1660$
$120x+1800-150x+100=1660$
$120x-150x=1660-1800-100$
$-30x=-240$，$x=8$
この解は問題にあっています。
シュークリームは　$12-8=4$ (個)

p.26～27　ぴたトレ1

1 (1)①

x	-2	-1	0	1	2
y	-9	-7	-5	-3	-1

②

x	-2	-1	0	1	2
y	$\dfrac{5}{3}$	1	$\dfrac{1}{3}$	$-\dfrac{1}{3}$	-1

(2)$x=2$，$y=-1$

解き方
(1)①$2x-y=5$ に $x=-2$，-1，0，1，2 をそれぞれ代入して，y の値を求めます。
②$2x+3y=1$ に $x=-2$，-1，0，1，2 をそれぞれ代入して，y の値を求めます。

(2)①と②の表から，両方の方程式を成り立たせる x，y の値の組を選びます。
それが連立方程式の解になります。

2 ㋐

解き方 それぞれの x，y の値の組を 2 つの方程式に代入して，どちらの方程式も成り立たせるものを選びます。

3 (1)$\boldsymbol{x=1,\ y=2}$　(2)$\boldsymbol{x=1,\ y=-\frac{7}{2}}$
(3)$\boldsymbol{x=2,\ y=-1}$　(4)$\boldsymbol{x=8,\ y=-3}$

解き方 それぞれの連立方程式において，上の式を①，下の式を②とします。

(1)① $4x+y=6$
② $-)\ 2x+y=4$
$2x=2$　$x=1$
$x=1$ を①に代入すると
$4\times1+y=6$　$y=2$

(2)① $x-2y=8$
② $+)\ x+2y=-6$
$2x=2$　$x=1$
$x=1$ を②に代入すると
$1+2y=-6$　$y=-\frac{7}{2}$

(3)① $-x+5y=-7$
② $+)\ x-4y=6$
$y=-1$
$y=-1$ を②に代入すると
$x-4\times(-1)=6$　$x=2$

(4)① $x+y=5$
② $+)\ x-y=11$
$2x=16$　$x=8$
$x=8$ を①に代入すると
$8+y=5$　$y=-3$

p.28～29 ぴたトレ1

1 (1)$\boldsymbol{x=1,\ y=1}$　(2)$\boldsymbol{x=-2,\ y=4}$
(3)$\boldsymbol{x=-6,\ y=8}$　(4)$\boldsymbol{x=1,\ y=-2}$

解き方 それぞれの連立方程式において，上の式を①，下の式を②とします。

(1)①×3 $12x+3y=15$
② $+)\ 2x-3y=-1$
$14x=14$　$x=1$
$x=1$ を①に代入すると
$4\times1+y=5$　$y=1$

(2)① $2x+3y=8$
②×2 $-)\ 2x+2y=4$
$y=4$
$y=4$ を②に代入すると
$x+4=2$　$x=-2$

(3)①×2 $4x+12y=72$
② $-)\ 4x+9y=48$
$3y=24$　$y=8$
$y=8$ を①に代入すると
$2x+6\times8=36$　$x=-6$

(4)①×4 $8x-4y=16$
② $+)\ 5x+4y=-3$
$13x=13$　$x=1$
$x=1$ を①に代入すると
$2-y=4$　$y=-2$

2 (1)$\boldsymbol{x=7,\ y=6}$　(2)$\boldsymbol{x=2,\ y=1}$
(3)$\boldsymbol{x=5,\ y=-7}$　(4)$\boldsymbol{a=1,\ b=-1}$

解き方 それぞれの連立方程式において，上の式を①，下の式を②とします。

(1)①×3 $-6x+9y=12$
②×2 $+)\ 6x-4y=18$
$5y=30$　$y=6$
$y=6$ を①に代入すると
$-2x+18=4$　$x=7$

(2)①×3 $9x+12y=30$
②×4 $+)\ 20x-12y=28$
$29x=58$　$x=2$
$x=2$ を①に代入すると
$6+4y=10$　$y=1$

(3)①×5 $15x+10y=5$
②×2 $-)\ 8x+10y=-30$
$7x=35$　$x=5$
$x=5$ を①に代入すると
$15+2y=1$　$y=-7$

(4)①×3 $6a-18b=24$
②×2 $-)\ 6a+8b=-2$
$-26b=26$　$b=-1$
$b=-1$ を①に代入すると
$2a+6=8$　$a=1$

3 (1)$\boldsymbol{x=2,\ y=1}$　(2)$\boldsymbol{x=1\ \ y=2}$
(3)$\boldsymbol{x=1,\ y=-2}$　(4)$\boldsymbol{x=1,\ y=-4}$

解き方 それぞれの連立方程式において，上の式を①，下の式を②とします。

(1)②を①に代入すると　$2y-y=1$
$y=1$
$y=1$ を②に代入すると　$x=2\times1=2$

(2)②を①に代入すると　$-y+3=3y-5$
$4y=8$　$y=2$
$y=2$ を②に代入すると　$x=-2+3=1$

(3)②を①に代入すると　$4(3y+7)-3y=10$

$9y=-18$　　$y=-2$

$y=-2$ を②に代入すると　$x=3\times(-2)+7=1$

(4)①を②に代入すると　$3x-2(3x-7)=11$

$-3x=-3$　　$x=1$

$x=1$ を①に代入すると　$y=3\times1-7=-4$

p.30～31　ぴたトレ1

1　(1)$x=4$，$y=2$　(2)$x=3$，$y=5$

解き方

かっこのある連立方程式は，かっこをはずして式を整理してから解きます。

それぞれの連立方程式において，上の式を①，下の式を②とします。

(1)②のかっこをはずして整理すると

$2x-3y=2$　……③

①　　$2x+y=10$

③　$-)\ 2x-3y=2$

　　　$4y=8$　　$y=2$

$y=2$ を①に代入すると

$2x+2=10$　　$x=4$

(2)①のかっこをはずして整理すると

$8x-6y=-6$　……③

②を③に代入すると

$8x-6(4x-7)=-6$

$-16x=-48$　　$x=3$

$x=3$ を②に代入すると $y=4\times3-7=5$

2　(1)$x=4$，$y=3$　(2)$x=-8$，$y=-5$

(3)$x=2$，$y=3$　(4)$x=-1$，$y=2$

解き方

係数に分数や小数がある連立方程式は，係数を整数にしてから解きます。

それぞれの連立方程式において，上の式を①，下の式を②とします。

(1)①の両辺に6をかけると

$3x+2y=18$　……③

③　　$3x+2y=18$

②　$-)\ 3x-y=9$

　　　$3y=9$　　$y=3$

$y=3$ を②に代入すると　$3x-3=9$

$x=4$

(2)②の両辺に20をかけると

$-5x+4y=20$　……③

①×2　　$2x-4y=4$

③　$+)\ -5x+4y=20$

　　　$-3x=24$　　$x=-8$

$x=-8$ を①に代入すると $-8-2y=2$

$y=-5$

(3)②の両辺に10をかけると　$5x-2y=4$　……③

①×2　　$6x+2y=18$

③　$+)\ 5x-2y=4$

　　　$11x=22$　　$x=2$

$x=2$ を①に代入すると　$3\times2+y=9$　　$y=3$

(4)②の両辺に10をかけると　$-x+6y=13$　……③

①　　$4x+3y=2$

③×4　$+)\ -4x+24y=52$

　　　$27y=54$　　$y=2$

$y=2$ を①に代入すると　$4x+3\times2=2$

$4x=-4$　　$x=-1$

3　$x=4$，$y=-1$

解き方

$A=B=C$ の形の連立方程式は

$\begin{cases}A=B\\B=C\end{cases}$　$\begin{cases}A=B\\A=C\end{cases}$　$\begin{cases}A=C\\B=C\end{cases}$

のいずれかの形にしてから解きます。

$\begin{cases}2x+3y=2y+7 & \cdots\cdots①\\4x+11y=2y+7 & \cdots\cdots②\end{cases}$

①，②を整理すると

$\begin{cases}2x+y=7 & \cdots\cdots③\\4x+9y=7 & \cdots\cdots④\end{cases}$

③×2　　$4x+2y=14$

④　$-)\ 4x+9y=7$

　　　$-7y=7$　　$y=-1$

$y=-1$ を③に代入すると $2x-1=7$

$x=4$

p.32～33　ぴたトレ2

1　㋑

解き方

それぞれの x，y の値の組を2つの方程式に代入して，どちらの方程式も成り立たせるものを選びます。一方の方程式だけが成り立つ場合は，連立方程式の解とはいえません。

2　(1)$x=-4$，$y=9$　(2)$x=-3$，$y=-2$

(3)$x=3$，$y=5$　(4)$x=-3$，$y=4$

(5)$x=-5$，$y=8$　(6)$x=3$，$y=-4$

解き方

それぞれの連立方程式において，上の式を①，下の式を②とします。

(1)①　　$x+2y=14$

②×2　$-)\ 10x+2y=-22$

　　　$-9x=36$　　$x=-4$

$x=-4$ を②に代入すると　$5\times(-4)+y=-11$

$y=9$

(2)①×3　　$-9x+6y=15$
　②×2　$+)\ 8x-6y=-12$
　　　　$-x\quad=3$　　$x=-3$
　$x=-3$ を①に代入すると　$-3\times(-3)+2y=5$
　$2y=-4$　　$y=-2$
(3)①×3　　$9x-12y=-33$
　②×2　$+)\ 10x+12y=90$
　　　　$19x\quad=57$　　$x=3$
　$x=3$ を①に代入すると　$3\times3-4y=-11$
　$-4y=-20$　　$y=5$
(4)①×3　　$12x+15y=24$
　②×4　$-)\ 12x+28y=76$
　　　　$-13y=-52$　　$y=4$
　$y=4$ を①に代入すると　$4x+5\times4=8$
　$4x=-12$　　$x=-3$
(5)①×7　　$21x+14y=7$
　②×2　$-)\ 22x+14y=2$
　　　　$-x\quad=5$　　$x=-5$
　$x=-5$ を①に代入すると　$3\times(-5)+2y=1$
　$2y=16$　　$y=8$
(6)①×4　　$28x-20y=164$
　②×5　$+)\ -15x+20y=-125$
　　　　$13x\quad=39$　　$x=3$
　$x=3$ を②に代入すると　$-3\times3+4y=-25$
　$4y=-16$　　$y=-4$

3 (1)$\boldsymbol{x=4,\ y=1}$　(2)$\boldsymbol{x=-2,\ y=5}$
(3)$\boldsymbol{x=-5,\ y=6}$　(4)$\boldsymbol{x=2,\ y=-4}$
(5)$\boldsymbol{x=-3,\ y=-5}$　(6)$\boldsymbol{x=-1,\ y=-4}$

解き方
それぞれの連立方程式において，上の式を①，下の式を②とします。
(1)①を②に代入すると　$4y+2y=6$
　$6y=6$　　$y=1$
　$y=1$ を①に代入すると　$x=4\times1=4$
(2)①を②に代入すると　$2x+(4x+13)=1$
　$6x=-12$　　$x=-2$
　$x=-2$ を①に代入すると
　$y=4\times(-2)+13=5$
(3)②を①に代入すると　$-2(7-2y)-y=4$
　$3y=18$　　$y=6$
　$y=6$ を②に代入すると
　$x=7-2\times6=-5$
(4)②を①に代入すると　$2x-3(2-3x)=16$
　$11x=22$　　$x=2$
　$x=2$ を②に代入すると
　$y=2-3\times2=-4$
(5)②を①に代入すると　$x-(4x+2)=7$
　$-3x=9$　　$x=-3$
　$x=-3$ を②に代入すると　$2y=4\times(-3)+2$
　$2y=-10$　　$y=-5$
(6)①を②に代入すると　$x-3=-2x-6$
　$3x=-3$　　$x=-1$
　$x=-1$ を①に代入すると　$y=-1-3=-4$

4 (1)$\boldsymbol{x=-71,\ y=-41}$　(2)$\boldsymbol{x=2,\ y=-1}$
(3)$\boldsymbol{x=2,\ y=2}$　(4)$\boldsymbol{x=3,\ y=-1}$
(5)$\boldsymbol{x=4,\ y=6}$　(6)$\boldsymbol{x=-5,\ y=3}$

解き方
それぞれの連立方程式において，上の式を①，下の式を②とします。
(1)①，②のかっこをはずして整理すると
$\begin{cases}3x-5y=-8\\2x-4y=22\end{cases}$
　これを解くと　$x=-71,\ y=-41$
(2)①，②のかっこをはずして整理すると
$\begin{cases}y=2x-5\\3x+2y=4\end{cases}$
　これを解くと　$x=2,\ y=-1$
(3)①×100　②×10　$\begin{cases}9x+20y=58\\3x-5y=-4\end{cases}$
　これを解くと　$x=2,\ y=2$
(4)①×10　②×10　$\begin{cases}48x+14y=130\\60x+21y=159\end{cases}$
　これを解くと　$x=3,\ y=-1$
(5)①×6　②×4　$\begin{cases}3x+2y=24\\3x-2y=0\end{cases}$
　これを解くと　$x=4,\ y=6$
(6)①×10　②×4　$\begin{cases}3x+5y=0\\3x+y=-12\end{cases}$
　これを解くと　$x=-5,\ y=3$

5 (1)$\boldsymbol{x=3,\ y=-5}$　(2)$\boldsymbol{x=2,\ y=-3}$

解き方
$A=B=C$ の形の連立方程式
(1)$\begin{cases}2x+3y=-9\\7x+6y=-9\end{cases}$
　これを解くと　$x=3,\ y=-5$
(2)$\begin{cases}7x+y=8-y\\7x+y=5x+1\end{cases}$
　これを解くと　$x=2,\ y=-3$

6 (1)$\boldsymbol{x=-1}$　(2)$\boldsymbol{a=4,\ b=6}$

解き方
(1)連立方程式に $y=1$ を代入すると
$\begin{cases}2x+m=1\\x-3m=-10\end{cases}$
　これを解くと　$x=-1,\ m=3$

(2)連立方程式に $x=-5$，$y=b$ を代入すると

$$\begin{cases}-15+4b=9 \\ -5a+5b=10\end{cases}$$

これを解くと　$a=4$，$b=6$

理解のコツ

・連立方程式を解くには，加減法か代入法によって，1つの文字を消去して，1次方程式をつくればよい。
・式の形によって，加減法か代入法か計算のしやすい方で解けばよい。
・かっこのある連立方程式はかっこをはずしてから，係数に分数や小数がある連立方程式は係数を整数になおしてから解く。

p.34〜35　ぴたトレ1

1　大人1人…200円　中学生1人…100円

解き方　入園料を大人1人 x 円，中学生1人 y 円とすると

$$\begin{cases}3x+4y=1000 \\ 2x+3y=700\end{cases}$$

これを解くと　$x=200$，$y=100$

2　(1)

	高速道路	ふつうの道路	合計
道のり(km)	x	y	80
速さ(km/h)	80	30	
時間(時間)	$\frac{x}{80}$	$\frac{y}{30}$	$\frac{4}{3}$

(2)高速道路…64 km，ふつうの道路…16 km

解き方　(1)時間は $\frac{道のり}{速さ}$ で表します。

(2)高速道路を走った道のりを x km，ふつうの道路を走った道のりを y km とすると

$$\begin{cases}x+y=80 \\ \frac{x}{80}+\frac{y}{30}=\frac{4}{3}\end{cases}$$

これを解くと　$x=64$，$y=16$

3　今年の電車代…420円，今年のバス代…280円

解き方　3年前の電車代を x 円，バス代を y 円とすると

$$\begin{cases}x+y=550 \\ \frac{120}{100}x+\frac{140}{100}y=700\end{cases}$$

これを解くと　$x=350$，$y=200$

今年の電車代は　$350\times\frac{120}{100}=420$(円)

今年のバス代は　$200\times\frac{140}{100}=280$(円)

(別解)今年の電車代を x 円，バス代を y 円として連立方程式をつくり，解くこともできます。

$$\begin{cases}x+y=700 \\ \frac{100}{120}x+\frac{100}{140}y=550\end{cases}$$

p.36〜37　ぴたトレ2

1　みかん…13個，りんご…7個

解き方　みかんの数を x 個，りんごの数を y 個とすると

$$\begin{cases}x+y=20 \\ 60x+90y=1410\end{cases}$$

これを解くと　$x=13$，$y=7$

2　子どもの人数…8人，お菓子の数…70個

解き方　子どもの人数を x 人，お菓子の数を y 個とすると

$$\begin{cases}y=8x+6 \\ y=9x-2\end{cases}$$

これを解くと　$x=8$，$y=70$

3　高速道路…138 km，ふつうの道…56 km

解き方　高速道路を x km，ふつうの道を y km 走ったとすると

$$\begin{cases}x+y=194 \\ \frac{x}{90}+\frac{y}{48}=2\frac{42}{60}\end{cases}$$

これを解くと　$x=138$，$y=56$

4　A…分速120 m，B…分速80 m

解き方　Aの速さを分速 x m，Bの速さを分速 y m とすると

$$\begin{cases}10x+10y=2000 \\ 50x-50y=2000\end{cases}$$

これを解くと　$x=120$，$y=80$

5　A…50 g，B…250 g

解き方　Aの重さを x g，Bの重さを y g とすると

$$\begin{cases}4x+2y=700 \\ 2x+3y=850\end{cases}$$

これを解くと　$x=50$，$y=250$

6　男子の人数…253人，女子の人数…209人

解き方　昨年度の男子の人数を x 人，女子の人数を y 人とすると

$$\begin{cases}x+y=450 \\ \frac{10}{100}x-\frac{5}{100}y=12\end{cases}$$

これを解くと　$x=230$，$y=220$

今年度の男子の人数は　$230\times\frac{110}{100}=253$(人)

今年度の女子の人数は　$220\times\frac{95}{100}=209$(人)

(別解)
$$\begin{cases}x+y=450 \\ \frac{110}{100}x+\frac{95}{100}y=462\end{cases}$$

7 **中学生1人…500円，大人1人…800円**

解き方 入園料を中学生1人x円，大人1人y円とすると $\begin{cases}3x+2y=3100 & \cdots① \\ 0.8\times35x+y=14800 & \cdots②\end{cases}$

① $\begin{cases}3x+2y=3100\end{cases}$
②×2 $56x+2y=29600$

これを解くと　$x=500$，$y=800$

8 **36**

解き方 もとの自然数の十の位の数をx，一の位の数をyとすると

$$\begin{cases}2x=y \\ 10y+x=10x+y+27\end{cases}$$

これを解くと　$x=3$，$y=6$

9 (1)$\boldsymbol{\frac{3y-3}{2}}$　(2)$\boldsymbol{x=7}$，$\boldsymbol{y=5}$

解き方 (1)⬇を押した回数をa回とすると，
カーソルの位置は上に3つ上がっているから
$3y-2a=3$　　これをaについて解きます。

(2)条件から　$x=2y-3$　　……①
キーを押した回数の合計が20回であるから
$x+(x-5)+y+\frac{3y-3}{2}=20$
整理すると　$4x+5y=53$　……②
①，②を連立方程式として解くと
$x=7$，$y=5$

理解のコツ

・連立方程式を利用して問題を解くときには，問題文中の数量の何をx，yで表せばよいかをよく考えて，方程式を2つつくる。
・連立方程式の解を求めたら，その解が実際の問題に適しているか確かめるのを忘れないようにしよう。

p.38～39　ぴたトレ3

1 ㋑

解き方 2つの方程式に解の値を代入して，どちらも成り立つかどうか調べます。

2 (1)$\boldsymbol{x=5}$，$\boldsymbol{y=-3}$　(2)$\boldsymbol{x=-4}$，$\boldsymbol{y=7}$
(3)$\boldsymbol{x=1}$，$\boldsymbol{y=1}$　(4)$\boldsymbol{x=5}$，$\boldsymbol{y=-3}$

解き方 それぞれの連立方程式において，上の式を①，下の式を②とします。

(1)②を①に代入すると　$2(y+8)+y=7$
$3y=-9$　　$y=-3$
$y=-3$を②に代入すると　$x=-3+8=5$

(2)①　　$x-y=-11$
②　$+)\ x+y=3$
　　$2x\quad=-8$　　$x=-4$
$x=-4$を②に代入すると　$-4+y=3$
$y=7$

(3)①×2　　$10x-6y=4$
②×3　$+)\ 9x+6y=15$
　　$19x\quad=19$　　$x=1$
$x=1$を②に代入すると　$3\times1+2y=5$
$2y=2$　　$y=1$

(4)①，②を整理すると
$\begin{cases}2x+3y=1 & \cdots\cdots③ \\ -3x-2y=-9 & \cdots\cdots④\end{cases}$
③×2　　$4x+6y=2$
④×3　$+)-9x-6y=-27$
　　$-5x\quad=-25$　　$x=5$
$x=5$を③に代入すると　$2\times5+3y=1$
$3y=-9$　　$y=-3$

3 (1)$\boldsymbol{x=0}$，$\boldsymbol{y=0}$　(2)$\boldsymbol{x=3}$，$\boldsymbol{y=-1}$
(3)$\boldsymbol{x=-2}$，$\boldsymbol{y=-10}$　(4)$\boldsymbol{x=5}$，$\boldsymbol{y=-4}$
(5)$\boldsymbol{x=-14}$，$\boldsymbol{y=2}$　(6)$\boldsymbol{x=3}$，$\boldsymbol{y=-2}$

解き方 それぞれの連立方程式において，上の式を①，下の式を②とします。

(1)①，②のかっこをはずして整理すると
$\begin{cases}3x+5y=0 \\ 3x+13y=0\end{cases}$
これを解くと　$x=0$，$y=0$

(2)①　　$\begin{cases}4x+9y=3\end{cases}$
②×10　$x+8y=-5$
これを解くと　$x=3$，$y=-1$

(3)①　　$6x-y=-2$
②×10　$5x-8y=70$
これを解くと　$x=-2$，$y=-10$

(4)①×10　$3x-5y=35$
②×20　$4x-15y=80$
これを解くと　$x=5$，$y=-4$

(5)①×10　$3x+7y=2x$
②×100　$2x+16y=4$
これを解くと　$x=-14$，$y=2$

(6)$\begin{cases}4x+3y=6 \\ -2x-6y=6\end{cases}$
これを解くと　$x=3$，$y=-2$

4 (1)$a=-\dfrac{11}{10}$, $b=-\dfrac{3}{5}$ (2)$a=-10$, $b=\dfrac{20}{3}$

解き方
(1)連立方程式に $x=2$, $y=-12$ を代入すると

$$\begin{cases}2a-12b=5\\2b-12a=12\end{cases}$$

これを a, b の連立方程式として解く。

(2)
$$\begin{cases}2x+3y=5 & \cdots\cdots①\\-\dfrac{a}{4}x+\dfrac{b}{2}y=5 & \cdots\cdots②\end{cases}$$

$$\begin{cases}x+2y=4 & \cdots\cdots③\\-\dfrac{a}{5}x+\dfrac{b}{4}y=1 & \cdots\cdots④\end{cases}$$

①と③を連立方程式として解くと

$x=-2$, $y=3$

これを②，④に代入して，a, b の連立方程式をつくると

$$\begin{cases}\dfrac{1}{2}a+\dfrac{3}{2}b=5 & \cdots\cdots⑤\\\dfrac{2}{5}a+\dfrac{3}{4}b=1 & \cdots\cdots⑥\end{cases}$$

⑤，⑥を連立方程式として解くと

$a=-10$, $b=\dfrac{20}{3}$

5 **ノート1冊…150円，ボールペン1本…100円**

解き方
ノート1冊の値段を x 円，ボールペン1本の値段を y 円とすると

$$\begin{cases}3x+2y=650\\2x=3y\end{cases}$$

これを解くと $x=150$, $y=100$

6 37

解き方
もとの自然数の十の位の数を x，一の位の数を y とすると

$$\begin{cases}10x+y=5y+2\\10x+y=10y+x-36\end{cases}$$

これを解くと $x=3$, $y=7$

7 (1)**42分間…$\dfrac{7}{10}y$ km$\left(\dfrac{42}{60}y\text{ km}\right)$**

48分間…$\dfrac{4}{5}y$ km$\left(\dfrac{48}{60}y\text{ km}\right)$

(2)**歩いた速さ…時速4 km**

自動車の速さ…時速40 km

解き方
(1)(道のり)=(速さ)×(時間) の式にあてはめます。単位をそろえることに注意しましょう。

(2)歩いた速さを時速 x km，自動車の速さを時速 y km とすると

$$\begin{cases}2x+\dfrac{42}{60}y=36\\x+\dfrac{48}{60}y=36\end{cases}$$

これを解くと $x=4$, $y=40$

3章 1次関数

p.41 ぴたトレ0

1 (1)$y=4x$ (2)$y=120-x$ (3)$y=\dfrac{30}{x}$

比例するもの…(1)

反比例するもの…(3)

解き方
比例定数を a とすると，比例の関係は $y=ax$ の形，反比例の関係は $y=\dfrac{a}{x}$ の形で表されます。
上の答えの表し方以外でも，意味があっていれば正解です。

2

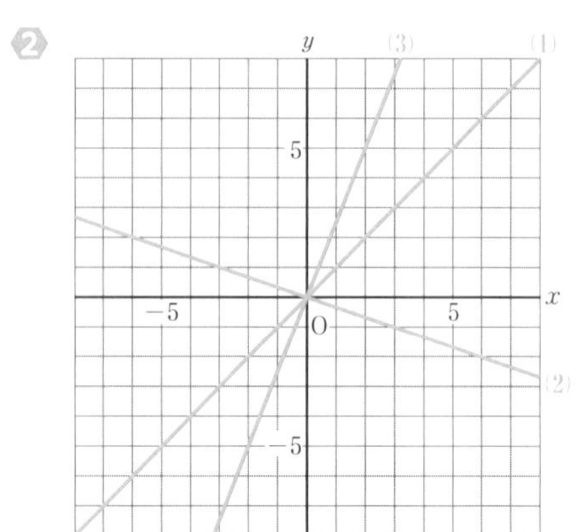

解き方
原点以外のもう1つの点は，x 座標，y 座標がともに整数となる点をとります。
(2)$x=3$ のとき $y=-1$ だから，原点と点 $(3,\ -1)$ の2点を結びます。
(3)$x=2$ のとき $y=5$ だから，原点と点 $(2,\ 5)$ の2点を結びます。

p.42~43 ぴたトレ1

1 (1)**1.5 cm** (2)$y=-1.5x+12$ (3)**いえる**

解き方
(1) 2分で $12-9=3$(cm)短くなるから，1分では $3\div2=1.5$(cm)短くなります。
(2)(残りのろうそくの長さ)=(はじめのろうそくの長さ)−(燃えたろうそくの長さ)
(3)(2)で，y が x の1次式で表されているから，y は x の1次関数といえます。

2 ㋐$y=\dfrac{20}{x}$ ㋑$y=x^2$ ㋒$y=3x$

y が x の1次関数であるもの…㋒

解き方
y が x の1次式 $y=ax+b$ で表されるとき，y は x の1次関数です。
㋒は比例の関係ですが，比例の関係は1次関数の特別な場合です。

3 (1)y の増加量 -5　変化の割合 -1

(2)y の増加量 $\dfrac{15}{4}$　変化の割合 $\dfrac{3}{4}$

解き方

y の増加量は，式に $x=-3$，$x=2$ をそれぞれ代入したときの y の値から求めます。

(1)$x=-3$ のとき　$y=-(-3)-2=1$

$x=2$　のとき　$y=-2-2=-4$

y の増加量は　$-4-1=-5$

変化の割合は　$\dfrac{-5}{2-(-3)}=-1$

(2)$x=-3$ のとき　$y=\dfrac{3}{4}\times(-3)+3=\dfrac{3}{4}$

$x=2$　のとき　$y=\dfrac{3}{4}\times 2+3=\dfrac{9}{2}$

x の増加量は　$2-(-3)=5$

y の増加量は　$\dfrac{9}{2}-\dfrac{3}{4}=\dfrac{15}{4}$

変化の割合は　$\dfrac{15}{4}\div 5=\dfrac{3}{4}$

4 (1)-4　(2)$-\dfrac{1}{3}$

解き方

1次関数 $y=ax+b$ の変化の割合は，x の増加量にかかわらず一定で，その値は，x の係数 a に等しくなります。

p.44～45　ぴたトレ1

1 負の方向に 4(正の方向に -4)

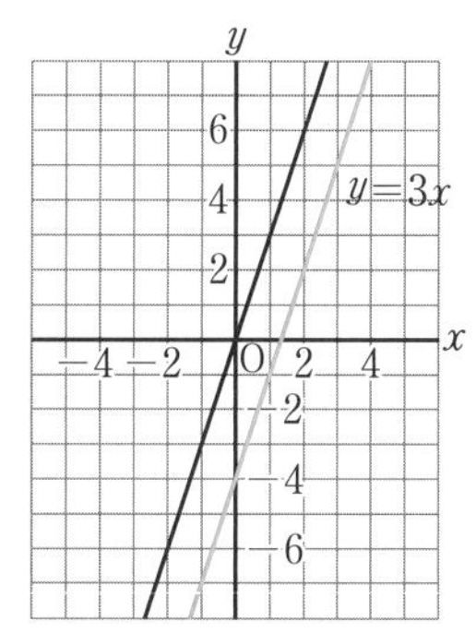

解き方

1次関数 $y=3x-4$ のグラフは，$y=3x$ のグラフを，y 軸の負の方向に 4 または，正の方向に -4 だけ平行移動した直線であるといえます。

2 (1)-3　(2)1

解き方

1次関数 $y=ax+b$ のグラフで，切片は b です。

3 (1)4　(2)-1

解き方

直線 $y=ax+b$ では，傾きは a の値です。

4 ①0　②係数　③4

解き方

1次関数 $y=-3x+4$ のグラフは，点$(0,\ 4)$を通る，右下がりの直線です。

①表より，$y=4$ のときの x の値を求めます。

② 1次関数 $y=ax+b$ の変化の割合は，x の係数 a に等しくなります。

③直線 $y=ax+b$ と y 軸との交点$(0,\ b)$の y 座標 b の値が，この直線の切片です。

p.46～47　ぴたトレ1

1

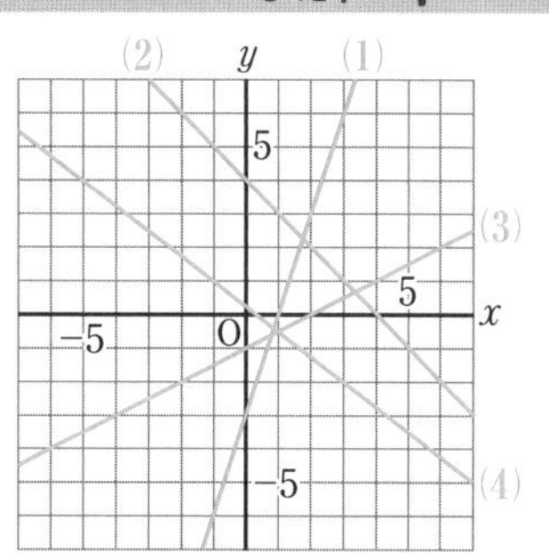

解き方

(1)切片は -3 だから，$(0,\ -3)$を通ります。傾きは 3 だから，右へ 1 進むと上へ 3 進みます。

(2)切片は 4 だから，$(0,\ 4)$を通ります。傾きは -1 だから，右へ 1 進むと下へ 1 進みます。

(3)切片は -1 だから，$(0,\ -1)$を通ります。傾きは $\dfrac{1}{2}$ だから，右へ 2 進むと上へ 1 進みます。

(4)x 座標，y 座標がともに整数になる 2 点を利用します。

$x=-1$ のとき　$y=1$

$x=3$ のとき　$y=-2$　だから

2 点$(-1,\ 1)$，$(3,\ -2)$を通る直線をかきます。

2 (1)

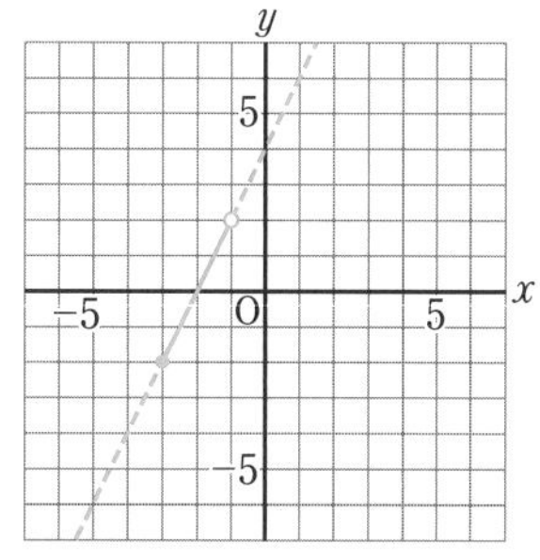

y の変域は　$-2\leqq y<2$

(2)

y の変域は　$y<4$

解き方

(1) $x=-3$ のとき　$y=-2$

$x=-1$ のとき　$y=2$

よって，y の変域は　$-2\leqq y<2$

(2) $x=-2$ のとき　$y=4$

よって，y の変域は　$y<4$

p.48～49　ぴたトレ1

1　①$\boldsymbol{y=-\frac{1}{3}x+4}$　②$\boldsymbol{y=2x-2}$

③$\boldsymbol{y=\frac{1}{2}x+3}$　④$\boldsymbol{y=-\frac{2}{3}x-2}$

解き方

まず，グラフから切片を読みとります。
次に，x の増加量とそのときの y の増加量を調べ，傾きを求めます。

①点 $(0,\ 4)$ を通るから，切片は 4
また，右へ 3 進むと下へ 1 だけ進むから，
傾きは $-\frac{1}{3}$ です。

②点 $(0,\ -2)$ を通るから，切片は -2
また，右へ 1 進むと上へ 2 だけ進むから，
傾きは 2 です。

③点 $(0,\ 3)$ を通るから，切片は 3
また，右へ 2 進むと上へ 1 だけ進むから，
傾きは $\frac{1}{2}$ です。

④点 $(0,\ -2)$ を通るから，切片は -2
また，右へ 3 進むと下へ 2 だけ進むから，
傾きは $-\frac{2}{3}$ です。

2　(1) $\boldsymbol{y=-3x+6}$　(2) $\boldsymbol{y=\frac{3}{4}x-2}$

(3) $\boldsymbol{y=-3x-12}$

解き方

(1)傾きが -3 だから，$y=-3x+b$ と表されます。
$x=4,\ y=-6$ を代入すると
$-6=-3\times4+b$　　$b=6$

(2)変化の割合が $\frac{3}{4}$ だから，$y=\frac{3}{4}x+b$ と表されます。
$x=8,\ y=4$ を代入すると
$4=\frac{3}{4}\times8+b$　　$b=-2$

(3) $y=-3x-3$ に平行だから，直線の式は
$y=-3x+b$ と表されます。
$x=-5,\ y=3$ を代入すると
$3=-3\times(-5)+b$　　$b=-12$

3　(1) $\boldsymbol{y=2x-3}$　(2) $\boldsymbol{y=-3x+1}$

解き方

2 点を通る直線の式を求めるには，求める直線の式を $y=ax+b$ として，次のどちらかの方法で解きます。

[1]与えられた 2 点の座標から，傾き a の値を求め，a の値と 1 点の x 座標，y 座標の値を式に代入し，b の値を求めます。

[2] 2 点の x 座標，y 座標の値を代入して，a と b についての連立方程式をつくります。

(1)[1]の解き方

直線の傾きは　$\frac{5-1}{4-2}=\frac{4}{2}=2$

求める直線の式は $y=2x+b$ と表されます。
$x=2,\ y=1$ を代入すると
$1=2\times2+b$　　$b=-3$　よって　$y=2x-3$

[2]の解き方

$x=2$ のとき $y=1$ だから
$1=2a+b$　……①
$x=4$ のとき $y=5$ だから
$5=4a+b$　……②
①，②を連立させて解くと
$a=2,\ b=-3$　　よって　$y=2x-3$

(2)[1]の解き方

直線の傾きは　$\frac{-5-4}{2-(-1)}=-3$

求める直線の式は $y=-3x+b$ と表されます。
$x=-1,\ y=4$ を代入すると
$4=-3\times(-1)+b$　　$b=1$
よって　$y=-3x+1$

[2]の解き方

$x=-1$ のとき $y=4$ だから
$4=-a+b$　……①
$x=2$ のとき $y=-5$ だから
$-5=2a+b$　……②
①，②を連立させて解くと
$a=-3,\ b=1$　　よって　$y=-3x+1$

4　$\boldsymbol{y=-\frac{1}{3}x+\frac{1}{3}}$

解き方

グラフから x 座標，y 座標が整数である 2 点の座標を読みとります。
このグラフは，点 $(-2,\ 1)$ と点 $(1,\ 0)$ を通ります。

直線の傾きは　$\frac{0-1}{1-(-2)}=-\frac{1}{3}$

求める直線の式は $y=-\frac{1}{3}x+b$ と表されます。

$x=1,\ y=0$ を代入すると，$0=-\frac{1}{3}+b$ から

$b=\frac{1}{3}$　　よって　$y=-\frac{1}{3}x+\frac{1}{3}$

p.50～51　ぴたトレ2

◆　(1) **6 cm**　(2) **0.5 cm**　(3) $\boldsymbol{y=0.5x+6}$
(4) **15 cm**　(5) **48 g**

解き方

(1) $x=0$ のときの y の値が，おもりをつるさないときのばねの長さ(もとのばねの長さ)です。

(2)おもりの重さが 5 g 増すごとに 2.5 cm のびているから，おもりの重さが 1 g 増すごとにばねの長さは $2.5\div5=0.5$(cm)のびます。

(3)(ばねの長さ)
$=$(もとのばねの長さ)$+$(ばねののび)

(4) $y=0.5x+6$ に $x=18$ を代入すると
$y=0.5\times18+6=15$

(5) $y=0.5x+6$ に $y=30$ を代入すると
$30=0.5x+6$ から　$x=48$

2 (1) $-\dfrac{5}{2}$　(2) -10　(3) 6

解き方

(1) 1 次関数 $y=ax+b$ の変化の割合は，x の増加量にかかわらず一定で，その値は x の係数 a に等しくなります。

(2)(y の増加量)$=$(変化の割合)$\times$(x の増加量)から

(y の増加量)$=-\dfrac{5}{2}\times4=-10$

(3) $-15=-\dfrac{5}{2}\times$(x の増加量)から

(x の増加量)$=-15\div\left(-\dfrac{5}{2}\right)=6$

3

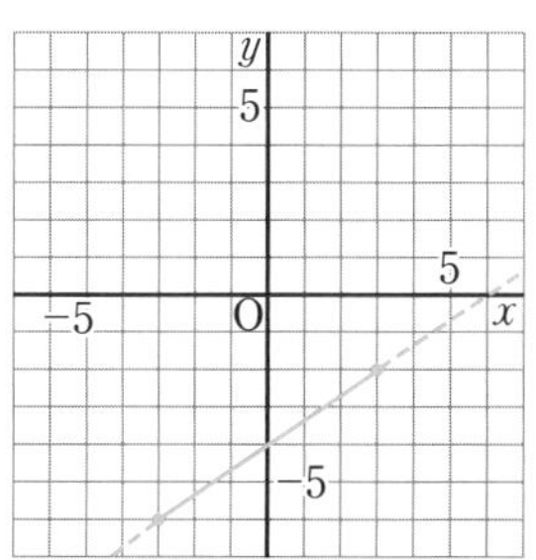

y の変域は　$-6\leqq y\leqq-2$

解き方

$x=-3$ のとき　$y=-6$
$x=3$ のとき　$y=-2$
よって，y の変域は　$-6\leqq y\leqq-2$

4

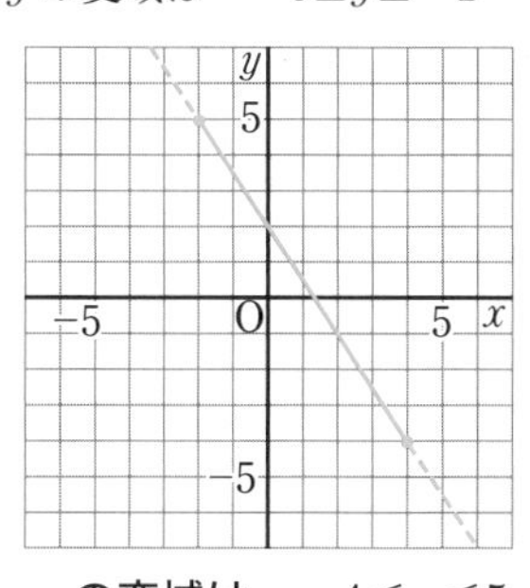

y の変域は　$-4\leqq y\leqq5$

解き方

$x=-2$ のとき　$y=5$
$x=4$ のとき　$y=-4$
よって，y の変域は　$-4\leqq y\leqq5$

5 ① $y=-3x-9$　② $y=\dfrac{3}{2}x+3$

③ $y=\dfrac{2}{3}x-\dfrac{10}{3}$　④ $y=-\dfrac{1}{4}x+\dfrac{1}{2}$

解き方

・グラフが通る点のうち，x 座標，y 座標がともに整数である 2 点を見つけます。
・この 2 点から，直線の傾きを求めます。
・傾きが与えられた直線の式に 1 点の座標を代入して，切片を求めます。

①点 $(-4,\ 3)$，$(-3,\ 0)$ を通ります。
②点 $(0,\ 3)$，$(2,\ 6)$ を通ります。
③点 $(2,\ -2)$，$(5,\ 0)$ を通ります。
④点 $(2,\ 0)$，$(6,\ -1)$ を通ります。

6 (1) $y=-\dfrac{2}{3}x+3$　(2) $y=\dfrac{5}{4}x-2$

(3) $y=-2x-1$　(4) $y=-\dfrac{1}{2}x+\dfrac{1}{4}$

解き方

(1)切片が 3 の直線の式は，$y=ax+3$ とおけます。

(2)直線の傾きは $\dfrac{5}{4}$

(3)平行な 2 直線の傾きは等しくなります。

(4)点 $\left(0,\ \dfrac{1}{4}\right)$ から，切片は $\dfrac{1}{4}$ です。

理解のコツ

・1 次関数のグラフは直線なので，2 点を決めることでグラフをかくことができる。x 座標，y 座標がともに整数である 2 点を見つけよう。
・1 次関数 $y=ax+b$ のグラフである直線は，傾き a と切片 b で決まる。a の値と b の値をどのようにすれば求められるかを考えて，直線の式を求めよう。

p.52～53　ぴたトレ 1

1

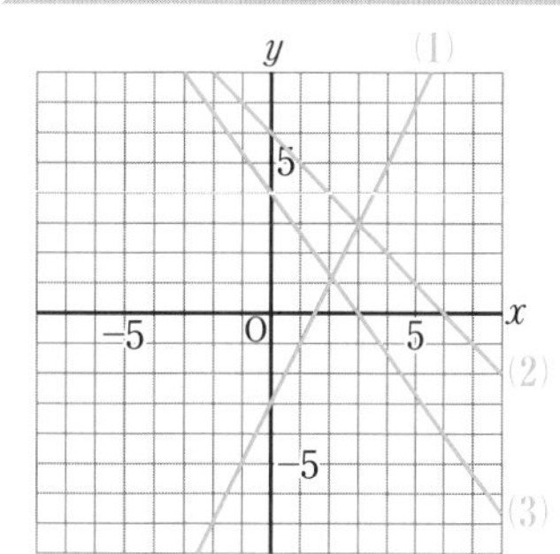

解き方

(1) y について解くと　$y=2x-3$
(2) y について解くと　$y=-x+6$
(3) y について解くと　$y=-\dfrac{4}{3}x+4$

2

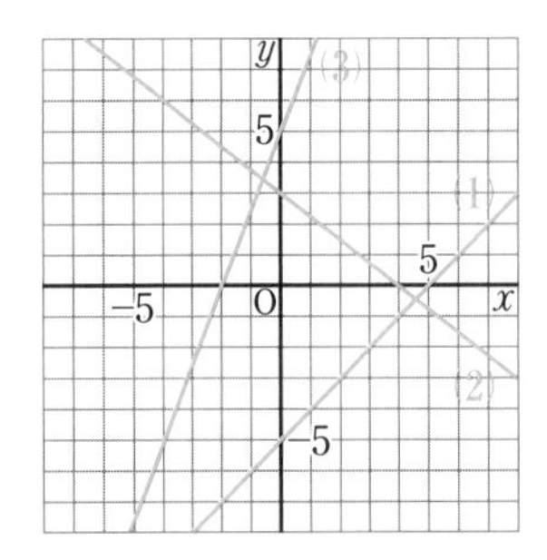

解き方

(1)$x=0$ のとき $y=-5$，$y=0$ のとき $x=5$ だから，グラフは2点$(0,\ -5)$，$(5,\ 0)$を通ります。

(2)$x=0$ のとき $y=3$，$y=0$ のとき $x=4$ だから，グラフは2点$(0,\ 3)$，$(4,\ 0)$を通ります。

(3)$x=0$ のとき $y=5$，$y=0$ のとき $x=-2$ だから，グラフは2点$(0,\ 5)$，$(-2,\ 0)$を通ります。

3

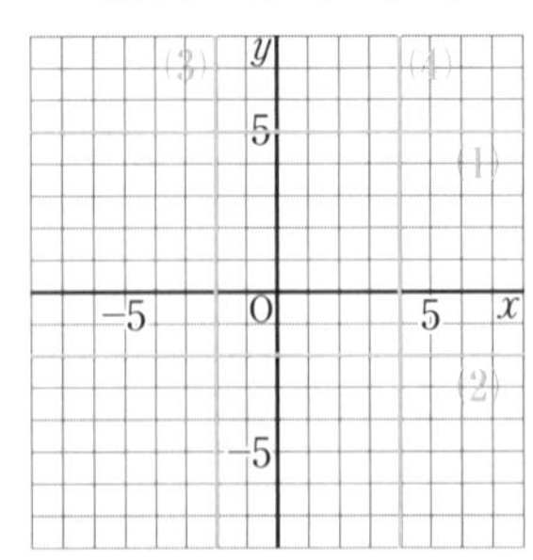

解き方

(1)グラフは，点$(0,\ 5)$を通り，x 軸に平行な直線になります。

(2)y について解くと　$y=-2$
グラフは，点$(0,\ -2)$を通り，x 軸に平行な直線になります。

(3)グラフは，点$(-2,\ 0)$を通り，y 軸に平行な直線になります。

(4)x について解くと　$x=4$
グラフは，点$(4,\ 0)$を通り，y 軸に平行な直線になります。

p.54〜55　ぴたトレ1

1　(1)$\boldsymbol{x=1,\ y=3}$　(2)$\boldsymbol{x=-2,\ y=-3}$

解き方

(1)直線 ℓ と直線 m の交点の座標を読みとります。

(2)直線 m と直線 n の交点の座標を読みとります。

2　(1)$\boldsymbol{x=3,\ y=-1}$

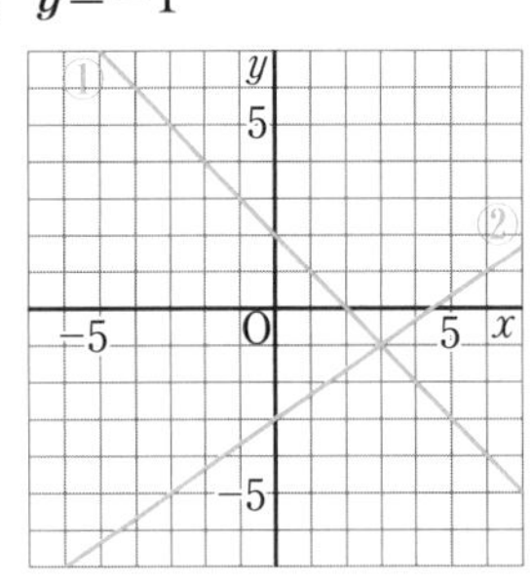

(2)$\boldsymbol{x=-2,\ y=-1}$

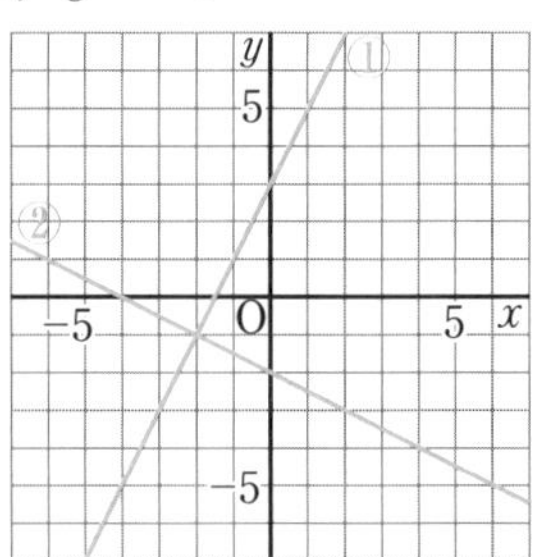

解き方

(1)方程式①，②のグラフをかき，交点の座標を読みとります。

(2)方程式①，②のグラフをかき，交点の座標を読みとります。

3　(1)$\boldsymbol{y=2x}$

(2)$\boldsymbol{y=-\dfrac{2}{3}x+4}$　$\boldsymbol{(2x+3y=12)}$

(3)$\left(\dfrac{3}{2},\ 3\right)$

解き方

(1)傾きが2で，原点を通る直線です。

(2)傾きが $-\dfrac{2}{3}$，切片が4の直線です。

(3)直線 ℓ，m の式を連立方程式として解くと

$x=\dfrac{3}{2}$，$y=3$

p.56〜57　ぴたトレ1

1　(1)**分速75 m**　(2)**12分後**　(3)**900 m離れた地点**

解き方

(1)グラフの傾きは変化の割合に等しくなります。
$1500\div20=75$　よって分速75 m

(2)グラフの交点の x 座標は12だから，12分後に追い着きます。

(3)(1)より，グラフの傾きは75なので　$y=75x$
$x=12$ を代入すると　$y=75\times12=900$
よって，900 m離れた地点で追い着きます。

2　(1)①$\boldsymbol{y=2x,\ 0\leqq x\leqq 2}$　②$\boldsymbol{y=4,\ 2\leqq x\leqq 6}$

(2)$\boldsymbol{6\leqq x\leqq 8,\ y=-2x+16}$

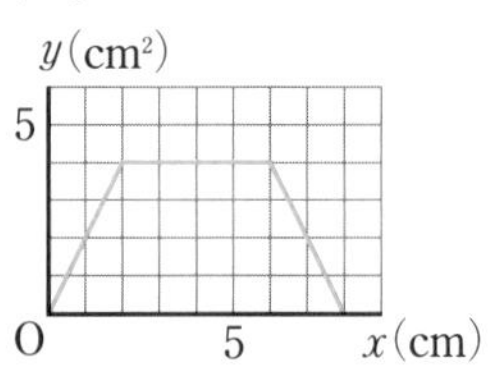

解き方

(1)①AP$=x$ から

$y=\dfrac{1}{2}\times x\times4=2x$

②$y=\dfrac{1}{2}\times4\times2=4$

(2)点 P が点 C 上にあるのは 6 秒後，点 D 上にあるのは 8 秒後なので，x の変域は $6 \leqq x \leqq 8$ です。
点 P が辺 CD 上にあるとき PD$=8-x$ だから，

$y=\frac{1}{2}\times4\times(8-x)=-2x+16$

A，B，C，D 上にあるときの $(0,\ 0)$，$(2,\ 4)$，$(6,\ 4)$，$(8,\ 0)$ を線分で結びます。

p.58〜59 ぴたトレ 2

1

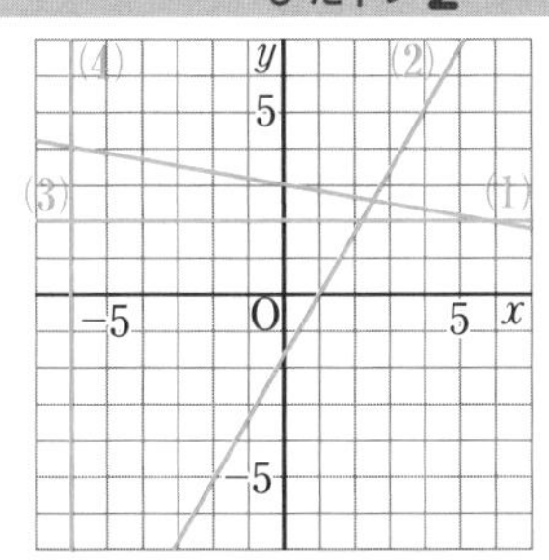

解き方

(1)$y=-\frac{1}{6}x+3$

(2) 2 点 $(-2,\ -5)$，$(4,\ 5)$ を通ります。

(3)$y=2$　(4)$x=-6$

2 (1)$\boldsymbol{x=1,\ y=-4}$

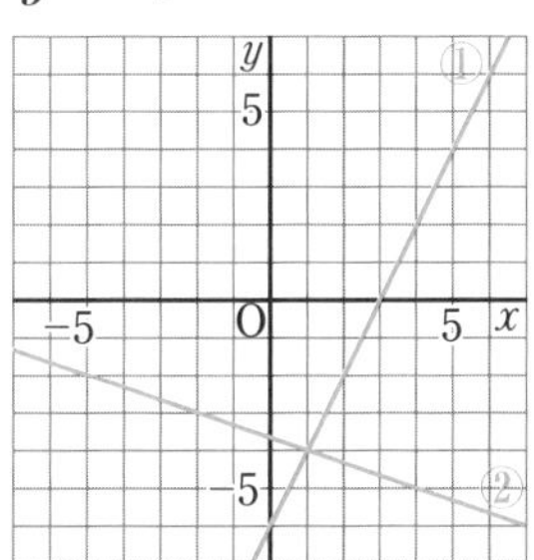

(2)$\boldsymbol{x=-4,\ y=1}$

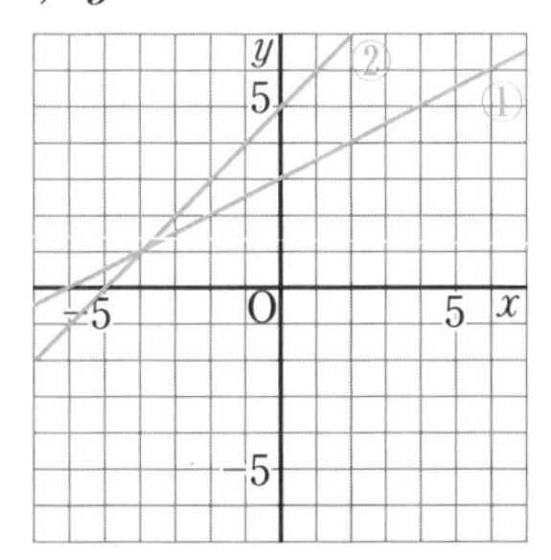

解き方

①，②の方程式のグラフをそれぞれかき，その交点の x 座標，y 座標を読みとります。

3 (1)$(20,\ 44)$　(2)$\left(-\frac{8}{5},\ \frac{12}{5}\right)$

解き方

(1)直線 ℓ の方程式は　$y=2x+4$

直線 m の式は　$y=\frac{5}{2}x-6$

この 2 つの式を連立方程式として解きます。

(2)直線 ℓ の式は　$y=-\frac{3}{2}x$

直線 m の式は　$y=x+4$

この 2 つの式を連立方程式として解きます。

4 (1)$\boldsymbol{y=200x,\ 0 \leqq x \leqq 4}$

(2)$\boldsymbol{y=150x+200,\ 4 \leqq x \leqq 12}$

(3)**1250 m のところ**　(4)$\boldsymbol{\frac{26}{3}}$ **分後**

解き方

(1)グラフが 2 点 $(0,\ 0)$，$(4,\ 800)$ を通ることから考えます。

(2)グラフが 2 点 $(4,\ 800)$，$(12,\ 2000)$ を通ることから考えます。

(3)(2)で求めた式に $x=7$ を代入して，y の値を求めます。

(4)(2)で求めた式に $y=1500$ を代入して，x の値を求めます。

5 (1)$\boldsymbol{y=4x,\ 0 \leqq x \leqq 6}$

(2)$\boldsymbol{y=-4x+56,\ 8 \leqq x \leqq 14}$

(3)

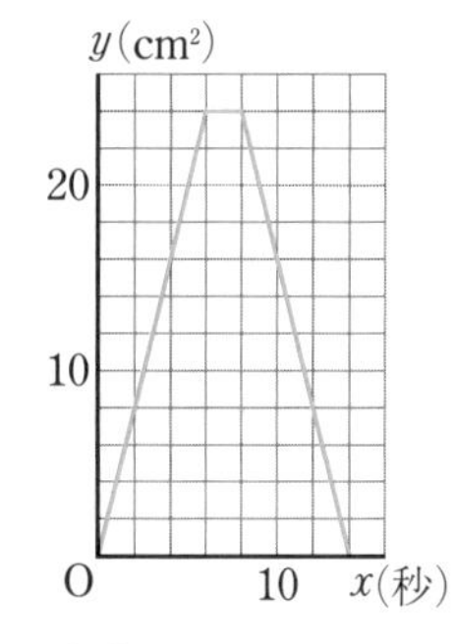

解き方

(1)$0 \leqq x \leqq 6$ のとき

$y=\frac{1}{2}\times2x\times4=4x$

(2)$8 \leqq x \leqq 14$ のとき

$y=\frac{1}{2}\times4\times(28-2x)=-4x+56$

(3)点 P が CD 上にあるとき，すなわち $6 \leqq x \leqq 8$ のとき，y を x の式で表すと

$y=\frac{1}{2}\times4\times12=24$

理解のコツ

・x，y についての連立方程式の解は，それぞれの方程式のグラフの交点の座標となる。

・2 直線の交点の座標は，2 直線の式を連立させて解くと，その解の x，y の値が，交点の x 座標，y 座標となる。

・２つの数量の間の関係が１次関数の関係にあるとき，１次関数の式に表したり，グラフに表したりして考える問題がある。このような問題を考えるときには，数量の変域に注意しよう。

p.60～61 ぴたトレ３

❶ (1) $-\frac{3}{4}$ (2) -6 (3) $-8<y\leqq 1$

解き方
(1) １次関数 $y=ax+b$ の変化の割合は，x の係数 a に等しくなります。
(2) (y の増加量)＝(変化の割合)×(x の増加量) から
(y の増加量) $=-\frac{3}{4}\times 8=-6$
(3) $x=-4$ のとき　$y=1$
$x=8$　のとき　$y=-8$
よって，y の変域は　$-8<y\leqq 1$

❷

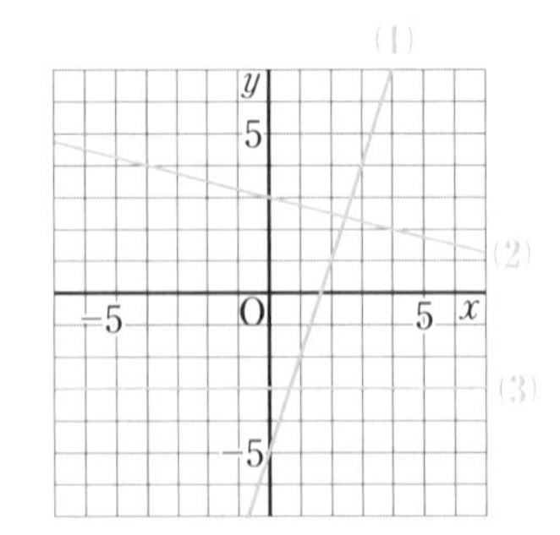

解き方
(1) 傾きが 3，切片が -5 の直線です。
(2) y について解くと　$y=-\frac{1}{4}x+3$
傾きが $-\frac{1}{4}$，切片が 3 の直線です。
(3) y について解くと　$y=-3$
点 $(0,\ -3)$ を通り，x 軸に平行な直線です。

❸ (1) $\boldsymbol{y=-2x+13}$ (2) $\boldsymbol{y=\frac{1}{2}x-4}$
(3) $\boldsymbol{y=6x-5}$

解き方
(1) 傾きが -2 であるから，$y=-2x+b$ と表されます。
この式に $x=4$，$y=5$ を代入すると
$5=-2\times 4+b$　　$b=13$
(2) 切片が -4 であるから，$y=ax-4$ と表されます。
この式に $x=-2$，$y=-5$ を代入すると
$-5=-2a-4$　　$a=\frac{1}{2}$
(3) 求める直線の式を $y=ax+b$ とします。
$x=2$ のとき $y=7$ であるから
$7=2a+b$　　……①
$x=-1$ のとき $y=-11$ であるから
$-11=-a+b$　……②
①，②を連立させて解くと
$a=6$，$b=-5$

❹ (1) **直線 ℓ の式…$y=\frac{2}{3}x+1$**
直線 m の式…$y=2x-4$
(2) $\left(\frac{15}{4},\ \frac{7}{2}\right)$

解き方
(1) ℓ は傾き $\frac{2}{3}$，切片 1 の直線です。
m は傾き 2，切片 -4 の直線です。
(2) ℓ，m の直線の式を連立方程式として解きます。

❺ (1) $\boldsymbol{y=-0.4x+20}$ (2) **16.4 cm**
(3) **x の変域…$0\leqq x\leqq 50$**
y の変域…$0\leqq y\leqq 20$

解き方
(1) ろうそくは 2 分間に 0.8 cm ずつ，すなわち 1 分間に 0.4 cm ずつ短くなっています。
はじめのろうそくの長さは 20 cm であるから
$y=-0.4x+20$
(2) (1)の式に $x=9$ を代入すると
$y=-0.4\times 9+20=16.4$
(3) $0=-0.4x+20$　　$x=50$
x の変域は　$0\leqq x\leqq 50$
y の変域は　$0\leqq y\leqq 20$

❻ (1) $\boldsymbol{a=-\frac{2}{3}}$ (2) $\boldsymbol{a=-6}$

解き方
(1) $3x-2y=5$ から　$y=\frac{3}{2}x-\frac{5}{2}$
$x+ay=7$ から，$a\neq 0$ より　$y=-\frac{1}{a}x+\frac{7}{a}$
$\frac{3}{2}=-\frac{1}{a}$ から　$a=-\frac{2}{3}$
(2) $3x-2y=5$ に $x=p$，$y=-1$ を代入すると
$3p+2=5$ から　$p=1$
$x+ay=7$ に $x=1$，$y=-1$ を代入すると
$1-a=7$ から　$a=-6$

❼ (1) $\boldsymbol{y=32x}$ (2) $\boldsymbol{y=-32x+384}$
(3) $\frac{7}{2}$ **秒後，** $\frac{17}{2}$ **秒後**

解き方
(1) $y=\frac{1}{2}\times 16\times 4x=32x$
(2) $\mathrm{PB}=16\times 3-4x=48-4x$
$y=\frac{1}{2}\times 16\times(48-4x)=-32x+384$
(3) 点 P が辺 AD 上にあるときの面積は
$y=\frac{1}{2}\times 16\times 16=128(\mathrm{cm}^2)$
辺 CD 上と辺 AB 上にあるときに面積が $112\ \mathrm{cm}^2$ になります。
$32x=112$ と $-32x+384=112$ をそれぞれ解きます。

4章　図形の性質と合同

p.63　ぴたトレ0

1 (1)頂点Aと頂点G，頂点Bと頂点H，
頂点Cと頂点E，頂点Dと頂点F
(2)辺ABと辺GH，辺BCと辺HE，
辺CDと辺EF，辺DAと辺FG
(3)∠Aと∠G，∠Bと∠H，∠Cと∠E，
∠Dと∠F

解き方　四角形GHEFは四角形ABCDを180°回転移動した形です。

2 (1)DE＝3 cm，EF＝4 cm，FD＝2 cm
(2)∠D＝105°，∠F＝47°

解き方　合同な図形では，対応する辺の長さは等しく，対応する角の大きさも等しくなっています。
∠B＝∠Eなので，頂点Bと頂点Eが対応しているとわかります。このことから，対応している辺や角をみつけます。
(1)辺ABと辺DE，辺BCと辺EF，辺CAと辺FDが対応しています。
(2)∠Aと∠D，∠Cと∠Fが対応しています。

3 (1)$\angle x=30°$　(2)$\angle y=125°$

解き方　(1)三角形の3つの角の和は180°だから，
$\angle x=180°-85°-65°=30°$
(2)2つの角の和は，
$50°+75°=125°$
だから，残りの角の大きさは，
$180°-125°=55°$
1直線は180°なので，
$\angle y=180°-55°=125°$

p.64～65　ぴたトレ1

1 $\angle a=70°$，$\angle b=45°$，$\angle c=65°$，$\angle d=45°$

解き方　$\angle a$は70°，$\angle c$は65°の対頂角であるから
$\angle a=70°$，　$\angle c=65°$
$\angle b=180°-(\angle a+65°)$
$=180°-(70°+65°)=45°$
$\angle d=\angle b=45°$

2 (1)$\angle t$　(2)$\angle r$　(3)$\angle u$　(4)$\angle r$

解き方　同位角と錯角の位置をまちがえないようにします。
2つの直線の内側にできる4つの角
($\angle s$，$\angle r$，$\angle t$，$\angle u$)のうち，斜めに交差している角が錯角です。

3 $\angle x=40°$

解き方　$\ell /\!/ m$より，同位角は等しいから$\angle a=\angle x$
$\angle x=\angle a=180°-140°=40°$

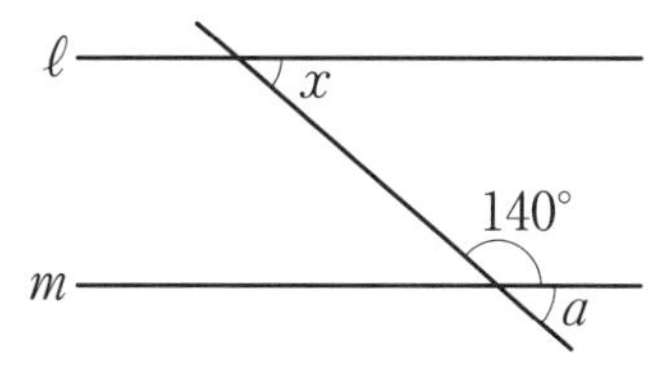

4 説明…65°で同位角が等しいから，$\ell /\!/ m$である。
$\angle x=85°$，$\angle y=75°$

解き方　同位角または錯角が等しければ，2直線が平行であるといえます。
2直線が平行ならば，平行線の性質が使えます。
$\ell /\!/ m$より，同位角が等しいから　$\angle x=85°$
$180°-105°=75°$
$\ell /\!/ m$より，同位角は等しいから　$\angle y=75°$

p.66～67　ぴたトレ1

1 (1)$\angle x=45°$　(2)$\angle x=115°$　(3)$\angle x=33°$
(4)$\angle x=45°$　(5)$\angle x=90°$

解き方　(1)三角形の3つの内角の和は180°であるから
$\angle x=180°-(40°+95°)=45°$
(2)三角形の1つの外角は，それととなり合わない2つの内角の和に等しいから
$\angle x=45°+70°=115°$
(3)下の図において，∠BECが△ABEと△DCEの共通な外角であることを利用します。
△ABEにおいて，内角と外角の性質から
$\angle BEC=44°+55°=99°$
△DCEにおいて，内角と外角の性質から
$66°+\angle x=99°$　　$\angle x=99°-66°=33°$

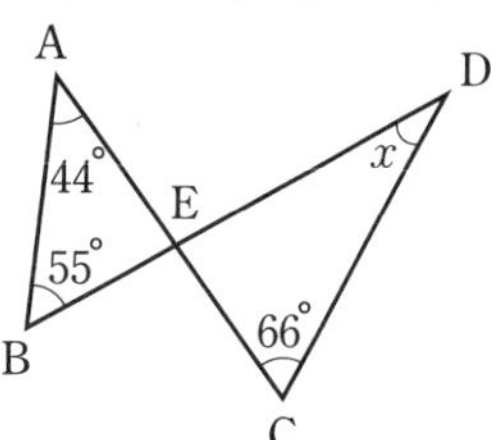

(4)下の図において，$\ell /\!/ m$より，同位角は等しいから　$\angle a=70°$
△ABCにおいて，内角と外角の性質から
$25°+\angle x=70°$　　$\angle x=70°-25°=45°$

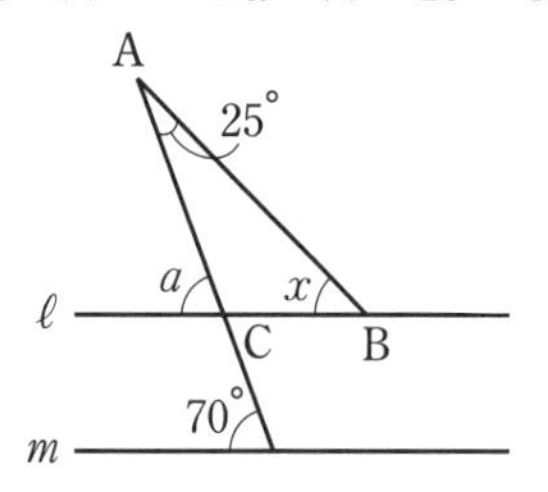

(5)下の図のように，$\angle x$ の頂点を通り，直線 ℓ に平行な直線 n をひきます。

$\ell /\!/ n$ より，錯角は等しいから　$\angle a=60^\circ$

$n /\!/ m$ より，錯角は等しいから　$\angle b=30^\circ$

よって　$\angle x=\angle a+\angle b=60^\circ+30^\circ=90^\circ$

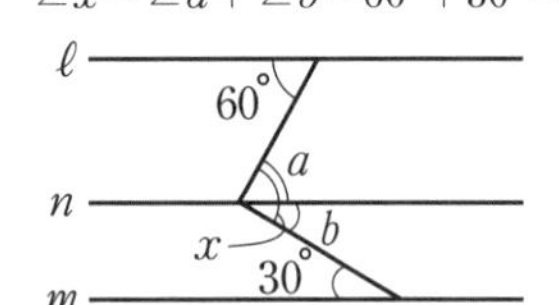

2 **(1)直角三角形　(2)鈍角三角形**

解き方

三角形の3つの内角の和は180°であることから，わかっている2つの角の大きさから残りの角の大きさを求めて判断します。

(1) $180^\circ-(25^\circ+65^\circ)=90^\circ$　1つの内角が直角であるから，直角三角形です。

(2) $180^\circ-(50^\circ+28^\circ)=102^\circ$　1つの内角が鈍角であるから，鈍角三角形です。

3 **(1)150°　(2)七角形**

解き方

(1)正十二角形の内角の和は

$180^\circ\times(12-2)=1800^\circ$

正十二角形の内角の大きさはすべて等しいから，1つの内角の大きさは

$1800^\circ\div12=150^\circ$

(別解)正多角形の1つの内角の大きさは，180°−(1つの外角の大きさ)で求めることもできます。

多角形の外角の和は360°で，正十二角形の外角の大きさはすべて等しいから，1つの外角の大きさは　$360^\circ\div12=30^\circ$

よって，1つの内角の大きさは

$180^\circ-30^\circ=150^\circ$

(2)求める多角形は n 角形であるとすると

$180^\circ\times(n-2)=900^\circ$　$n=7$

よって，七角形です。

4 **正十五角形**

解き方

多角形の外角の和は360°で，正多角形の外角の大きさはすべて等しいから

$360^\circ\div24^\circ=15$

よって，正十五角形です。

p.68〜69　ぴたトレ2

1 **(1)$\angle x=45^\circ$　(2)$\angle x=15^\circ$**

解き方

(1) $\angle x=180^\circ-(35^\circ+30^\circ+70^\circ)=45^\circ$

(2) $\angle x+6\angle x+5\angle x=180^\circ$

$12\angle x=180^\circ$　$\angle x=15^\circ$

2 **(1)$\angle x=27^\circ$　(2)$\angle x=130^\circ$**

解き方

平行線の錯角が等しいことを利用します。

(1)下の図のように，45°と46°の角の頂点を通り，直線 ℓ に平行な2つの直線をひきます。

角の大きさは図のようになります。$\angle x=27^\circ$

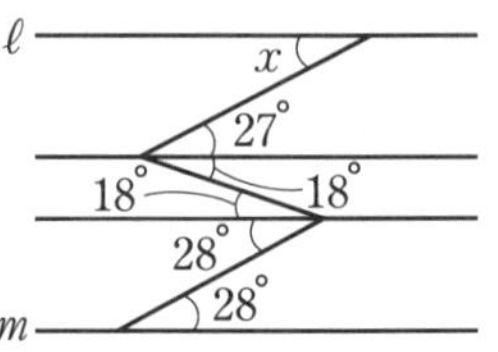

(2)下の図のように，100°の角と $\angle x$ の頂点を通り，直線 ℓ に平行な2つの直線をひきます。

角の大きさは図のようになります。

$\angle x=(180^\circ-80^\circ)+30^\circ=130^\circ$

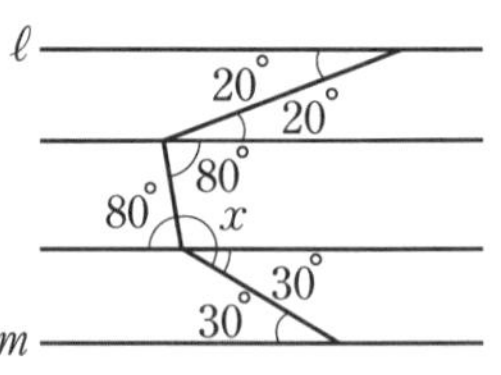

3 **(1)$\angle x=35^\circ$　(2)$\angle x=40^\circ$　(3)$\angle x=97^\circ$**

(4)$\angle x=68^\circ$

解き方

(1)平行線の同位角は等しいから，角の大きさは下の図のようになります。

三角形の内角と外角の性質から

$20^\circ+\angle x=55^\circ$　$\angle x=55^\circ-20^\circ=35^\circ$

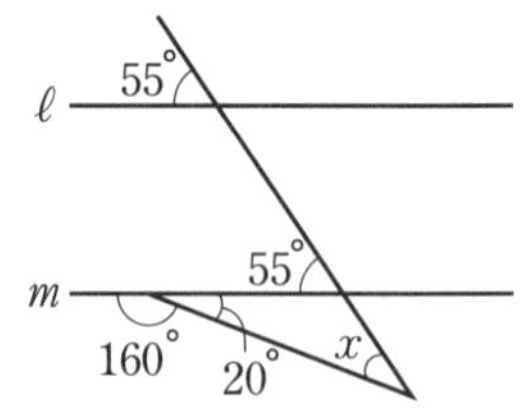

(2)下の図において，∠BEDが△ABEと△CDEの共通な外角であることを利用します。

$41^\circ+\angle x=31^\circ+50^\circ$　$\angle x=81^\circ-41^\circ=40^\circ$

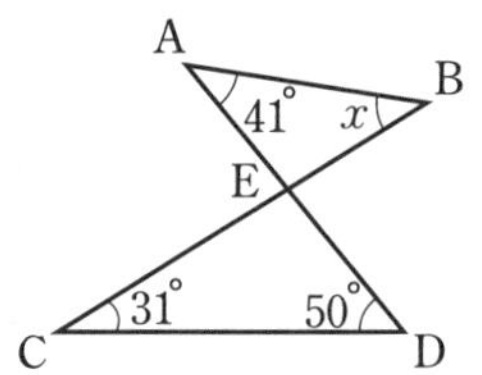

(3)下の図のように，補助線をひきます。

三角形の内角と外角の性質から

$40^\circ+32^\circ=72^\circ$　$\angle x=72^\circ+25^\circ=97^\circ$

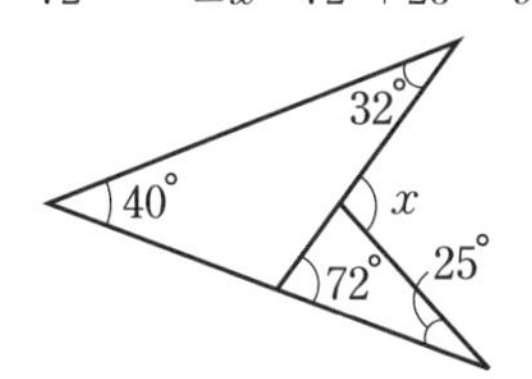

(4)(•の角度)+(∘の角度)$=180^\circ-124^\circ=56^\circ$

$\angle x=180^\circ-56^\circ\times2=68^\circ$

4 (1)125° で同位角が等しいから，$a /\!/ c$ である。

(2)$\angle x=50°$，$\angle y=60°$，$\angle z=75°$

解き方

(1)同位角または錯角が等しいならば，2 直線は平行です。

(2)下の図において，三角形の内角と外角の性質から

$75°+\angle x=125°$　　$\angle x=125°-75°=50°$

$\angle x+\angle y=110°$　　$\angle y=110°-50°=60°$

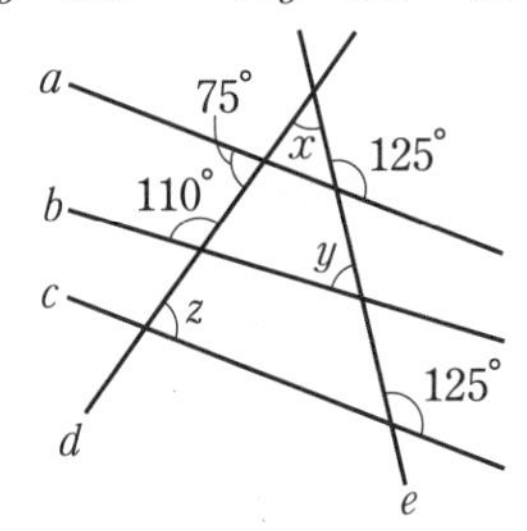

$a /\!/ c$ より，錯角は等しいから　$\angle z=75°$

5 (1)$\angle x=114°$　(2)$\angle x=39°$

解き方

(1)五角形の内角の和は

$180°\times(5-2)=540°$

72° のとなりの角は　$180°-72°=108°$

$\angle x=540°-(96°+107°+115°+108°)=114°$

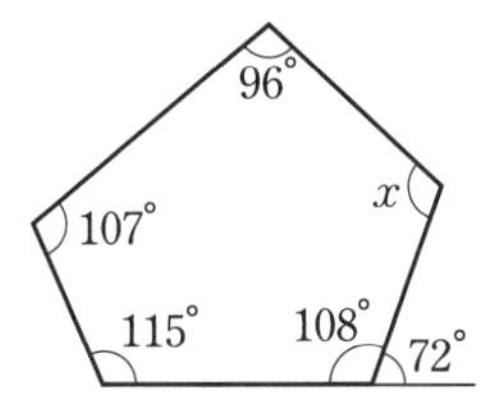

(2)多角形の外角の和は 360°

109°のとなりの角は　$180°-109°=71°$

$\angle x=360°-(62°+71°+60°+59°+69°)=39°$

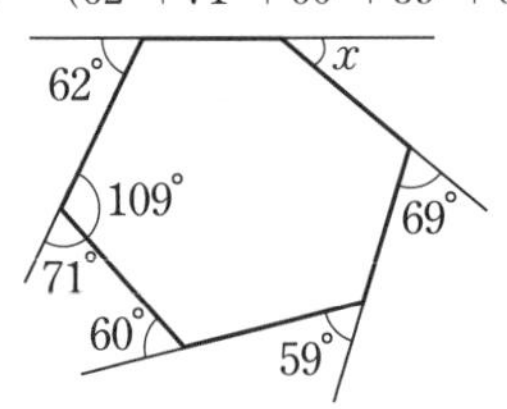

6 $\angle x=35°$

解き方

下の図のように，点 B，C を通り，直線 ℓ に平行な 2 つの直線をひきます。

正六角形の内角の和は　$180°\times(6-2)=720°$

1 つの内角の大きさは　$720°\div 6=120°$

平行線の錯角は等しいから，角の大きさは図のようになります。$\angle x=35°$

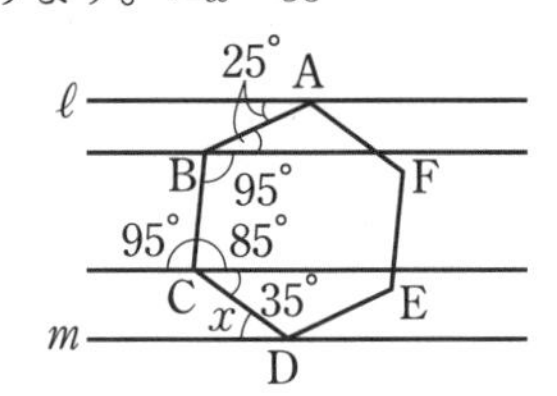

7 (1)正十八角形　(2)正八角形　(3)$n=5$

解き方

(1) 1 つの外角の大きさは　$180°-160°=20°$

多角形の外角の和は 360° であるから

$360°\div 20°=18$ より，正十八角形です。

(2) 1 つの外角の大きさを $x°$ とすると，1 つの内角の大きさは $3x°$になります。

$x°+3x°=180°$ より　$x=45°$

多角形の外角の和は 360° であるから

$360°\div 45°=8$ より，正八角形です。

(3) 1 つの内角の大きさを $3x°$ とすると，1 つの外角の大きさは $2x°$ になります。

$3x°+2x°=180°$ より　$x=36°$

多角形の外角の和は 360° であるから

$360°\div(36°\times 2)=5$　よって　$n=5$

理解のコツ

・平行線の性質，三角形の内角と外角の性質，多角形の内角の和，外角の和は，しっかりと理解しておこう。

・角の大きさを求める問題では，補助線をひくと解き方のすじ道が見えてくることが多い。平行線をひいたり，線を延長して三角形をつくったりしてみよう。

p.70～71　ぴたトレ 1

1 (1)AD＝EH，∠C＝∠G

(2)AB＝6 cm　FG＝8 cm

(3)∠B＝70°　∠H＝120°

解き方

図形を重ね合わせて，対応する辺，対応する角を調べます。

(1)四角形 ABCD≡四角形 EFGH だから，

辺 AD と辺 EH，∠C と ∠G が対応します。

(2)合同な図形では対応する線分の長さは等しいから，AB＝EF＝6 cm，FG＝BC＝8 cm

(3)合同な図形では対応する角の大きさは等しいから，∠B＝∠F＝70°，∠H＝∠D＝120°

2 △ABC≡△NMO

2 組の辺とその間の角がそれぞれ等しい。

△DEF≡△RPQ

1 組の辺とその両端の角がそれぞれ等しい。

△GHI≡△JLK

3 組の辺がそれぞれ等しい。

解き方

三角形の合同条件にあてはまるものを組にします。辺に着目し，3 組の辺の長さがわかっているもの，2 組の辺の長さがわかっているもの，1 組の辺の長さがわかっているものに分け，合同条件が成り立つかどうかを考えます。

3 (1)△ABC≡△DBC

2 組の辺とその間の角がそれぞれ等しい。

(2)△ACO≡△BDO

1 組の辺とその両端の角がそれぞれ等しい。

解き方 (1)AC＝DC　共通な辺で　BC＝BC

∠ACB＝∠DCB

(2)対頂角は等しいから ∠AOC＝∠BOD

AO＝BO　∠CAO＝∠DBO

p.72〜73 ぴたトレ 1

1 (1)仮定　AP＝BP，CP＝DP

結論　∠CAP＝∠DBP

(2)△ACP と △BDP において

仮定から　AP＝BP　……①

CP＝DP　……②

対頂角は等しいから

∠APC＝∠BPD　……③

①，②，③より

2 組の辺とその間の角がそれぞれ等しいから

△ACP≡△BDP

合同な図形では対応する角の大きさは等しいから　∠CAP＝∠DBP

解き方 ∠CAP と ∠DBP を角にもつ 2 つの三角形 △ACP と △BDP の合同を示し，合同な図形の性質から ∠CAP＝∠DBP を導きます。

2 (1)仮定　OC＝OD，CE＝DE

結論　∠COE＝∠DOE

(2)△COE と △DOE において

仮定から　OC＝OD　……①

CE＝DE　……②

共通な辺であるから OE＝OE　……③

①，②，③より

3 組の辺がそれぞれ等しいから

△COE≡△DOE

合同な図形では対応する角の大きさは等しいから　∠COE＝∠DOE

解き方 (1)手順1から　OC＝OD

手順2から　CE＝DE

よって　仮定　OC＝OD，CE＝DE

半直線 OE が ∠AOB を 2 等分していることを証明するためには，∠COE＝∠DOE をいえばよいので　結論　∠COE＝∠DOE

(2)∠COE と ∠DOE を角にもつ 2 つの三角形 △COE と △DOE が合同であることを示して，合同な図形の性質から

∠COE＝∠DOE を導きます。

p.74〜75 ぴたトレ 2

1 (1)AB＝12 cm，GH＝8 cm

(2)∠A＝65°，∠G＝139°

解き方 (1)合同な図形では対応する線分の長さは等しいから　AB＝FE＝12 cm，GH＝DC＝8 cm

(2)合同な図形では対応する角の大きさは等しいから　∠A＝∠F＝65°

また，∠B＝∠E＝80°，∠C＝∠H＝76° で，四角形の内角の和は 360° であるから

∠G＝360°－(65°＋80°＋76°)＝139°

2 (1)△ABC≡△CDA

2 組の辺とその間の角がそれぞれ等しい。

(2)△ABD≡△ACD

1 組の辺とその両端の角がそれぞれ等しい。

解き方 (1)AD＝BC　平行線の錯角は等しいから

AD∥BC より　∠DAC＝∠BCA

共通な辺であるから　AC＝CA

(2)∠BAD＝∠CAD

AD⊥BC より　∠BDA＝∠CDA＝90°

共通な辺であるから　AD＝AD

3 ㋑，㋒，㋔

解き方 ㋐ 3 組の角がそれぞれ等しくても，2 つの三角形は合同とはいえません。

㋑ 3 組の辺がそれぞれ等しいから，2 つの三角形は合同といえます。

㋒ 2 組の辺とその間の角がそれぞれ等しいから，2 つの三角形は合同といえます。

㋓ 2 組の辺と 1 つの角がそれぞれ等しくても，2 つの三角形は合同とはいえません。

㋔三角形の内角の和は 180° であるから

∠B＝∠E，∠C＝∠F より　∠A＝∠D

よって，1 組の辺とその両端の角がそれぞれ等しいから，2 つの三角形は合同といえます。

4 (1)仮定　$a>b$，$b>c$

結論　$a>c$

(2)仮定　同位角が等しい

結論　2 直線は平行

解き方 あることがらや性質は「●●●ならば▲▲▲」という形で述べられることが多いです。このとき，●●●の部分が仮定，▲▲▲の部分が結論にあたります。

5 △CPQ と △DPQ において

作図から　CP＝DP　……①

　　　　　CQ＝DQ　……②

共通な辺だから　PQ＝PQ　……③

①，②，③より，3 組の辺がそれぞれ等しいから　△CPQ≡△DPQ

合同な図形では対応する角の大きさは等しいから　∠CPQ＝∠DPQ　……④

△PMC と △PMD において

共通な辺だから　PM＝PM　……⑤

①，④，⑤より，2 組の辺とその間の角がそれぞれ等しいから　△PMC≡△PMD

合同な図形では対応する角の大きさは等しいから　∠PMC＝∠PMD

　　　∠PMC＋∠PMD＝180° より

　　　∠PMC＝∠PMD＝90°

よって　AB⊥PQ

解き方　∠CPQ と ∠DPQ を角にもつ 2 つの三角形 △CPQ と △DPQ が合同であることを示し，合同な図形の性質から ∠CPQ＝∠DPQ を導きます。また，△PMC≡△PMD から，∠PMC＝∠PMD を導きます。

6 △APD と △BPE において

仮定から　AD＝BE　……①

平行線の錯角は等しいから，AD∥EC より

　　　∠PAD＝∠PBE　……②

　　　∠PDA＝∠PEB　……③

①，②，③より，1 組の辺とその両端の角がそれぞれ等しいから　△APD≡△BPE

合同な図形では対応する辺の長さは等しいから

　　　AP＝BP

よって　P は辺 AB の中点である。

解き方　AP と BP を辺にもつ 2 つの三角形 △APD と △BPE が合同であることを示し，合同な図形の性質から AP＝BP を導きます。

7 (1)△AND と △DMC において

四角形 ABCD は正方形であるから

　　　∠ADN＝∠DCM＝90°　……①

　　　AD＝DC　……②

$\frac{1}{2}$DC＝$\frac{1}{2}$BC より　DN＝CM　……③

①，②，③より，2 組の辺とその間の角がそれぞれ等しいから　△AND≡△DMC

合同な図形では対応する辺の長さは等しいから　AN＝DM

(2)90°

解き方　(1)AN と DM を辺にもつ 2 つの三角形 △AND と △DMC が合同であることを示し，合同な図形の性質から AN＝DM を導きます。

(2)△DPN において，三角形の内角と外角の性質から　∠APD＝∠AND＋∠CDM

(1)より，∠DAN＝∠CDM であるから

∠APD＝∠AND＋∠DAN＝180°－∠ADN

　　　＝180°－90°＝90°＝∠APM

理解のコツ

・合同な図形の表し方とその性質についてしっかりと理解しておこう。

・合同な三角形を利用して図形の性質を証明する問題では，結論からどの線分の長さや角の大きさが等しいことを示せばよいかを考え，次にその線分や角をもつ 2 つの三角形に着目して証明を考えよう。

p.76～77　ぴたトレ 3

1 (1)∠x＝73°　(2)∠x＝77°

(3)∠x＝43°　(4)∠x＝26°

解き方　(1)平行線の同位角は等しいから，角の大きさは下の図のようになります。

対頂角は等しいから

∠x＝180°－(62°＋45°)＝73°

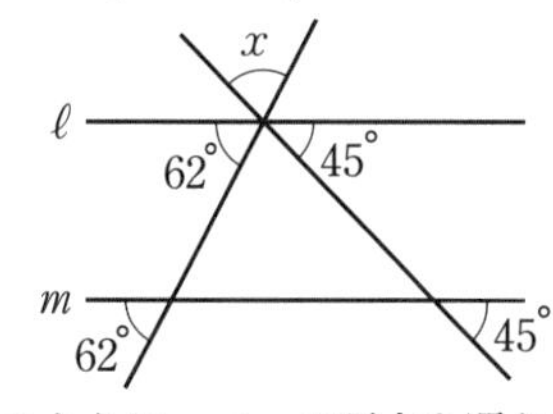

(2)下の図のように，∠x の頂点を通り，直線 ℓ に平行な直線をひいて考えます。

平行線の錯角は等しいから

∠x＝48°＋29°＝77°

(3)下の図のように，65° の角の頂点を通り，直線 ℓ に平行な直線をひいて考えます。

180°－158°＝22°

平行線の錯角は等しいから

∠x＝65°－22°＝43°

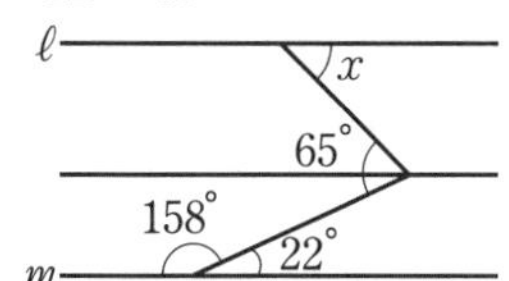

(4)下の図のように，143° と 105° の角の頂点を通り，直線 ℓ に平行な 2 つの直線をひいて考えます。

$360°-(138°+143°)=79°$

平行線の同位角，錯角は等しいから

$\angle x=105°-79°=26°$

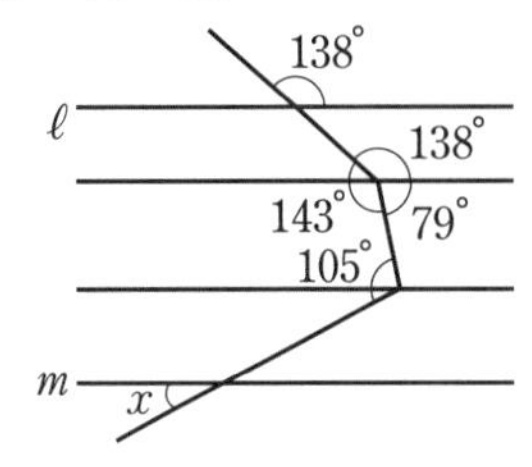

❷ (1)$\angle x=49°$　(2)$\angle x=127°$　(3)$\angle x=39°$

(4)$\angle x=41°$

解き方

(1)対頂角は等しく，三角形の内角の和は 180° であるから

$\angle x=180°-(50°+81°)=49°$

(2)$180°-108°=72°$

三角形の内角と外角の性質から

$\angle x=55°+72°=127°$

(3)下の図において，∠BED が △ABE と △CDE の共通な外角であることを利用します。

$48°+27°=\angle x+36°$　　$\angle x=75°-36°=39°$

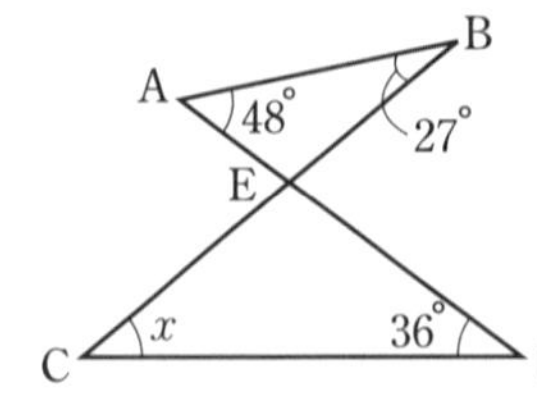

(4)下の図のように，補助線をひいて考えます。

三角形の内角と外角の性質から

$28°+52°=80°$　　$\angle x+80°=121°$

$\angle x=121°-80°=41°$

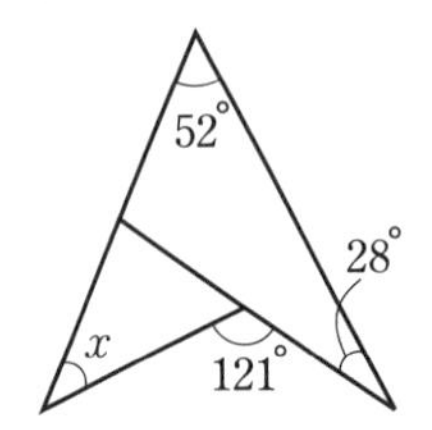

❸ (1)$\angle x=120°$　(2)$\angle x=55°$

解き方

(1)六角形の内角の和は

$180°\times(6-2)=720°$

$\angle x=720°-(115°+105°+110°+140°+130°)$

$=120°$

(2)多角形の外角の和は 360°

$\angle x=360°-(90°+105°+70°+40°)=55°$

❹ (1)十三角形　(2)正十角形

解き方

(1)$180°\times(n-2)=1980°$

これを解くと　$n-2=11$　　$n=13$

よって，十三角形です。

(2)$360°\div36°=10$　　よって，正十角形です。

❺ 合同な三角形…△BCE≡△ACD

合同条件…2 組の辺とその間の角がそれぞれ等しい。

解き方

三角形の合同条件が成り立つ 2 つの三角形を見つけ出します。BC＝AC，EC＝DC，∠BCE＝∠ACD より，2 組の辺とその間の角がそれぞれ等しいから　△BCE≡△ACD

❻ (1)仮定　AB＝DC，∠ABC＝∠DCB

結論　AC＝DB

(2)△ABC と △DCB において

仮定から　AB＝DC　……①

∠ABC＝∠DCB　……②

共通な辺であるから　BC＝CB　……③

①，②，③より，2 組の辺とその間の角がそれぞれ等しいから　△ABC≡△DCB

合同な図形では対応する辺の長さは等しいから　　AC＝DB

解き方

(1)「●●●ならば▲▲▲である」ということがらの●●●の部分が仮定，▲▲▲の部分が結論です。

(2)AC と DB を辺にもつ 2 つの三角形 △ABC と △DCB の合同を示し，合同な図形の性質から AC＝DB を導きます。

❼ △BGC と △DEC において

仮定から　BC＝DC　……①

GC＝EC　……②

正方形の 4 つの角は 90° ですべて等しいから

∠BCG＝∠BCD－∠DCG

＝90°－∠DCG　……③

∠DCE＝∠GCE－∠DCG

＝90°－∠DCG　……④

③，④より　∠BCG＝∠DCE　……⑤

①，②，⑤より，2 組の辺とその間の角がそれぞれ等しいから　△BGC≡△DEC

合同な図形では対応する辺の長さは等しいから

BG＝DE

解き方

BG と DE を辺にもつ 2 つの三角形 △BGC と △DEC の合同を示し，合同な図形の性質から BG＝DE を導きます。

5章　三角形と四角形

p.79　ぴたトレ0

1 (1)二等辺三角形，等しい
(2)正三角形，3つ

解き方　同じような意味のことばが書かれていれば正解です。

2 ㋐と㋓
2組の辺とその間の角がそれぞれ等しい。
㋑と㋖
1組の辺とその両端の角がそれぞれ等しい。
㋒と㋔
3組の辺がそれぞれ等しい。

解き方　㋖は，残りの角の大きさを求めると，㋑と合同であるとわかります。

p.80～81　ぴたトレ1

1 △ABDと△ACDにおいて
仮定から　AB＝AC　……①
∠BAD＝∠CAD　……②
共通な辺であるから　AD＝AD　……③
①，②，③より，2組の辺とその間の角がそれぞれ等しいから　△ABD≡△ACD
合同な図形では対応する角の大きさは等しいから　∠B＝∠C

解き方　p.80の例題1と同じことがらの証明です。

2 (1)$\angle x=66^\circ$　(2)$\angle x=90^\circ$

解き方　(1)$\angle x=(180^\circ-48^\circ)\div 2=66^\circ$
(2)$180^\circ-135^\circ=45^\circ$
$\angle x=135^\circ-45^\circ=90^\circ$

3 (1)△ADCと△BDCにおいて
仮定から　AC＝BC　……①
AD＝BD　……②
共通な辺だから
CD＝CD　……③
①，②，③より，3組の辺がそれぞれ等しいから　△ADC≡△BDC
合同な図形では対応する角の大きさは等しいから　∠ADC＝∠BDC

(2)仮定から，AD＝BDであるから△ADBは二等辺三角形である。
(1)から，CDは△ADBの頂角の二等分線である。
二等辺三角形の頂角の二等分線は底辺を垂直に2等分するから，直線CDは線分ABの垂直二等分線である。

解き方　(1)∠ADCと∠BDCをそれぞれ角にもつ2つの三角形△ADCと△BDCが合同であることを示し，合同な図形の性質から∠ADC＝∠BDCを導きます。
(2)(1)から，CDは二等辺三角形ADBの頂角の二等分線であることがいえます。

p.82～83　ぴたトレ1

1 仮定から
$\angle PBC=\dfrac{1}{2}\angle ABC$，$\angle PCB=\dfrac{1}{2}\angle ACB$
△ABCにおいて，AB＝ACであるから
∠ABC＝∠ACB
よって　∠PBC＝∠PCB
2つの角が等しいから，△PBCは二等辺三角形である。

解き方　二等辺三角形であることを証明するためには，2つの角が等しいことを示します。
∠PBCと∠PCBは，どちらも大きさの等しい角の半分の角になっています。

2 △ABCと△DCBにおいて
仮定から　AB＝DC　……①
AC＝DB　……②
共通な辺であるから　BC＝CB　……③
①，②，③より，3組の辺がそれぞれ等しいから　△ABC≡△DCB
合同な図形では対応する角の大きさは等しいから　∠PCB＝∠PBC
2つの角が等しいから，△PBCは二等辺三角形である。

解き方　∠PCBと∠PBCをもつ2つの三角形の合同を証明します。

3 仮定より，∠B＝∠Cであるから，△ABCはAB＝ACである二等辺三角形である。
また，∠A＝∠Cであるから，△ABCはAB＝BCである二等辺三角形である。
よって，AB＝BC＝ACとなり，△ABCは正三角形である。

解き方　△ABC が AB＝AC の二等辺三角形であり，AB＝BC の二等辺三角形であることを示します。

p.84〜85　ぴたトレ 1

1 合同な三角形…△ABC≡△HGI
合同条件…直角三角形の斜辺と他の 1 辺がそれぞれ等しい。

解き方　合同な直角三角形を見つけるには，まず斜辺の等しい三角形を見つけます。

2 △EBC と △DCB において
∠BEC＝∠CDB＝90°　……①
共通な辺であるから　BC＝CB　……②
△ABC は AB＝AC である二等辺三角形であるから　∠EBC＝∠DCB　……③
①，②，③より，直角三角形の斜辺と 1 つの鋭角がそれぞれ等しいから　△EBC≡△DCB
合同な図形では対応する角の大きさは等しいから　∠ECB＝∠DBC
2 つの角が等しいから，△PBC は二等辺三角形である。

解き方　△PBC が二等辺三角形であることを証明するには，∠PCB＝∠PBC を示せばよいです。
そのために，これらの角をもつ △EBC と △DCB の合同を証明します。

3 △ACD と △AED において
仮定から　∠ACD＝∠AED＝90°　……①
∠CAD＝∠EAD　……②
共通な辺であるから　AD＝AD　……③
①，②，③より，直角三角形の斜辺と 1 つの鋭角がそれぞれ等しいから　△ACD≡△AED
合同な図形では対応する辺の長さは等しいから
DC＝DE

解き方　DC，DE をもつ △ACD と △AED の合同を証明します。

4 (1)△ABC と △DEF において，∠ABC＝∠DEF ならば △ABC≡△DEF である。正しくない。
(2) 2 本の直線が平行ならば錯角は等しい。正しい。

解き方　(1)∠ABC＝∠DEF だけでは合同とはいえません。よって，逆は正しくありません。
(2) 2 本の直線が平行ならば，同位角，錯角は等しいから，逆も正しいです。

p.86〜87　ぴたトレ 2

1 (1)$\angle x=37^\circ$　(2)$\angle x=49^\circ$　(3)$\angle x=15^\circ$

解き方　(1)$\angle ACB=103^\circ-33^\circ=70^\circ$
$\angle BAC=180^\circ-70^\circ\times2=40^\circ$ より
$\angle x=180^\circ-(103^\circ+40^\circ)=37^\circ$
(2)$\angle x=180^\circ-(71^\circ+60^\circ)=49^\circ$
(3)$\angle ABE=90^\circ-60^\circ=30^\circ$
$\angle BAE=(180^\circ-30^\circ)\div2=75^\circ$
よって　$\angle x=90^\circ-75^\circ=15^\circ$

2 36°

解き方　AD＝BD より　∠A＝∠ABD
∠A＝$\angle x$ とすると，∠ABD＝$\angle x$ より
∠B＝$2\angle x$　AB＝AC より　∠C＝∠B＝$2\angle x$
よって　∠A＋∠B＋∠C＝$5\angle x$
$5\angle x=180^\circ$ より　$\angle x=36^\circ$

3 △ABC は二等辺三角形であるから
∠B＝∠C　……①
三角形の内角と外角の性質から
∠DAC＝∠B＋∠C　……②
②より　$\angle DAE=\frac{1}{2}(\angle B+\angle C)$
①より　∠DAE＝∠B
同位角が等しいから　AE∥BC

解き方　平行であることを証明するときは，錯角や同位角に着目して，証明を考えましょう。

4 仮定から　∠DBP＝∠PBC
DE∥BC より，錯角は等しいから
∠DPB＝∠PBC
よって　∠DBP＝∠DPB
2 つの角が等しいから，△DBP は二等辺三角形である。
よって　DB＝DP　同様にして　EP＝EC
DE＝DP＋PE より　DE＝BD＋CE

解き方　DE＝DP＋PE より，DP＝BD，PE＝CE を証明します。DE∥BC より，錯角や同位角の関係から角が等しいことを導けないかどうかを考えます。

5 △ADF と △BED において
仮定から　AD＝BE　……①
AF＝BD　……②
∠A＝∠B　……③
①，②，③より，2 組の辺とその間の角がそれぞれ等しいから　△ADF≡△BED

合同な図形では対応する辺の長さは等しいから

DF＝ED ……④

同様にして △BED≡△CFE

合同な図形では対応する辺の長さは等しいから

ED＝FE ……⑤

④，⑤より DF＝ED＝FE

3 辺が等しいから，△DEF は正三角形である。

解き方
AC＝AB，CF＝AD より
AF＝AC−CF＝AB−AD＝BD

6 △ABD と △HBD において

仮定から ∠BAD＝∠BHD＝90° ……①

∠ABD＝∠HBD ……②

共通な辺であるから BD＝BD ……③

①，②，③より，直角三角形の斜辺と 1 つの鋭角がそれぞれ等しいから

△ABD≡△HBD ……④

仮定から ∠DCH＝∠CDH＝45°

2 つの角が等しいから，△HCD は二等辺三角形である。よって DH＝CH ……⑤

④より，合同な図形では対応する辺の長さは等しいから BH＝BA

④，⑤より AD＝DH＝CH

したがって BC＝AB＋AD

解き方
△ABC は直角二等辺三角形であるから，
∠ACB＝45° これより，△HCD も直角二等辺三角形であることがわかります。
④，⑤より BC＝BH＋CH＝AB＋AD

7 △ABF と △DBE において

仮定から ∠ABF＝∠DBE

∠BAF＝∠BDE＝90°

よって ∠AFB＝∠DEB ……①

対頂角は等しいから ∠DEB＝∠AEF ……②

①，②より ∠AEF＝∠AFE

2 つの角が等しいから，△AEF は二等辺三角形である。

よって AE＝AF

解き方
AE，AF を辺にもつ合同な三角形がない場合には，
∠AEF＝∠AFE がいえるかどうかを考えてみます。

8 △BCE と △CDF において

仮定から BC＝CD ……①

∠BEC＝∠CFD＝90° ……②

また ∠BCE＝90°−∠FCD

∠CDF＝90°−∠FCD

よって ∠BCE＝∠CDF ……③

①，②，③より，直角三角形の斜辺と 1 つの鋭角がそれぞれ等しいから

△BCE≡△CDF

合同な図形では対応する辺の長さは等しいから

BE＝CF

解き方
∠BCD＝∠BCE＋∠FCD＝90° より
∠BCE＝90°−∠FCD
△CDF において，内角の和は 180° であるから
∠CDF＋∠CFD＋∠FCD＝180°
∠CDF＝90°−∠FCD
よって，∠BCE＝∠CDF がいえます。

理解のコツ

- 二等辺三角形の性質，二等辺三角形になるための条件は，角の大きさを求める問題でも証明問題でもよく使われる。しっかりと理解しておこう。
- 直角三角形の証明問題では，三角形の合同条件だけでなく，直角三角形の合同条件が使えないかどうかを考えよう。

p.88～89 ぴたトレ 1

1 (1)$x=4$，$y=6$ (2)$\angle b=68°$，$\angle c=112°$

(3)$x=5$，$y=8$

解き方
(1)平行四辺形の対辺は等しいから
AB＝DC より $x=4$
AD＝BC より $y=6$
(2)平行四辺形の対角は等しいから ∠B＝∠D
よって $\angle b=68°$
四角形の内角の和は 360° であるから
$\angle c=(360°-68°\times2)\div2=112°$
(3)平行四辺形の対角線はそれぞれの中点で交わるから AO＝CO より $x=5$
BO＝DO より $y=8$

2 △ABE と △CDF において

仮定から AF＝CE ……①

平行四辺形の対辺は等しいから

AB＝CD ……②

BC＝DA ……③

①，③より BE＝DF ……④

平行四辺形の対角は等しいから

∠ABE＝∠CDF ……⑤

②，④，⑤より，2 組の辺とその間の角がそれぞれ等しいから

△ABE≡△CDF

解き方
①，③より
BE＝BC−CE＝DA−AF＝DF

3 △OAE と △OCF において
平行四辺形の対角線はそれぞれの中点で交わるから　AO＝CO　……①
平行線の錯角は等しいから
∠OAE＝∠OCF　……②
対頂角は等しいから
∠AOE＝∠COF　……③
①，②，③より，1組の辺とその両端の角がそれぞれ等しいから　△OAE≡△OCF
合同な図形では対応する辺の長さは等しいから
OE＝OF

解き方　△BOF と △DOE の合同から証明することもできます。

p.90〜91　ぴたトレ1

1 ㋑

解き方　㋐，㋒は下の図のように，平行四辺形にならない場合もあります。

㋐
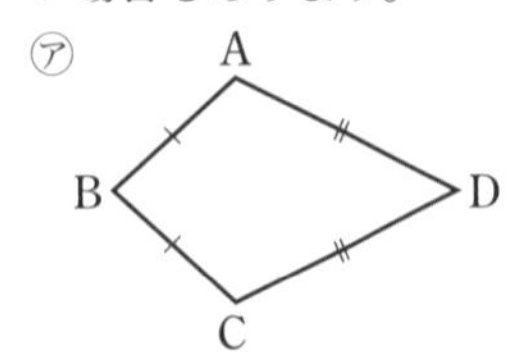

㋒
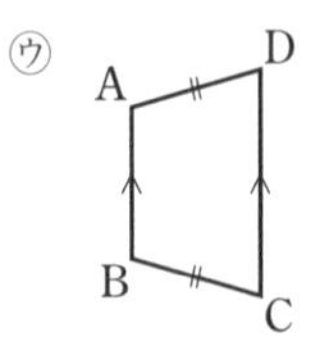

2 △AOD と △COB において
仮定から　OA＝OC　……①
OD＝OB　……②
対頂角は等しいから　∠AOD＝∠COB　……③
①，②，③より，2組の辺とその間の角がそれぞれ等しいから　△AOD≡△COB
合同な図形では対応する角の大きさは等しいから　∠DAO＝∠BCO　……④
④より，錯角が等しいから　AD∥BC　……⑤
同様にして　△AOB≡△COD
合同な図形では対応する角の大きさは等しいから　∠ABO＝∠CDO　……⑥
⑥より，錯角が等しいから　AB∥DC　……⑦
⑤，⑦より，2組の対辺がそれぞれ平行であるから四角形 ABCD は平行四辺形である。

解き方　平行四辺形になるための条件[3]の証明です。
仮定から，平行四辺形の定義「2組の対辺がそれぞれ平行である」を導きます。

3 △ADM と △EBM において
仮定から　DM＝BM　……①
平行線の錯角は等しいから
∠ADM＝∠EBM　……②
対頂角は等しいから
∠AMD＝∠EMB　……③
①，②，③より，1組の辺とその両端の角がそれぞれ等しいから　△ADM≡△EBM
合同な図形では対応する辺の長さは等しいから
AD＝BE　……④
仮定から　AD∥BE　……⑤
④，⑤より，1組の対辺が平行でその長さが等しいから，四角形 ABED は平行四辺形である。

解き方　平行四辺形の定義と，平行四辺形になるための条件のうち，どれが使えるかを考えます。
仮定より，DM＝BM であるから，これらの辺をもつ △ADM と △EBM に着目します。AD∥BE は仮定からわかっているから，△ADM≡△EBM より AD＝BE がいえれば，条件[4]が使えます。

4 仮定から　AE＝EB　……①
DF＝FC　……②
平行四辺形の対辺は等しいから
AB＝CD　……③
①，②，③より
EB＝DF　……④
AB∥DC であるから
EB∥DF　……⑤
④，⑤より，1組の対辺が平行でその長さが等しいから，四角形 EBFD は平行四辺形である。

解き方　平行四辺形の定義と平行四辺形になるための4つの条件のうち，どれが使えるか考えます。
△ADE と △CBF の合同から証明することもできます。

p.92〜93　ぴたトレ1

1 (1)ひし形　(2)正方形　(3)長方形

解き方
(1)平行四辺形の対辺は等しいから
AB＝DC，BC＝AD
よって　AB＝BC＝CD＝DA
4つの辺が等しいから，ひし形になります。
(2)平行四辺形の対角は等しいから
∠A＝∠C，∠B＝∠D
よって　∠A＝∠B＝∠C＝∠D
(1)より　AB＝BC＝CD＝DA
4つの角が等しく，4つの辺も等しいから，正方形になります。
(3)対角線の長さが等しいから，長方形になります。

2 (1)△DBC (2)△DCA

(3)△ABC と △DBC は底辺を共有している。
また，AD∥BC より，辺 BC に対する高さが等しい。
よって △ABC＝△DBC
ここで △OAB＝△ABC－△OBC
△ODC＝△DBC－△OBC
したがって △OAB＝△ODC

解き方
平行な 2 直線の間の距離はつねに等しいことを使って，面積の等しい三角形を見つけます。
(1)辺 BC を共有して，高さが等しいから
△ABC＝△DBC
(2)辺 AD を共有して，高さが等しいから
△ABD＝△DCA
(3)面積が等しい 2 つの三角形から，共通する三角形の面積をひくと，残った部分の面積は等しくなります。

3

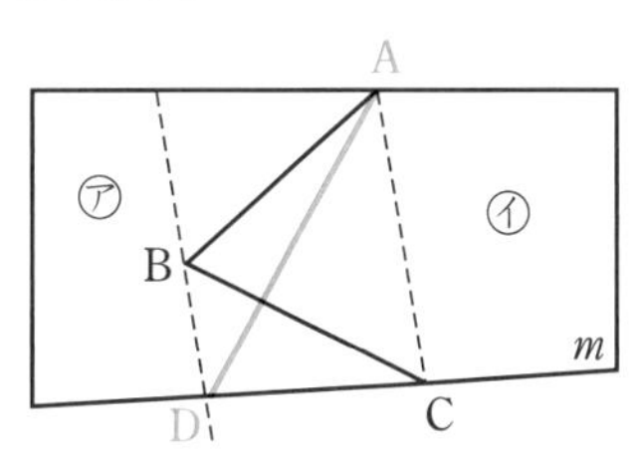

頂点 B を通り，AC に平行な直線をひき，直線 m との交点を D とする。点 A と D を結ぶ。

解き方
AC∥BD となる点 D をとると
△ABC＝△ADC となります。

p.94～95 ぴたトレ 2

1 (1) 4 cm (2)72° (3)126° (4) 3 cm

解き方
(1)AB∥EF，AD∥GH，AD∥BC より
四角形 GBFI は平行四辺形です。
よって FI＝BG＝6－2＝4(cm)
(2)四角形 GBCH は平行四辺形であるから
∠CHG＝∠B＝72°
(3)∠BCE＝(180°－72°)÷2＝54°
AD∥BC より ∠DEC＝∠BCE＝54°
∠AEC＝180°－∠DEC＝180°－54°＝126°
(4)∠DCE＝54° より，△DEC は
DE＝DC の二等辺三角形です。
AE＝AD－DE＝BC－DC＝9－6＝3(cm)

2 3 cm

解き方
BF は ∠ABC の二等分線であるから
∠ABF＝∠CBF ……①
AB∥FC より，錯角は等しいから
∠ABF＝∠CFB ……②
①，②より ∠CBF＝∠CFB
よって，△BCF は二等辺三角形であるから
CF＝BC＝8 cm
平行四辺形の対辺は等しいから
CD＝AB＝5 cm
DF＝CF－CD＝8－5＝3(cm)

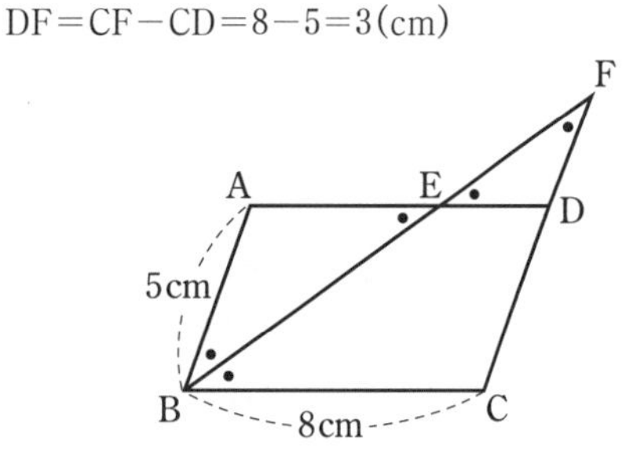

3 56°

解き方
∠D＝∠B＝68° より ∠ADH＝34°
AD∥BC より ∠AEB＝∠DAH
△AHD において ∠DAH＝90°－34°＝56°

4 AE∥GC，AE＝GC より，1 組の対辺が平行でその長さが等しいから，四角形 AECG は平行四辺形である。
よって AG∥EC ……①
AH∥FC，AH＝FC より，1 組の対辺が平行でその長さが等しいから，四角形 AFCH は平行四辺形である。
よって AF∥HC ……②
①，②より AJ∥IC，AI∥JC
2 組の対辺がそれぞれ平行であるから，四角形 AICJ は平行四辺形である。

解き方
平行四辺形の性質と平行四辺形になるための条件をしっかり理解し，おぼえておきましょう。

5 △ABP と △CDQ において
仮定より BP＝DQ ……①
AB＝CD ……②
AB∥DC より，錯角は等しいから
∠ABP＝∠CDQ ……③
①，②，③より，2 組の辺とその間の角がそれぞれ等しいから △ABP≡△CDQ
合同な図形では対応する辺の長さは等しいから
AP＝CQ ……④
同様にして △BPC≡△DQA
合同な図形では対応する辺の長さは等しいから
PC＝QA ……⑤
④，⑤より，2 組の対辺がそれぞれ等しいから，四角形 APCQ は平行四辺形である。

解き方　平行四辺形の定義と，平行四辺形になるための条件のうち，どれが使えるかを考えます。
仮定より，BP＝DQ であるから，これらの辺をもつ △ABP と △CDQ，△BPC と △DQA に着目します。これらがそれぞれ合同であることが証明できれば，AP＝CQ，PC＝QA より，平行四辺形になるための条件[1]が使えます。

6 **仮定から　∠B＝∠C**
AB∥RP より，同位角は等しいから
∠B＝∠RPC
よって，△RPC は二等辺三角形であるから
RP＝RC　……①
AR∥QP，AQ∥RP より，四角形 AQPR は平行四辺形であるから
PQ＝AR　……②
①，②より　PQ＋PR＝AR＋RC＝AC
よって，PQ＋PR は一定である。

解き方　PQ，PR が他の線分でおきかえられないかを考えます。
点Pをどこにとっても，このことは成り立ちます。

7 **頂点 D を通り A，C を結ぶ直線に平行な直線と BC の延長との交点を E とし，線分 BE の中点を P とする。**

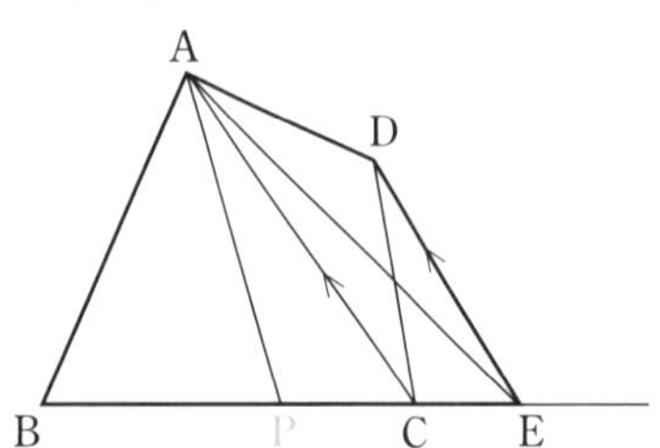

解き方　四角形 ABCD と等しい面積をもつ △ABE を作図し，その底辺 BE の中点を P とします。

理解のコツ
・平行四辺形についての角の大きさを求める問題や証明問題では，平行線の錯角や同位角の性質がよく利用される。
・平行四辺形の性質，平行四辺形になるための条件はいくつかある。どれもたいせつなので，しっかりと理解しておこう。
・長方形，ひし形，正方形は特別な平行四辺形で，平行四辺形の性質をもっていることを忘れないようにしよう。

p.96〜97　ぴたトレ3

1 (1)84°　(2)36°

解き方　二等辺三角形の底角が等しいことを利用します。
(1)∠ABD＝(180°－52°)÷2÷2＝32°
∠BDC＝52°＋32°＝84°
(2)∠DBA＝∠DBC＝∠x とすると
∠BDC＝∠DCB＝∠ABC＝2∠x
△BCD において　∠x＋2∠x＋2∠x＝180°
5∠x＝180°　∠x＝36°
△ABD において，内角と外角の関係から
∠A＝∠BDC－∠DBA＝∠x＝36°

2 **△ABD と △ACE において**
仮定から　AB＝AC　……①
AD＝AE　……②
∠BAD＝∠BAC－∠DAC＝60°－∠DAC
∠CAE＝∠DAE－∠DAC＝60°－∠DAC
よって　∠BAD＝∠CAE　……③
①，②，③より，2 組の辺とその間の角がそれぞれ等しいから　△ABD≡△ACE
合同な図形では対応する辺の長さは等しいから
BD＝CE

解き方　正三角形の性質を利用して，BD，CE を辺にもつ △ABD と △ACE の合同を示します。

3 **△AOC と △BOD において**
仮定から　OA＝OB　……①
∠OCA＝∠ODB＝90°　……②
共通な角であるから　∠O＝∠O　……③
①，②，③より，直角三角形の斜辺と 1 つの鋭角がそれぞれ等しいから　△AOC≡△BOD
合同な図形では対応する辺の長さは等しいから
AC＝BD

解き方　AC，BD を辺にもつ三角形に注目します。仮定より，△AOC と △BOD は斜辺が等しい直角三角形であるから，直角三角形の合同条件を利用します。

4 **∠x＝44°，∠y＝78°**

解き方　△ABE，△CDE は二等辺三角形になります。
∠D＝180°－112°＝68°　∠x＝180°－68°×2＝44°
∠AEB＝68°÷2＝34°　∠y＝180°－(34°＋68°)＝78°

5 **L は辺 AB の中点であるから**
AL＝BL　……①
仮定から　DL＝NL　……②
①，②より，対角線がそれぞれの中点で交わるから，四角形 ADBN は平行四辺形である。

よって，DA // BN より

　　　　DA // NM　……③

また　　DA＝BN　……④

N は線分 BM の中点であるから

　　　　BN＝NM　……⑤

④，⑤より　DA＝NM　……⑥

③，⑥より，1 組の対辺が平行でその長さが等しいから，四角形 ADNM は平行四辺形である。

解き方　平行四辺形の定義と，平行四辺形になるための条件のうち，どれが使えるかを考えます。

6 △CDE と △CDF において

共通な辺であるから　CD＝CD　……①

仮定から　∠DEC＝∠DFC＝90°　……②

　　　　∠DCE＝∠DCF＝45°　……③

①，②，③より，直角三角形の斜辺と 1 つの鋭角がそれぞれ等しいから

　　　　△CDE≡△CDF

△CDE と △CDF は合同な直角二等辺三角形となるから，四角形 CEDF の 4 つの角はすべて 90° であり，CE＝ED＝DF＝FC である。

よって，4 つの角が等しく，4 つの辺が等しいから，四角形 CEDF は正方形である。

解き方　四角形 CEDF において

∠EDF＝360°－90°×3＝90°

であるから，4 つの角はすべて 90° です。

△CDE≡△CDF より

CE＝CF，DE＝DF

△CDE は直角二等辺三角形であるから

CE＝DE　　よって　CE＝ED＝DF＝FC

7 △ADE と △ACE は底辺 AE を共有する。

AB // DC より　△ADE＝△ACE

△ACE と △ACF は底辺 AC を共有する。

AC // EF より　△ACE＝△ACF

△ACF と △CDF は底辺 CF を共有する。

AD // BC より　△ACF＝△CDF

よって　　　　△ADE＝△CDF

解き方　△ADE と △CDF は底辺も高さも共通でないから，補助線をひいて面積が等しい三角形をつくっていきます。

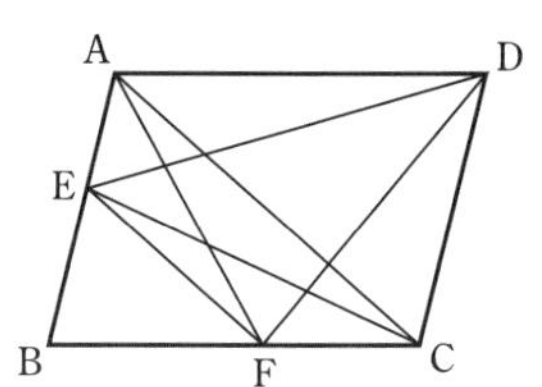

6章　データの活用

p.99　6，7章　ぴたトレ 0

1 (1)20(分)　(2)90(分)　(3)70(分)　(4)35(分)

解き方　(3)最大値－最小値だから，90－20＝70(分)

(4)データの個数が 10 だから，5 番目と 6 番目の値の平均をとります。

$\frac{30+40}{2}=35$(分)

2 6 通り

解き方　ぶどうを(ぶ)，ももを(も)，りんごを(り)，みかんを(み)で表し，下のような図や表にかいて考えます。

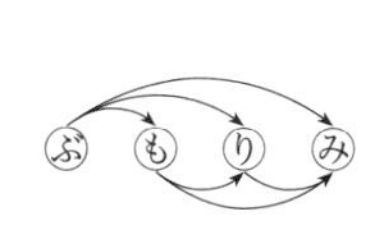

	(ぶ)	(も)	(り)	(み)
(ぶ)	＼	○	○	○
(も)		＼	○	○
(り)			＼	○
(み)				＼

ぶどうともも，ももとぶどうは同じ組み合わせであることに注意しましょう。

図や表から，選び方は，

(ぶ)と(も)，(ぶ)と(り)，(ぶ)と(み)，(も)と(り)，

(も)と(み)，(り)と(み)

の 6 通りであるとわかります。

p.100～101　ぴたトレ 1

1 (1)A 班　第 1 四分位数…29(kg)

　　　　第 2 四分位数…36(kg)

　　　　第 3 四分位数…43(kg)

　B 班　第 1 四分位数…29(kg)

　　　　第 2 四分位数…35(kg)

　　　　第 3 四分位数…42(kg)

(2)A 班　14(kg)，B 班　13(kg)

(3)A 班

解き方　値の大きさの順に並んだデータを 4 等分して考えます。

(1)A 班のデータの個数は 9 だから，5 番目の値が中央値です。第 1 四分位数は，2 番目と 3 番目の値の平均をとります。

$\frac{27+31}{2}=29$(kg)

第 3 四分位数は，7 番目と 8 番目の値の平均をとります。

$\frac{41+45}{2}=43$(kg)

B 班のデータの個数は 8 だから，中央値は 4 番目と 5 番目の値の平均をとります。

$\frac{35+35}{2}=35$(kg)

第1四分位数は，2番目と3番目の値の平均をとります。

$\frac{28+30}{2}=29$(kg)

第3四分位数は，6番目と7番目の値の平均をとります。

$\frac{40+44}{2}=42$(kg)

(2)四分位範囲は，第3四分位数から第1四分位数をひいた差です。

A班　43−29＝14(kg)

B班　42−29＝13(kg)

(3)四分位範囲が大きいほど，データの中央値のまわりの散らばりの程度が大きいといえます。

2

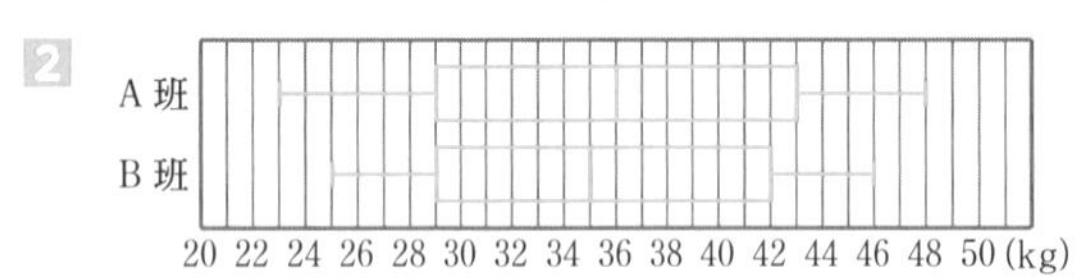

解き方　第1四分位数を左端，第3四分位数を右端とする長方形(箱)をかき，箱の中に中央値(第2四分位数)を示す縦線をひきます。最小値，最大値を表す縦線をひき，箱の左端から最小値までと，箱の右端から最大値まで，線分(ひげ)をひきます。

3　英語

解き方　箱ひげ図から，それぞれのデータの最小値を読みとります。

英語の最小値は4点なので，英語のテストでは4点未満の生徒がいないことがわかります。

p.102　ぴたトレ2

1　(1) 1組　第1四分位数…23(回)

第2四分位数…25(回)

第3四分位数…26(回)

2組　第1四分位数…22(回)

第2四分位数…24(回)

第3四分位数…26(回)

(2) 1組… 3(回)，2組… 4(回)

解き方　値の大きさの順に並んだデータを4等分して考えます。

(1) 1組のデータの個数は15個だから，中央値は8番目の値で，25(回)。第1四分位数は，4番目の値で，23(回)。第3四分位数は，12番目の値で，26(回)。

2組のデータの個数は12個だから，中央値は6番目と7番目の値の平均をとります。

$\frac{24+24}{2}=24$(回)

第1四分位数は，3番目と4番目の値の平均をとります。

$\frac{21+23}{2}=22$(回)

第3四分位数は，9番目と10番目の値の平均をとります。

$\frac{26+26}{2}=26$(回)

(2)四分位範囲は，第3四分位数から第1四分位数をひいた差です。

1組　26−23＝3(回)

2組　26−22＝4(回)

2　(1)

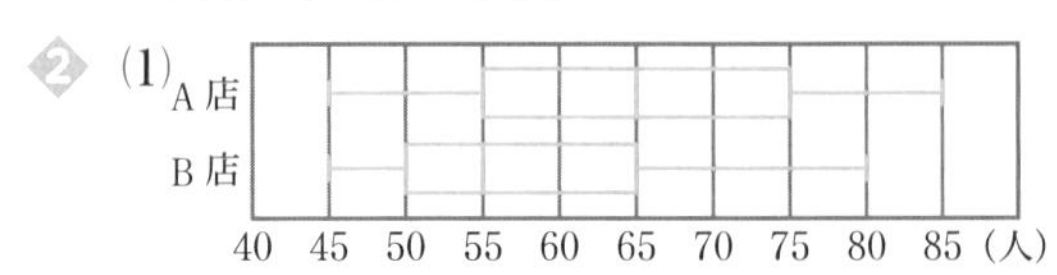

(2)A店

解き方　データの値の小さい順に並べて考えます。

(1)A店，B店の最大値，最小値，四分位数をそれぞれ求めます。

A店　最大値…85(人)，最小値…45(人)

第1四分位数…55(人)

第2四分位数…65(人)

第3四分位数…75(人)

B店　最大値…80(人)，最小値…45(人)

第1四分位数…50(人)

第2四分位数…55(人)

第3四分位数…65(人)

(2)データの散らばりの程度を，箱ひげ図から読みとります。箱ひげ図全体が横に長いA店の方が，B店よりデータが全体に散らばっているといえます。

3　㋑

解き方　データの値の小さい順に並べて，最大値，最小値，四分位数をそれぞれ求めます。

最大値…10(点)，最小値… 2(点)

第1四分位数… 3(点)

第2四分位数… 6(点)

第3四分位数… 9(点)

㋐，㋑，㋒の箱ひげ図の最大値，最小値，四分位数をそれぞれ読みとると，㋑がこのデータの箱ひげ図であることがわかります。

理解のコツ

・四分位数の求め方は，データの個数が偶数のときと奇数のときとで異なる。手順を必ず覚えておこう。
・箱ひげ図からは，最小値，最大値，四分位数が読みとれる。どの部分が何を表しているのかおさえよう。

p.103 ぴたトレ3

❶ (1)$a=6$ (2)4(点)

解き方
(1)平均値を求める式から求めます。

$$\frac{8+2+4+5+3+3+9+a}{8}=5$$

これを a について解くと，$a=6$
(2)(1)より，データを値の大きさの順に並べると
2，3，3，4，5，6，8，9
第1四分位数は $\frac{3+3}{2}=3$(点)
第3四分位数は $\frac{6+8}{2}=7$(点)
$7-3=4$(点)

❷ (1)A (2)B (3)B

解き方
(1)箱ひげ図が上下にいちばん長いAが，もっとも範囲が大きいといえます。
(2)箱ひげ図の箱がいちばん短いBが，もっとも四分位範囲が小さいといえます。
(3)A，B，C，Dのデータの個数はそれぞれ30個です。それぞれのデータの中央値は，15番目と16番目の値の平均です。
よって，中央値を示す線が，50のめもりより上にある箱ひげ図を見つければよいことがわかります。Bの箱ひげ図では，中央値を示す箱の中の線が，50のめもりより上の位置にあることから，販売数が50個を超えた日が16日以上あることがわかります。

❸ A…③，B…⑤

解き方
箱ひげ図のひげの部分から最大値と最小値，箱の部分でデータの散らばりを読みとり，ヒストグラムと箱ひげ図を比較します。

7章 確率

p.104～105 ぴたトレ1

1 ④，⑨

解き方
⑦，④，⑨について，どの場合が起こることも同じ程度に期待できるものを見つけます。

2 (1)$\frac{1}{3}$ (2)$\frac{1}{3}$ (3)$\frac{2}{3}$

解き方
さいころの目の出方は6通りあり，それらは同様に確からしい。
(1)5以上の目が出るのは5，6の2通り。
求める確率は $\frac{2}{6}=\frac{1}{3}$
(2)3の倍数の目が出るのは3，6の2通り。
求める確率は $\frac{2}{6}=\frac{1}{3}$
(3)4以下の目が出るのは1，2，3，4の4通り。
求める確率は $\frac{4}{6}=\frac{2}{3}$
(注意)以下の説明では「同様に確からしい」ことの記述は省略しました。

3 (1)$\frac{1}{5}$ (2)$\frac{1}{2}$ (3)$\frac{3}{10}$

解き方
玉の取り出し方は全部で
$2+3+5=10$(通り)
(1)白玉を取り出すのは2通り。
求める確率は $\frac{2}{10}=\frac{1}{5}$
(2)青玉を取り出すのは5通り。
求める確率は $\frac{5}{10}=\frac{1}{2}$
(3)赤玉を取り出すのは3通り。
求める確率は $\frac{3}{10}$

p.106～107 ぴたトレ1

1 (1)$\frac{1}{4}$ (2)$\frac{3}{4}$

解き方
(1)4枚のカードの中から，カードを1枚引くとき，カードの引き方は4通り。そのうち，2のカードを引く場合は1通りであるから，
求める確率は $\frac{1}{4}$
(2)2のカードを引かない確率は，
1−(2のカードを引く確率)で求められます。
よって，$1-\frac{1}{4}=\frac{3}{4}$

2 (1) 5 通り　(2) $\frac{5}{36}$

解き方

(1)起こりうるすべての場合を表にまとめて整理します。

大＼小	1	2	3	4	5	6
1					○	
2				○		
3			○			
4		○				
5	○					
6						

目の和が 6 になる場合は

(1, 5), (2, 4), (3, 3), (4, 2), (5, 1)

の 5 通り。

(2)目の出方は全部で　$6\times6=36$(通り)

求める確率は $\frac{5}{36}$

3 (1) 10 通り　(2) ① $\frac{2}{5}$　② $\frac{1}{5}$　③ $\frac{7}{10}$

解き方

(1)下の図から，玉の取り出し方は全部で 10 通り。

(2)① 1 個が白玉で，1 個が赤玉であるのは，•印をつけた 4 通り。

求める確率は　$\frac{4}{10}=\frac{2}{5}$

② 2 個の玉が同じ色であるのは，×印をつけた 2 通り。

求める確率は　$\frac{2}{10}=\frac{1}{5}$

③白玉を取り出すのは 7 通り。

求める確率は $\frac{7}{10}$

p.108〜109　ぴたトレ 2

1 (1) $\frac{1}{5}$　(2) $\frac{8}{35}$　(3)くじ B

解き方

(1)くじ A の当たる確率は

$\frac{8}{40}=\frac{1}{5}$

(2)くじ B の当たる確率は

$\frac{16}{70}=\frac{8}{35}$

(3) $\frac{1}{5}=\frac{7}{35}$

$\frac{7}{35}<\frac{8}{35}$ から，B の方が当たりやすいといえます。

2 (1) $\frac{1}{9}$　(2) $\frac{1}{9}$　(3) $\frac{1}{2}$

解き方

目の出方は全部で 36 通り。

(1)出る目の和が 5 になるのは

(1, 4), (2, 3), (3, 2), (4, 1) の 4 通り。

求める確率は　$\frac{4}{36}=\frac{1}{9}$

(2)出る目の差が 4 になるのは

(1, 5), (2, 6), (5, 1), (6, 2) の 4 通り。

求める確率は　$\frac{4}{36}=\frac{1}{9}$

(3)奇数と偶数の目が 1 つずつ出るのは下の表の○印をつけた 18 通り。

求める確率は　$\frac{18}{36}=\frac{1}{2}$

大＼小	1	2	3	4	5	6
1		○		○		○
2	○		○		○	
3		○		○		○
4	○		○		○	
5		○		○		○
6	○		○		○	

3 (1) $\frac{1}{8}$　(2) $\frac{3}{8}$　(3) $\frac{7}{8}$

解き方

表と裏の出方は全部で 8 通り。

A　B　C　　A　B　C

表 ─ 表 ─ 表 / 裏
表 ─ 裏 ─ 表 / 裏
裏 ─ 表 ─ 表 / 裏
裏 ─ 裏 ─ 表 / 裏

(1) 3 枚とも表になるのは 1 通り。

(2) 1 枚が表になるのは 3 通り。

(3)「少なくとも 1 枚は表」とは，「3 枚とも裏」でないということです。

3 枚とも裏になるのは 1 通り。

$1-\frac{1}{8}=\frac{7}{8}$

4 (1) $\frac{3}{5}$ (2) $\frac{1}{10}$

解き方

(1)委員の組は，全部で

{A，B}，{A，C}，<u>{A，D}</u>，<u>{A，E}</u>，{B，C}，<u>{B，D}</u>，<u>{B，E}</u>，<u>{C，D}</u>，<u>{C，E}</u>，{D，E}

の 10 通り。

男女 1 人ずつの組は下線をひいた 6 通り。

求める確率は $\frac{6}{10}=\frac{3}{5}$

(2) 2 人とも女子の組は {D，E} の 1 通り。

求める確率は $\frac{1}{10}$

5 (1) $\frac{3}{28}$ (2) $\frac{5}{14}$ (3) $\frac{9}{14}$

解き方

当たりを①②③，はずれを④⑤⑥⑦⑧と表す。

くじの引き方は全部で 28 通り。

{①，②}，{①，③}，{①，④}，{①，⑤}，
{①，⑥}，{①，⑦}，{①，⑧}，{②，③}，
{②，④}，{②，⑤}，{②，⑥}，{②，⑦}，
{②，⑧}，{③，④}，{③，⑤}，{③，⑥}，
{③，⑦}，{③，⑧}，{④，⑤}，{④，⑥}，
{④，⑦}，{④，⑧}，{⑤，⑥}，{⑤，⑦}，
{⑤，⑧}，{⑥，⑦}，{⑥，⑧}，{⑦，⑧}

(1) 2 本とも当たりであるのは 3 通り。

(2) 2 本ともはずれであるのは 10 通り。

(3)(少なくとも 1 本が当たる)

＝(すべての場合)－(2 本ともはずれる)

求める確率は $1-\frac{5}{14}=\frac{9}{14}$

6 (1) $\frac{1}{12}$ (2) $\frac{2}{9}$

解き方

2 回のさいころの目の出方は全部で

6×6＝36(通り)

(1) 1 周して，ちょうど頂点 A に止まるのは，目の数の和が 4 になる場合で，(1，3)，(2，2)，(3，1) の 3 通り。

(2)ちょうど頂点 B に止まるのは，目の数の和が 5 または 9 になる場合です。

目の数の和が 5 になるのは

(1，4)，(2，3)，(3，2)，(4，1) の 4 通り。

目の数の和が 9 になるのは

(3，6)，(4，5)，(5，4)，(6，3) の 4 通り。

よって 4＋4＝8(通り)

求める確率は $\frac{8}{36}=\frac{2}{9}$

理解のコツ

・確率の問題では，起こりうるすべての場合を正確に求めることが大切である。もれのないように，あるいは重複しないようにするため，表や樹形図を用いて，整理して求めるようにしよう。

p.110～111 **ぴたトレ 3**

1 (1) $\frac{3}{10}$ (2) $\frac{1}{5}$

解き方

カードの取り出し方は全部で 30 通り。

(1)カードの数が 1 けたであるのは 1 から 9 までの 9 通り。

求める確率は $\frac{9}{30}=\frac{3}{10}$

(2)カードの数が 5 の倍数であるのは

5，10，15，20，25，30 の 6 通り。

求める確率は $\frac{6}{30}=\frac{1}{5}$

2 (1) $\frac{1}{3}$ (2) $\frac{1}{3}$

解き方

グーを㋗，チョキを㋠，パーを㋩と表します。

手の出し方は全部で 9 通り。

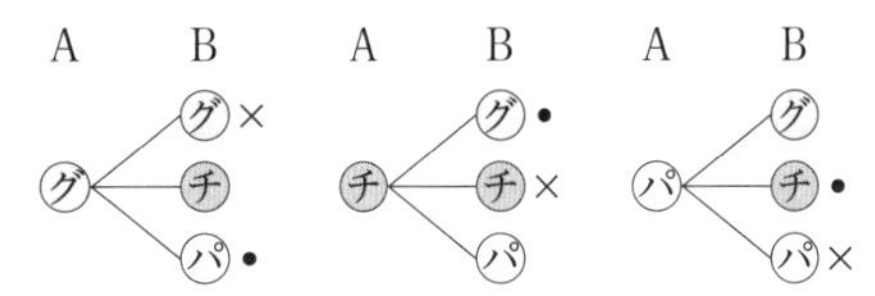

(1)B さんが勝つのは•印をつけた 3 通り。

(2)あいこになるのは×印をつけた 3 通り。

3 (1) $\frac{1}{2}$ (2) $\frac{3}{4}$ (3) $\frac{1}{3}$

解き方

1のカードを 1_1，1_2 と区別して，樹形図を使って考えると，3 けたの整数は全部で 24 通りできます。

1_1 — 1_2 < 2, 3 ／ 2 < 1_2, 3 ／ 3 < 1_2, 2

1_2 — 1_1 < 2, 3 ／ 2 < 1_1, 3 ／ 3 < 1_1, 2

2 — 1_1 < 1_2, 3 ／ 1_2 < 1_1, 3 ／ 3 < 1_1, 1_2

3 — 1_1 < 1_2, 2 ／ 1_2 < 1_1, 2 ／ 2 < 1_1, 1_2

(1)一の位が 1 であるのは 12 通り。

求める確率は $\frac{12}{24}=\frac{1}{2}$

(2) 3 けたの整数が奇数であるのは一の位が奇数のときで 18 通り。

求める確率は $\frac{18}{24}=\frac{3}{4}$

(3)230 以上になるのは 8 通り。

求める確率は $\frac{8}{24}=\frac{1}{3}$

4 (1) $\frac{1}{8}$　(2) $\frac{5}{18}$

解き方

(1)玉の取り出し方は全部で8通り。
3個とも白玉であるのは1通り。
求める確率は $\frac{1}{8}$

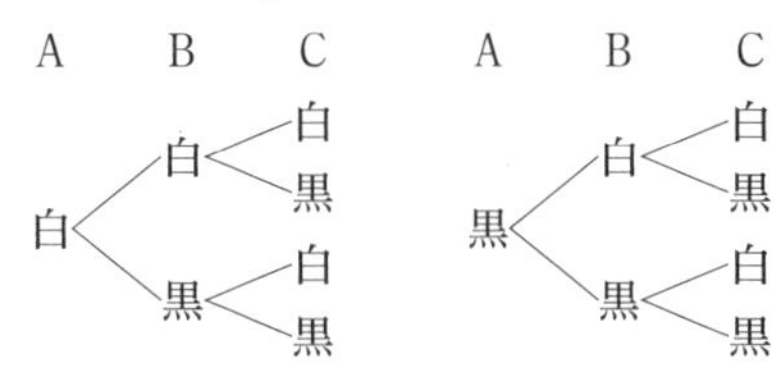

(2)玉の取り出し方は全部で18通り。
3個とも同じ色の球であるのは5通り。
求める確率は $\frac{5}{18}$

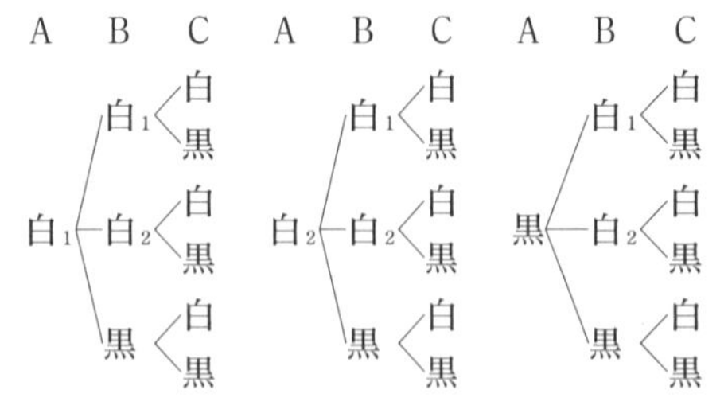

5 (1) $\frac{7}{15}$　(2) $\frac{8}{15}$

解き方

(1)引き方は全部で45通り。
1本が当たりでもう1本がはずれる場合は下の表で○印をつけた21通り。
求める確率は　$\frac{21}{45}=\frac{7}{15}$

	1	2	3	4	5	6	7	8	9	10
1				○	○	○	○	○	○	○
2				○	○	○	○	○	○	○
3				○	○	○	○	○	○	○
4					×	×	×	×	×	×
5						×	×	×	×	×
6							×	×	×	×
7								×	×	×
8									×	×
9										×
10										

(2)(少なくとも1本は当たる)
＝(すべての場合)－(2本ともはずれる)
2本ともはずれるのは上の表で×印をつけた21通り。
2本ともはずれる確率は　$\frac{21}{45}=\frac{7}{15}$
求める確率は　$1-\frac{7}{15}=\frac{8}{15}$

6 (1) $\frac{5}{9}$　(2) $\frac{2}{3}$

解き方

(1)Aには3通り，Bには3通りの数があてはまるから，全部で　$3\times3=9$(通り)
商が正の数になるのは
Aが　4のとき，Bは1，2の2通り。
Aが　5のとき，Bは1，2の2通り。
Aが -6 のとき，Bは -3 の1通り。
合わせて5通り。
求める確率は $\frac{5}{9}$

(2)商が整数になるのは
Aが　4のとき，Bは1，2の2通り。
Aが　5のとき，Bは1の1通り。
Aが -6 のとき，Bは1，2，-3 の3通り。
合わせて6通り。
求める確率は　$\frac{6}{9}=\frac{2}{3}$

7 (1) $\frac{5}{36}$　(2) $\frac{5}{36}$　(3) $\frac{5}{18}$

解き方

(1)A，B2個のさいころの目の出方は全部で36通りあります。△PQRができないのは，Rが線分PQ上にある場合です。
(1，5)，(2，4)，(3，3)，(4，1)，(5，1)
の5通り。
求める確率は $\frac{5}{36}$

(2)Rが直線 $y=x$ 上にあるとき，すなわち，$a=b$ の場合です。ただし，(3，3)のときは一直線になり，二等辺三角形はできません。
(1，1)，(2，2)，(4，4)，(5，5)，(6，6)
の5通り。
求める確率は $\frac{5}{36}$

(3)Rが直線 $y=-x+5$ 上または $y=-x+7$ 上にある場合です。
(1，4)，(2，3)，(3，2)，(4，1)，(1，6)，
(2，5)，(3，4)，(4，3)，(5，2)，(6，1)
の10通り。
求める確率は　$\frac{10}{36}=\frac{5}{18}$

定期テスト予想問題〈解答〉 p.114〜127

p.114〜115 予想問題 1

出題傾向

式の計算では，2〜4のような計算問題は必ず出題される。ここで確実に点をとれるようにしよう。式の値を求める問題では，いきなり値を代入するのではなく，式を簡単にすることを忘れずに。
文字式による数量関係の表現，説明の問題は，どのような式を導けばよいか予想してから変形しよう。

1 (1) 1 次式　(2) 3 次式

解き方
＋でつないだ式になおして考えます。多項式では，各項の次数のうち，もっとも大きいものを，その多項式の次数といいます。

2 (1) $2a+9b$　(2) $-2x-6y$　(3) $3a-2b+c$
(4) $5x-y+4$

解き方
(1) $5a+2b-3a+7b=(5-3)a+(2+7)b$
$=2a+9b$
(2) $6x-4y-2y-8x=(6-8)x+(-4-2)y$
$=-2x-6y$
(3) $(2a+b-c)+(a-3b+2c)$
$=2a+b-c+a-3b+2c$
$=3a-2b+c$
(4) $(3x-5y+9)-(-2x-4y+5)$
$=3x-5y+9+2x+4y-5$
$=5x-y+4$

3 (1) $-14x+35y$　(2) $3x-4y$　(3) $2a-4b$
(4) $\dfrac{3x+11y}{20}$

解き方
(1) $-7(2x-5y)=-7\times2x-7\times(-5y)$
$=-14x+35y$
(2) $(18x-24y)\div6=(18x-24y)\times\dfrac{1}{6}$
$=18x\times\dfrac{1}{6}-24y\times\dfrac{1}{6}=3x-4y$
(3) $3(2a-4b)+4(-a+2b)=6a-12b-4a+8b$
$=2a-4b$
(4) $\dfrac{2x-y}{5}-\dfrac{x-3y}{4}$
$=\dfrac{4(2x-y)-5(x-3y)}{20}$
$=\dfrac{8x-4y-5x+15y}{20}=\dfrac{3x+11y}{20}$

4 (1) $-64x^3$　(2) $-\dfrac{7b}{a}$　(3) $-2y^2$　(4) $-36a$

解き方
(1) $(-4x)^3=(-4x)\times(-4x)\times(-4x)$
$=-64x^3$
(2) $28ab^2\div(-4a^2b)=-\dfrac{28ab^2}{4a^2b}=-\dfrac{7b}{a}$
(3) $6xy^2\times\left(-\dfrac{1}{3}xy\right)\div x^2y$
$=6xy^2\times\left(-\dfrac{xy}{3}\right)\times\dfrac{1}{x^2y}$
$=-\dfrac{6xy^2\times xy}{3\times x^2y}=-2y^2$
(4) $18a^2b^2\div\left(-\dfrac{2}{3}a\right)\div\dfrac{3}{4}b^2$
$=18a^2b^2\div\left(-\dfrac{2a}{3}\right)\div\dfrac{3b^2}{4}$
$=18a^2b^2\times\left(-\dfrac{3}{2a}\right)\times\dfrac{4}{3b^2}$
$=-\dfrac{18a^2b^2\times3\times4}{2a\times3b^2}=-36a$

5 (1) 7　(2) -60

解き方
式を簡単にしてから代入します。
(1) $7(3x+2y)-5(4x+3y)$
$=21x+14y-20x-15y$
$=x-y=2-(-5)=7$
(2) $(6xy)^2\div3x\div2y=36x^2y^2\times\dfrac{1}{3x}\times\dfrac{1}{2y}$
$=\dfrac{36x^2y^2}{3x\times2y}$
$=6xy$
$=6\times2\times(-5)=-60$

6 n を整数として，連続する 3 つの偶数を $2n$，$2n+2$，$2n+4$ と表す。
このとき，これらの和は
$2n+(2n+2)+(2n+4)$
$=2n+2n+2+2n+4$
$=6n+6=6(n+1)$
$n+1$ は整数であるから，$6(n+1)$ は 6 の倍数である。
よって，連続する 3 つの偶数の和は，6 の倍数である。

解き方
6 の倍数であることを説明するには，文字式を $6\times$(整数) の形にします。

7 もとの自然数の百の位の数を a，十の位の数を b，一の位の数を c とすると

もとの自然数は　$100a+10b+c$

入れかえた自然数は　$100c+10b+a$

と表される。

このとき，これらの差は

$(100a+10b+c)-(100c+10b+a)$

$=99a-99c$

$=9(11a-11c)$

$11a-11c$ は整数であるから，$9(11a-11c)$ は 9 の倍数である。

よって，3 けたの自然数と，その数の百の位と一の位の数を入れかえた自然数の差は，9 の倍数になる。

解き方　9 の倍数であることを説明するには，文字式を $9\times$(整数) の形にします。

8 (1)$y=\dfrac{ax+4}{3}$　(2)$a=\dfrac{S}{2h}+b$

解き方

(1)$-3y=-ax-4$　$y=\dfrac{ax+4}{3}$

(2)$2(a-b)h=S$　$a-b=\dfrac{S}{2h}$　$a=\dfrac{S}{2h}+b$

9 ㋐の体積は

$\dfrac{1}{3}\times\pi\times b^2\times a=\dfrac{1}{3}\pi ab^2$

㋑の体積は

$\dfrac{1}{3}\times\pi\times a^2\times b=\dfrac{1}{3}\pi a^2 b$

$\dfrac{1}{3}\pi ab^2\div\dfrac{1}{3}\pi a^2 b=\dfrac{\pi ab^2}{3}\times\dfrac{3}{\pi a^2 b}=\dfrac{b}{a}$

よって，㋐の体積は㋑の体積の $\dfrac{b}{a}$ 倍である。

解き方　底面の半径が r，高さが h の円錐の体積 V は

$V=\dfrac{1}{3}\pi r^2 h$

p.116～117　予想問題 2

出題傾向

連立方程式を解く基本的な問題が多く出題される。余裕があれば，求めた解を式に代入して検算するとミスを防ぐことができる。文章題では，途中の式を書く問題も多く出される。何を x，y とするのか，求めた解がそのまま答えになるのかなどを確認しよう。

1 ㋒

解き方　それぞれの x，y の値を 2 つの方程式に代入してみて，どちらの式も等式が成り立つものを選びます。

2 (1)$x=-3$，$y=-5$　(2)$x=2$，$y=-1$

(3)$x=-4$，$y=-3$　(4)$x=4$，$y=-4$

解き方　それぞれの連立方程式において，上の式を①，下の式を②とします。

(1)①×3　$21x-3y=-48$

②　$+)\ 2x+3y=-21$

$23x=-69$　$x=-3$

$x=-3$ を①に代入すると

$7\times(-3)-y=-16$

$y=-5$

(2)①×2　$10x+6y-14=0$

②×3　$+)\ 18x-6y-42=0$

$28x-56=0$　$x=2$

$x=2$ を①に代入すると

$5\times2+3y-7=0$

$3y=-3$

$y=-1$

(3)①を②に代入すると

$(3y+5)+y=-7$

$4y=-12$

$y=-3$

$y=-3$ を①に代入すると

$x=3\times(-3)+5=-4$

(4)②を①に代入すると

$x-2(x-8)=12$

$-x=-4$

$x=4$

$x=4$ を②に代入すると

$y=4-8=-4$

(1)$x=2$，$y=1$　**(2)$x=-\frac{4}{3}$，$y=-\frac{8}{3}$**

(3)$x=-4$，$y=6$　**(4)$x=8$，$y=-2$**

(5)$x=2$，$y=-3$　**(6)$x=-1$，$y=2$**

解き方

かっこのある連立方程式は，かっこをはずして簡単にしてから解きます。係数に分数や小数がある連立方程式は，両辺を何倍かして，分数や小数をなくしてから解きます。

また，$A=B=C$ の形の方程式は

$\begin{cases}A=B\\B=C\end{cases}$　$\begin{cases}A=B\\A=C\end{cases}$　$\begin{cases}A=C\\B=C\end{cases}$

のいずれかの形にしてから解きます。

(1)$\begin{cases}-x+6y=4\\x-5y=-3\end{cases}$　(2)$\begin{cases}x-2y=4\\2x-y=0\end{cases}$

(3)$\begin{cases}x+2y=8\\8x+5y=-2\end{cases}$　(4)$\begin{cases}4x-3y=38\\6x+15y=18\end{cases}$

(5)$\begin{cases}7x+2y=8\\x-2y=8\end{cases}$　(6)$\begin{cases}5x+2y=3x+2\\5x+2y=-y+1\end{cases}$

$a=3$，$b=5$

解き方

$\begin{cases}2ax+by=9\\bx+3ay=-7\end{cases}$ に解の $x=4$，$y=-3$ を代入すると $\begin{cases}8a-3b=9\\-9a+4b=-7\end{cases}$

これを解くと　$a=3$，$b=5$

ショートケーキ 1 個…250 円

ドーナツ 1 個…120 円

解き方

ショートケーキ 1 個を x 円，ドーナツ 1 個を y 円とすると

$\begin{cases}2x+2y=740\\x+3y=610\end{cases}$

これを解くと　$x=250$，$y=120$

A から B まで…40 km，B から C まで…40 km

解き方

A から B までを x km，B から C までを y km とすると

$\begin{cases}x+y=80\\\frac{x}{80}+\frac{y}{40}=\frac{3}{2}\end{cases}$

これを解くと　$x=40$，$y=40$

7　**本年度の男子…270 人**

本年度の女子…264 人

解き方

昨年度の男子の人数を x 人，女子の人数を y 人とすると

$\begin{cases}x+y=525\\\frac{8}{100}x-\frac{4}{100}y=534-525\end{cases}$

これを解くと　$x=250$，$y=275$

本年度の男子の人数は　$250\times\frac{108}{100}=270$(人)

女子の人数は　$275\times\frac{96}{100}=264$(人)

8　**379**

解き方

百の位の数を x，一の位の数を y とすると

$\begin{cases}2(x+7)=y+11\\100y+70+x=2(100x+70+y)+215\end{cases}$

これを解くと　$x=3$，$y=9$

p.118～119　予想問題 3

出題傾向

1 次関数は，総合的な問題として出題されることが多い。図形上を点が移動する問題，速さの問題，水量の問題など，できるだけ多くの問題になれておこう。

また，直線の式を求める問題などもよく出題される。問題文から傾きや切片を見きわめられるようにしておこう。

1　(1)$-\frac{4}{3}$　(2)-12

解き方

(1) 1 次関数の変化の割合は一定で，x の係数に等しいです。

(2)(y の増加量)＝(変化の割合)×(x の増加量)

2

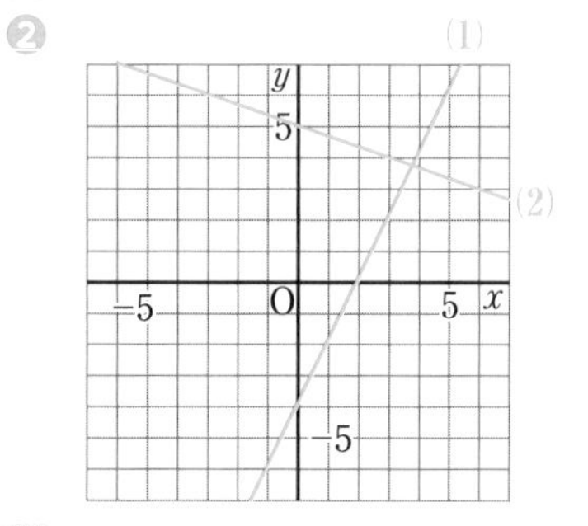

解き方

(1)傾き 2，切片が -4 の直線です。

(2)傾きが $-\frac{1}{3}$，切片が 5 の直線です。

3 (1)$\boldsymbol{y=\frac{1}{3}x+2}$　(2)$\boldsymbol{y=-x+5}$

(3)$\boldsymbol{y=-\frac{2}{3}x+2}$　(4)$\boldsymbol{y=\frac{2}{5}x-3}$

解き方
(1)グラフから傾きと切片を読みとると

傾きは $\frac{1}{3}$ で，切片は2

(2)$y=ax+5$ に $x=4$，$y=1$ を代入すると

$1=4a+5$ から　$a=-1$

(3)$y=ax+b$ に $x=6$，$y=-2$ を代入すると

$-2=6a+b$　……①

$x=-3$，$y=4$ を代入すると

$4=-3a+b$　……②

①，②を連立方程式として解きます。

(4)$y=\frac{2}{5}x+4$ に平行だから，傾きは $\frac{2}{5}$ です。

$y=\frac{2}{5}x+b$ に $x=5$，$y=-1$ を代入すると

$-1=2+b$　　$b=-3$

4 $\boldsymbol{y=-\frac{1}{2}x+1}$

解き方
グラフは右下がりの直線であるから

$x=-4$ のとき $y=3$，$x=4$ のとき $y=-1$

$y=ax+b$ にそれぞれの x，y の値を代入すると

$$\begin{cases}3=-4a+b\\-1=4a+b\end{cases}$$

これを解くと　$a=-\frac{1}{2}$，$b=1$

5 (1)$\boldsymbol{x=-3,\ y=-5}$

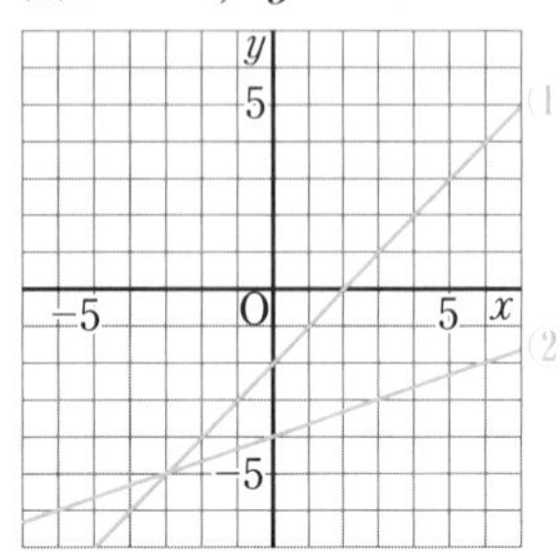

(2)$\left(-\frac{5}{3},\ -\frac{16}{9}\right)$　(3)$\boldsymbol{a=\frac{10}{3}}$

解き方
(1)それぞれの方程式を y について解きます。

上の式　　$y=x-2$　　……①

下の式　　$y=\frac{1}{3}x-4$　……②

①，②のグラフをかき，交点の座標を読み取ります。交点の x 座標，y 座標の値が連立方程式の解となります。

(2)2直線の式を連立させて解きます。

解の x の値，y の値がそれぞれ x 座標，y 座標となります。

(3)$\begin{cases}2x-y=8\\3x+2y=5\end{cases}$ を解くと　$x=3$，$y=-2$

これを $ax-y=12$ に代入すると

$3a-(-2)=12$

$3a=10$

$a=\frac{10}{3}$

6 (1)$\boldsymbol{y=3x+32}$　(2)$\boldsymbol{0\leqq x\leqq 16}$

解き方
(1)$y=3x+b$ とおいて，$x=0$，$y=32$ を代入します。

(2)$(80-32)\div 3=16$ より　$0\leqq x\leqq 16$

7 (1)$\boldsymbol{y=4x+16}$　(2)**6秒後**

解き方
(1)$y=\frac{1}{2}\times(4+x)\times 8=4x+16$

(2)点Pが辺BC上にあるとき

$y=\frac{1}{2}\times\{(12-x)+8\}\times 4=-2x+40$

$y=-2x+40$ に $y=28$ を代入します。

p.120～121　予想問題 4

出題傾向

平行線の性質を利用して角度を求める問題は必出。平行線に直線が交わってできる角の性質をしっかりつかんでおこう。

三角形の合同条件は，これ以降のいろいろな証明問題で必要になる。ここでしっかり理解しておこう。

1 (1)$\boldsymbol{\angle x=65^\circ}$　(2)$\boldsymbol{\angle x=62^\circ}$　(3)$\boldsymbol{\angle x=21^\circ}$

(4)$\boldsymbol{\angle x=60^\circ}$

解き方
(1)2直線が平行ならば同位角は等しいから

$\angle x=180^\circ-(51^\circ+64^\circ)=65^\circ$

(2)下の図のように，$\angle x$ の頂点を通り，ℓ に平行な直線をひきます。

$\angle x=(180^\circ-145^\circ)+27^\circ=62^\circ$

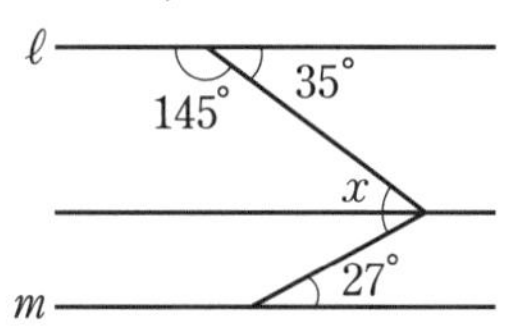

(3)下の図のように，86° と 64° の角の頂点を通り，ℓ に平行な直線をひいて考えます。

$\angle x=64^\circ-(86^\circ-43^\circ)=21^\circ$

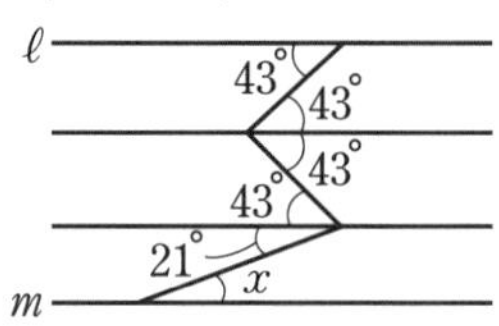

(4)下の図のように，100° の角の頂点を通り，ℓ に平行な直線をひいて考えます。
△ABC において，内角と外角の性質により
$\angle x=130°-70°=60°$

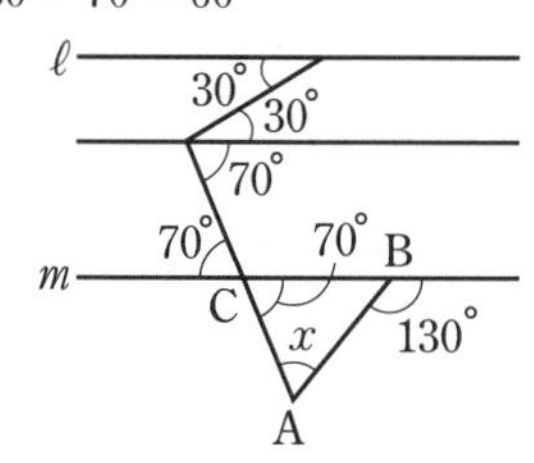

2 (1)$\angle x=30°$　(2)$\angle x=129°$　(3)$\angle x=23°$
(4)$\angle x=110°$

解き方

(1)下の図において　$\angle y=180°-83°=97°$
$\angle x+97°=127°$　　$\angle x=127°-97°=30°$

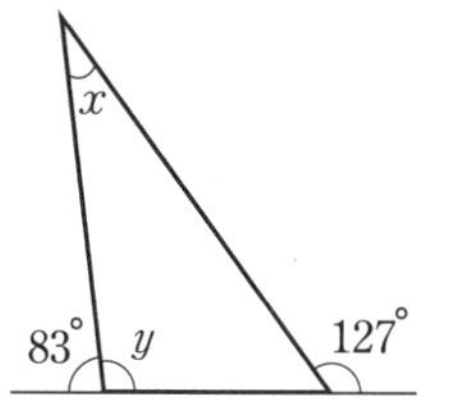

(2)下の図において　$\angle y=67°+37°=104°$
$\angle x=104°+25°=129°$

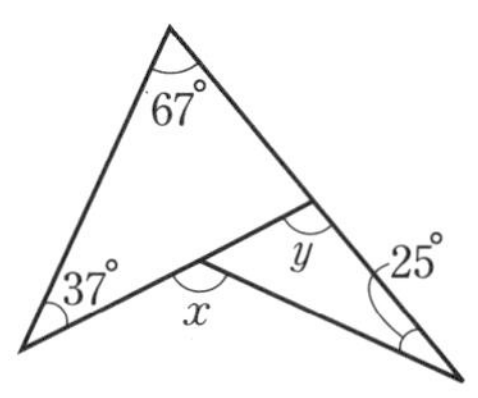

(3)46°＋・・＝◦◦ より
◦◦－・・＝46°
◦－・＝46°÷2＝23°
x＋・＝◦ より　x＝◦－・＝23°

(4)$\angle x$ の外角を $\angle y$ とすると
$80°+60°+80°+70°+\angle y=360°$
$\angle y=70°$　　$\angle x=180°-70°=110°$

3 (1)11　(2)正十五角形　(3)正十二角形

解き方

(1)$180°\times(n-2)=1620°$
(2)$360°\div24°=15$
(3)$5\times\angle x+\angle x=180°$　　$\angle x=30°$
$360°\div30°=12$

4 ㋐，㋓

解き方

㋐ 3 組の辺がそれぞれ等しいから，合同といえます。

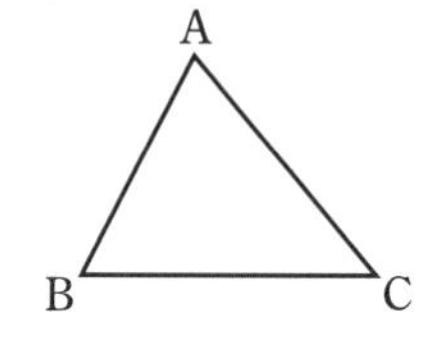

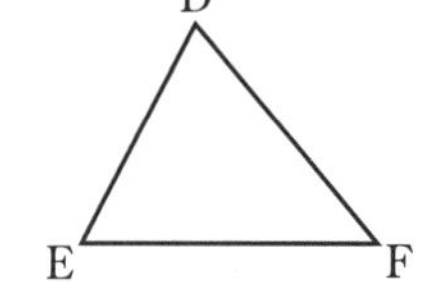

㋑ 3 組の角が等しいだけでは合同といえません。
㋒ 2 組の辺が等しいが，その間の角が等しくないから合同といえません。ここでは $\angle A=\angle D$ であれば合同といえます。
㋓条件より　$\angle B=\angle E$
1 組の辺とその両端の角がそれぞれ等しいから，合同といえます。

5 **P と A，P と B，Q と B をそれぞれ結ぶ。**
△ABP と △QPB において
仮定から　AP＝QB　……①
AB＝QP　……②
共通な辺であるから
BP＝PB　……③
①，②，③より，3 組の辺がそれぞれ等しいから　△ABP≡△QPB
合同な図形では対応する角の大きさは等しいから　∠ABP＝∠QPB
錯角が等しいから
AB∥PQ
よって　ℓ∥PQ

解き方

ℓ∥PQ を証明するためには，同位角や錯角などが等しいことをいいます。
△ABP≡△QPB であることが証明できれば，錯角が等しいことがいえます。

6 **△AEB と △CDB において**
△ABC は正三角形であるから
AB＝CB　……①
△EBD は正三角形であるから
EB＝DB　……②
また　∠ABE＝60°－∠ABD　……③
∠CBD＝60°－∠ABD　……④
③，④より　∠ABE＝∠CBD　……⑤
①，②，⑤より，2 組の辺とその間の角がそれぞれ等しいから
△AEB≡△CDB
合同な図形では対応する辺の長さは等しいから
AE＝CD

解き方

AE，CD を辺とする △AEB と △CDB が合同であることがいえれば，対応する辺は等しいから，AE＝CD がいえます。
∠ABE と ∠CBD が等しいことは，60° の角から同じ角 ∠ABD をひいた角であることから導きます。
また，△CDB を左まわりに 60° 回転移動させたものが △AEB です。

p.122~123 予想問題 5

出題傾向

直角三角形の合同条件，平行四辺形になるための条件に関する問題は出題率が高い。多くの証明問題に取り組んで，証明の流れをつかんでおこう。また，等積変形もさまざまな場合で出題される。平行な2直線を見つけることがポイントになる。

1 (1)65°　(2)84°

解き方

(1)∠CDA＝25°×2
＝50°
∠BAC＝(180°－50°)÷2
＝65°
(2)(180°－52°)÷2＝64°
∠BDC＝52°＋64°÷2
＝84°

2 △ABQ と △PBQ において
∠BAQ＝∠BPQ＝90°　……①
仮定から　AB＝PB　……②
共通な辺であるから
BQ＝BQ　……③
①，②，③より　直角三角形の斜辺と他の1辺がそれぞれ等しいから
△ABQ≡△PBQ
合同な図形では対応する角の大きさは等しいから　∠ABQ＝∠PBQ
したがって，BQ は ∠ABC を2等分する。

解き方

∠ABQ＝∠PBQ であることを証明すればよいので，これらの角をふくむ △ABQ と △PBQ が合同であることをいいます。
斜辺が共通で，仮定より他の1辺が等しいことがわかっています。

3 (1)$ab>0$ ならば，$a<0$，$b<0$ である。
正しくない。
(2)36 の約数は 12 の約数である。
正しくない。

解き方

反例が1つあれば，そのことがらは正しくないといえます。
(1)$a>0$，$b>0$ のとき，$ab>0$ です。
(2)9 や 18 や 36 は 36 の約数ですが，12 の約数ではありません。

4 (1)$\angle x=80°$　(2)$\angle x=54°$

解き方

(1)AD∥BC より　$\angle x=\angle$ECB
平行四辺形の対角は等しいから
$\angle x+32°=112°$ より　$\angle x=80°$

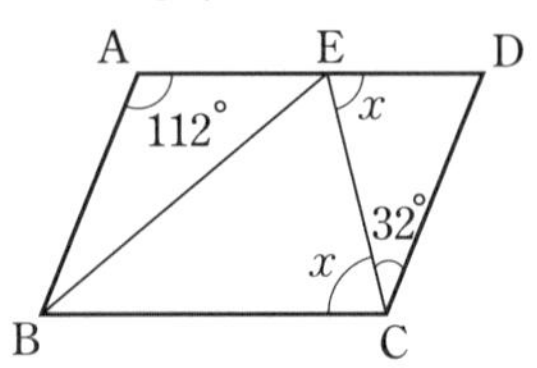

(2)△DEC において
∠DEC＝180°－(36°＋54°)＝90°
平行四辺形の対角線が垂直に交わるから，
▱ABCD はひし形です。
よって　$\angle x=\angle$ACD＝54°

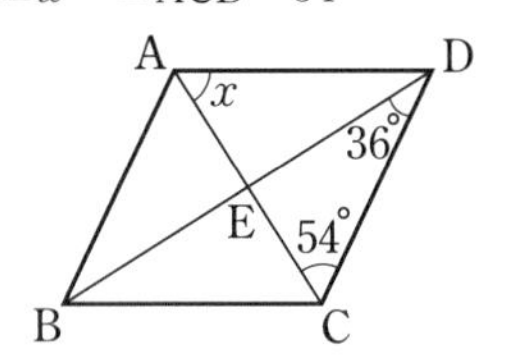

5 △ABE と △CDF において
四角形 ABCD は平行四辺形であるから
AB＝CD　……①
AB∥CD で錯角は等しいので
∠ABE＝∠CDF　……②
仮定から　BE＝DF　……③
①，②，③より，2組の辺とその間の角がそれぞれ等しいから
△ABE≡△CDF
合同な図形では対応する辺の長さは等しいから
AE＝CF

解き方

AE，CF を辺とする △ABE と △CDF が合同であることがいえれば，対応する辺は等しいから，AE＝CF がいえます。

6 △AED と △FEB において
仮定から　DE＝BE　……①
AD∥BC で錯角は等しいので
∠ADE＝∠FBE　……②
対頂角は等しいから
∠AED＝∠FEB　……③
①，②，③より，1組の辺とその両端の角がそれぞれ等しいから
△AED≡△FEB
合同な図形では対応する辺の長さは等しいから
AE＝FE　……④
①，④より，対角線がそれぞれの中点で交わるから，四角形 ABFD は平行四辺形である。

解き方

仮定より，DE＝BE がわかっているから，ここでは，対角線がそれぞれの中点で交わることから平行四辺形であることを証明します。

7 **AD // BC より　$\angle DAB + \angle ABC = 180^\circ$**

$$\angle EAB + \angle EBA = \frac{1}{2}(\angle DAB + \angle ABC) = \frac{1}{2} \times 180^\circ = 90^\circ$$

よって　$\angle HEF = \angle AEB = 90^\circ$

同様にして，4 つの角がすべて 90° であるから，

四角形 EFGH は長方形である。

解き方

長方形であることを証明するためには次の[1]または[2]を示せばよいです。

[1]　4 つの角が等しい。

[2]　対角線の長さが等しい。

8 **△CEB，△FAB，△FHB，△HFI，△EAD**

解き方

DC // EB より　△AEB＝△CEB

△CEB と △FAB は合同です。

AI // BF より　△FAB＝△FHB

p.124～125

予想問題 6

出題傾向

四分位数，四分位範囲を求める問題や，それを利用して箱ひげ図をかかせる問題が出題される。四分位数のもつ意味と求め方を必ずおさえておこう。また，箱ひげ図の読み取り問題では，ヒストグラムとの比較もよく出題されるため，それぞれのグラフの特徴を覚えておこう。

1 (1) 2(回)　(2) 2(回)

解き方

(1)データの個数が 35 だから，データの小さい方から 18 番目の値が中央値(第 2 四分位数)になります。

(2)このデータの第 1 四分位数は，9 番目の値で，1 です。

第 3 四分位数は，27 番目の値で，3 です。

四分位範囲は第 3 四分位数と第 1 四分位数の差だから

3－1＝2(回)

2 **(1)第 1 四分位数…10(日)**

第 2 四分位数…12(日)

第 3 四分位数…14(日)

(2) 4(日)

解き方

(1)値の大きさの順にデータを並べると，

7，8，9，11，11，12，12，12，13，15，18，20

となります。

データの個数が 12 だから，

中央値(第 2 四分位数)は 6 番目と 7 番目の値の平均をとります。

$\frac{12+12}{2} = 12$(日)

第 1 四分位数は，3 番目と 4 番目の値の平均をとります。

$\frac{9+11}{2} = 10$(日)

第 3 四分位数は，9 番目と 10 番目の値の平均をとります。

$\frac{13+15}{2} = 14$(日)

(2)第 3 四分位数と第 1 四分位数の差を求めればよいので，

14－10＝4(日)

3 **(1) $a=1$，$b=2$**

(2)中央値… 5(点)

第 3 四分位数… 7(点)

解き方

(1)データの平均値が 5 点だから

$$\frac{3+3+3+5+6+6+7+9+10+a+b}{11} = 5$$

これを a について解くと

$$\frac{52+a+b}{11} = 5$$

$52+a+b=55$

$a+b=3$

$a=3-b$

a，b は自然数だから $a<b<3$

また，データの個数が 11 だから，第 1 四分位数は 3 番目の値です。第 1 四分位数は 3 だから，値の大きさの順にデータを並べたときに，3 番目の値が 3 になるようにします。したがって，データを値の大きさの順に並べると，

a，b，3，3，3，5，6，6，7，9，10

となります。

$a<b$ だから　$a=1$，$b=2$

(2)(1)より中央値は 5(点)，第 3 四分位数は 7(点)

4 (1)，(2)

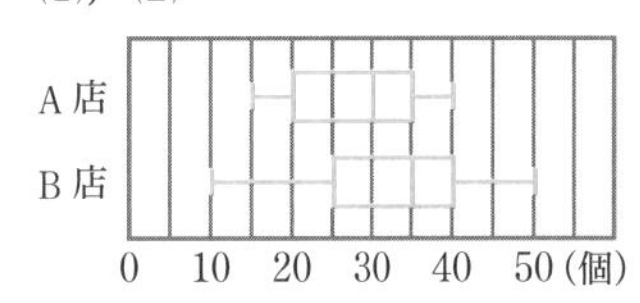

解き方 A店，B店の最大値，最小値，四分位数をそれぞれ求め，箱ひげ図に表します。

(1)値の大きさの順にデータを並べます。

15，15，20，27，30，30，33，35，37，40

最大値は40(個)，最小値は15(個)

中央値は5番目と6番目の値の平均をとります。

$\frac{30+30}{2}=30$(個)

第1四分位数は3番目の値だから，20(個)

第3四分位数は8番目の値だから，35(個)

これらの値をもとに，箱ひげ図をかきます。

(2)値の大きさの順にデータを並べます。

10，16，25，29，32，38，39，40，47，50

最大値は50(個)，最小値は10(個)

中央値は5番目と6番目の値の平均をとります。

$\frac{32+38}{2}=35$(個)

第1四分位数は3番目の値だから，25(個)

第3四分位数は8番目の値だから，40(個)

これらの値をもとに，箱ひげ図をかきます。

5 ㋒

解き方 値の大きさの順にデータを並べます。

29，33，38，43，49，51，54，57，61，62

最大値は62(cm)，最小値は29(cm)

データの個数が10だから，中央値は5番目と6番目の値の平均をとります。

$\frac{49+51}{2}=50$(cm)

第1四分位数は3番目の値だから，38(cm)

第3四分位数は8番目の値だから，57(cm)

㋐，㋑，㋒の箱ひげ図の最大値，最小値，四分位数をそれぞれ読みとると，㋒がこのデータの箱ひげ図であることがわかります。

6 (1)**A市**　(2)**D市**　(3)**C市**　(4)**D市**

解き方 データの最大値，最小値，四分位数が，箱ひげ図のどの部分にあたるかを考えます。

(1)箱ひげ図では，箱ひげ図全体の長さが，そのデータの範囲を表しています。

したがって，箱ひげ図が上下にいちばん長いA市が，もっとも範囲が大きいといえます。

(2)箱ひげ図では，箱ひげ図の箱の長さが，そのデータの四分位範囲を表しています。

したがって，箱ひげ図の箱が上下にいちばん短いD市が，もっとも四分位範囲が小さいといえます。

(3)データの個数が31だから，中央値は16番目の値であることがわかります。

よって，中央値を示す箱の中の線が10のめもりより上の位置にあるものを見つけます。

C市の箱ひげ図では，中央値を示す箱の中の線が，10のめもりより上の位置にあることから，最高気温が10℃を超えた日が16日以上あることがわかります。

(4)データの個数が31だから，第1四分位数は8番目の値であることがわかります。

よって，第1四分位数を示す箱の下の線が5℃より下にあるものを見つけます。

D市の箱ひげ図では，第1四分位数を示す箱の下端の線が，4のめもりの位置にあることから，最高気温が5℃を下回る日が8日以上あったことがわかります。

7 ㋑

解き方 箱ひげ図のひげの部分から最大値と最小値，箱の部分でデータの散らばりを読みとり，ヒストグラムと箱ひげ図を比較します。

データの個数が38だから，

中央値は19番目と20番目の値の平均をとります。

第1四分位数は10番目の値で，第3四分位数は29番目の値です。

ヒストグラムから，

中央値は195 cm以上210 cm未満の階級にあることがわかります。

第1四分位数は180 cm以上195 cm未満の階級にあり，第3四分位数は210 cm以上225 cm未満の階級にあることが読みとれます。

㋐，㋑，㋒の箱ひげ図の最大値，最小値，四分位数をそれぞれ読みとり比べると，

㋐は第1四分位数が165 cm以上180 cm未満を示していることから，誤りです。

同様に，㋒は中央値が180 cm以上195 cm未満を示していることから，誤りです。

よって，誤っていないものは㋑となります。

p.126~127 予想問題 7

出題傾向

確率の問題は，他の章に比べて，計算よりも考え方が重要になる場合が多い。特に，すべての場合をもれや重複なく正確に求めることが大切である。表や樹形図などを使って，整理できるようにしておこう。落ちついて，じっくり取り組むようにしよう。

1 ㋓

解き方

㋐，㋑，㋒，㋓について，どの場合が起こることも同じ程度には期待できないものを見つけます。㋓は，当たりくじが4本とはずれくじが26本入っており，当たりくじが出る場合は4通り，はずれくじが出る場合は26通りあるため，同様に確からしいとはいえません。

2 (1) $\frac{1}{2}$ (2) $\frac{2}{3}$

解き方

1個のさいころの目の出方は全部で6通り。

(1)偶数の目が出るのは2，4，6の3通り。

求める確率は $\frac{3}{6}=\frac{1}{2}$

(2)6の約数の目が出るのは1，2，3，6の4通り。

求める確率は $\frac{4}{6}=\frac{2}{3}$

3 (1) $\frac{1}{15}$ (2) $\frac{4}{5}$

解き方

赤玉を①，白玉を②③，青玉を④⑤⑥とすると，2個の玉の取り出し方は15通り。

(1)2個とも白玉を取り出すのは{②，③}の1通り。

求める確率は $\frac{1}{15}$

(2)青玉を1個取り出すのは{①，④}，{①，⑤}，{①，⑥}，{②，④}，{②，⑤}，{②，⑥}，{③，④}，{③，⑤}，{③，⑥}の9通り。

青玉を2個取り出すのは{④，⑤}，{④，⑥}，{⑤，⑥}の3通り。

求める確率は $\frac{9+3}{15}=\frac{12}{15}=\frac{4}{5}$

(別解)青玉を取り出さないのは

{①，②}，{①，③}，{②，③}の3通り。

(青玉を取り出す確率)+(青玉を取り出さない確率)=1　であるから，

求める確率は $1-\frac{3}{15}=\frac{12}{15}=\frac{4}{5}$

4 (1) $\frac{1}{36}$ (2) $\frac{1}{6}$ (3) $\frac{1}{12}$

解き方

2個のさいころの目の出方は全部で

$6\times6=36$(通り)

(1)2つとも1の目が出るのは，(1，1)の1通り。

求める確率は $\frac{1}{36}$

(2)出る目の差が3になるのは

(1，4)，(2，5)，(3，6)，(4，1)，(5，2)，(6，3)の6通り。

求める確率は $\frac{6}{36}=\frac{1}{6}$

(3)出る目の積が4になるのは

(1，4)，(2，2)，(4，1)の3通り。

求める確率は $\frac{3}{36}=\frac{1}{12}$

5 (1) $\frac{2}{5}$ (2) $\frac{1}{5}$

解き方

すべての場合は，次の図から20通り。

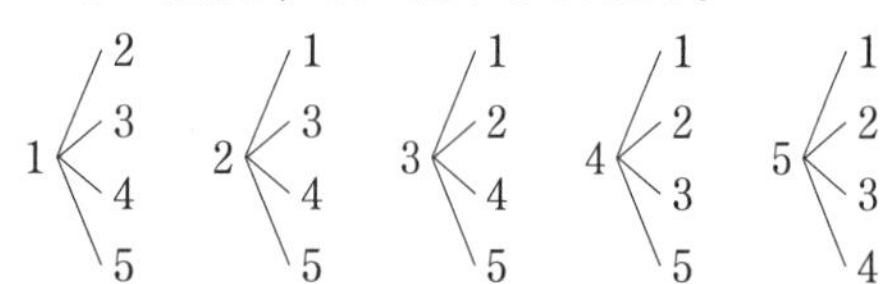

(1)偶数であるのは8通り。

求める確率は $\frac{8}{20}=\frac{2}{5}$

(2)4の倍数であるのは12，24，32，52の4通り。

求める確率は $\frac{4}{20}=\frac{1}{5}$

6 (1) $\frac{1}{4}$ (2) $\frac{1}{4}$

解き方

(1)Aが第1走者になるのは，次の図から6通り。

B，C，Dが第1走者になる場合も同様に6通りずつあるから，起こりうるすべての場合は24通り。

求める確率は $\frac{6}{24}=\frac{1}{4}$

A—B—C—D
A—B—D—C
A—C—B—D
A—C—D—B
A—D—B—C
A—D—C—B

(2)BとCをひとまとまりにして×とすると，Bのすぐ次にCが走る場合は次の図から6通り。

求める確率は　$\frac{6}{24}=\frac{1}{4}$

× ＜ A—D / D—A

A ＜ ×—D / D—×

D ＜ ×—A / A—×

7　(1)$\frac{1}{10}$　(2)$\frac{4}{25}$

解き方

(1)当たりを①②，はずれを③④⑤と表します。

引き方は10通り。

2本とも当たるのは1通り。

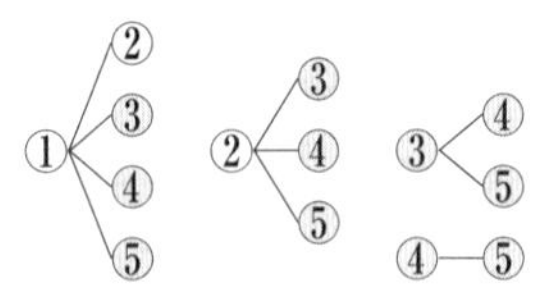

(2)引き方は　5×5＝25(通り)

2本とも当たるのは

(①，①)，(①，②)，(②，①)，(②，②)

の4通り。

8　(1)$\frac{7}{36}$　(2)$\frac{2}{9}$

解き方

2個のさいころの目の出方は全部で

6×6＝36(通り)

(1)硬貨がDで止まるのは，出た目の数の和が3または8の場合です。

和が3になるのは(1，2)，(2，1)

和が8になるのは

(2，6)，(3，5)，(4，4)，(5，3)，(6，2)

合わせて7通り。

大＼小	1	2	3	4	5	6
1		○				
2	○					○
3					○	
4				○		
5			○			
6		○				

(2)硬貨がCで止まるのは，出た目の数の和が2，7，12の場合です。

和が2になるのは(1，1)

和が7になるのは

(1，6)，(2，5)，(3，4)，(4，3)，(5，2)，(6，1)

和が12になるのは(6，6)

合わせて8通り。

大＼小	1	2	3	4	5	6
1	○					○
2					○	
3				○		
4			○			
5		○				
6	○					○